Christian Schlieder

Autodesk® Inventor® 2018

Einsteiger-Tutorial

Viele praktische Übungen am
Konstruktionsobjekt HOLZRÜCKMASCHINE

Christian Schlieder

Autodesk® Inventor® 2018

Einsteiger-Tutorial

Viele praktische Übungen am Konstruktionsobjekt HOLZRÜCKMASCHINE

Weiterführende Literatur

Autodesk® Inventor® 2018
Grundlagen in
Theorie und Praxis

Autodesk® Inventor® 2018
Dynamische Simulation
und Belastungsanalyse

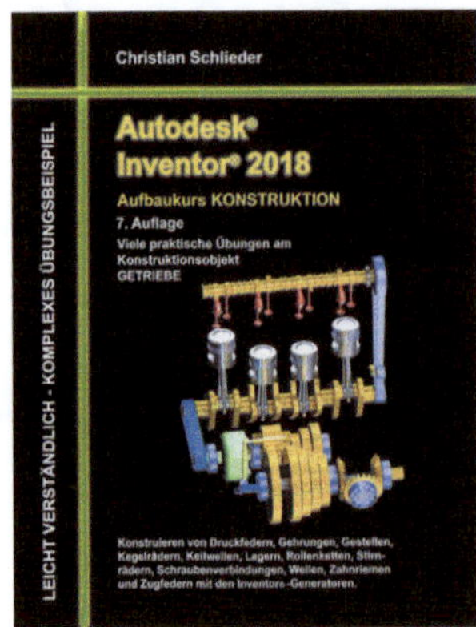

Autodesk® Inventor® 2018
Aufbaukurs
Konstruktion

Autodesk® Inventor® 2018
Einsteiger-Tutorial
Hybridjacht

Autodesk® Inventor® 2018
Einsteiger-Tutorial
Hubschrauber

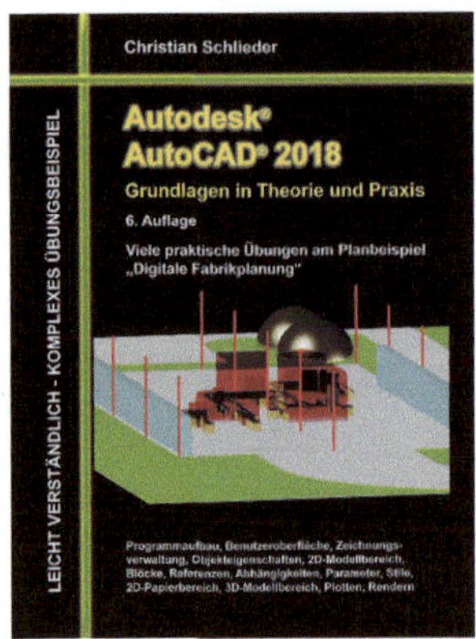

Autodesk® AutoCAD® 2018
Grundlagen in
Theorie und Praxis

http://www.cad-trainings.de/html/Literatur.html

ISBN

978-3-7448-8718-2

IMPRESSUM

Dipl.-Ing. Christian Schlieder
www.cad-trainings.de
Fax: +49 (0) 3212 - 1122290

HERSTELLUNG UND VERLAG

BoD - Books on Demand, Norderstedt
www.BoD.de

INHALTSVERZEICHNIS

1 Grundlegendes zum Buch   **8**

   1.1   Zielgruppe und Aufbau des Buches   8

   1.2   Erzeugen des Projektordners   8

2 Installation von Autodesk® Inventor® 2018   **9**

   2.1   Systemanforderungen   9

   2.2   Anforderungen an das Betriebssystem   10

   2.3   Download des Programms   10

   2.4   Installationsvoraussetzungen   11

   2.5   Installation von Autodesk® Inventor® 2018   12

   2.6   Aktivierung von Autodesk® Inventor® 2018   12

3 Programmaufbau und Programmoberfläche   **14**

   3.1   Programmaufbau   14

   3.2   Hauptmenü   15

   3.3   Schnellzugriff-Werkzeuge   16

   3.4   Multifunktionsleiste   16

   3.5   Browser   17

   3.6   Arbeitsbereich   18

      3.6.1   Startbildschirm   18

4 Die ersten Schritte   **19**

   4.1   Programmhilfe und neue Funktionen   19

   4.2   Videos und Lernprogramme   20

   4.3   Zusatzmodule (empfohlene Einstellungen)   21

   4.4   Anwendungsoptionen (empfohlene Einstellungen)   22

5 Erstellen eines Einzelbenutzerprojektes   **32**

6 Aufbau einer Holzrückmaschine   **34**

7 Bauteil: Oberwagen   **35**

7.1	Bauteil „01-Oberwagen" erstellen	36
7.2	2D-Skizze auf XY-Ebene öffnen	37
7.3	Achsen projizieren und als Konstruktionsobjekte definieren	37
7.4	Zeichnen der ersten Linien	38
7.5	Abhängigkeiten setzen	39
7.6	Horizontale und vertikale Bemaßungen setzen	40
7.7	Ausgerichtete Bemaßungen erzeugen	41
7.8	Winkelmaße erzeugen	42
7.9	Bogen aus drei Punkten	43
7.10	Extrudieren der Basiskontur	44
7.11	Erzeugen einer neuen 2D-Skizze auf der XZ-Ebene	44
7.12	Achsen projizieren und als Konstruktionsobjekte definieren	45
7.13	Zeichnen und Bemaßen der Skizzenkontur	45
7.14	Differenzkörper extrudieren	47
7.15	Vollständiges Abrunden der Fahrerkabine	47
7.16	Fasen des unteren Fahrerkabinenbereiches	48
7.17	Erzeugen eines Hohlkörpers	49
7.18	Erstellen einer neuen 2D-Skizze	50
7.19	Achsen und Linienkonturen projizieren	50
7.20	Zeichnen der Basiskonturen für die Fensteraussparungen	51
7.21	Bemaßen der Bogenabstände	52
7.22	Rechteck zeichnen und bemaßen	52
7.23	Stutzen der Kontur und Schließen der Skizze	53
7.24	Extrudieren der Fenster (Differenz)	54
7.25	Erzeugen einer neuen Ebene	55
7.26	Basiskontur des Schutzblechs zeichnen	55
7.27	Extrudieren des Schutzblechs	57
7.28	Schutzblech abrunden	57

7.29	2D-Skizze für den Lüftungsbereich (Maschinenraum) zeichnen	58
7.30	Erstellen der Lüftungsöffnung	60
7.31	Eine um eine Kante geneigte Ebene erzeugen	62
7.32	2D-Skizze auf der neuen Ebene erzeugen	63
7.33	Oberen Bereich der Aufstiegsleiter zeichnen	64
7.34	Extrudieren des oberen Leiterbereiches	65
7.35	Oberen Leiterbereich mittels rechteckiger Anordnung kopieren	66
7.36	Trennen des Volumenkörpers	67
7.37	Spiegeln des Volumenkörpers	68

8 Bauteil: Unterwagen — **69**

8.1	Bauteil „02-Unterwagen" erstellen	70
8.2	2D-Skizze auf XY-Ebene öffnen	71
8.3	Achsen projizieren und als Konstruktionsobjekte definieren	71
8.4	Zeichnen der Basiskontur	72
8.5	Setzen der Abhängigkeiten	72
8.6	Bemaßen der Linienabstände	74
8.7	Extrudieren der Basiskontur	75
8.8	2D-Skizze auf XZ-Ebene erzeugen	76
8.9	Achsen projizieren und als Konstruktionsobjekte definieren	76
8.10	Zeichnen der Schnittmengenkontur	77
8.11	Extrudieren der Schnittmengenkontur	78
8.12	Fasen des vorderen Bereiches	78
8.13	Runden des hinteren Bereiches	79
8.14	Erzeugen einer Ebene mit Versatz	80
8.15	Erzeugen einer Achse als Schnittlinie zweier Ebenen	80
8.16	Bohren der hinteren Antriebswellenlagerung	81

9 Bauteil: Hubgestell — **82**

9.1	Bauteil „03-Hubgestell" erstellen	83

9.2	2D-Skizze auf XY-Ebene öffnen	84
9.3	Achsen projizieren und als Konstruktionsobjekte definieren	84
9.4	Zeichnen der Basiskontur	85
9.5	Extrudieren der Basiskontur	86
9.6	2D-Skizze auf XZ-Ebene erzeugen	86
9.7	Achsen projizieren und als Konstruktionsobjekte definieren	87
9.8	Zeichnen der Schnittmengengeometrie	87
9.9	Extrudieren der Schnittmengenkontur	90
9.10	Befestigungsbohrungen für die Zylinderbolzen einfügen	90
9.11	Erzeugen einer versetzten Ebene	92
9.12	2D-Skizze auf neuer Ebene erstellen	92
9.13	Kanten projizieren, Basiskontur des Schutzblechs zeichnen	93
9.14	Erzeugen einer Arbeitsachse	94
9.15	Drehen der Skizzenkontur um die neu erzeugte Arbeitsachse	94
9.16	Runden des Schutzblechs	95
9.17	Schutzblech spiegeln	96
10	**Bauteil: Ausleger**	**97**
10.1	Bauteil „04-Ausleger" erstellen	98
10.2	2D-Skizze auf XY-Ebene öffnen	99
10.3	Achsen projizieren und als Konstruktionsobjekte definieren	99
10.4	Zeichnen der Basiskontur	100
10.5	Extrudieren der beiden äußeren Kreisringe	102
10.6	Skizze wieder verwenden	102
10.7	Extrudieren der Zwischenbereiche	103
10.8	Runden der inneren Kante	103
10.9	2D-Skizze auf der XZ-Ebene erzeugen	104
10.10	Achsen projizieren und als Konstruktionsobjekte definieren	104
10.11	Zeichnen der Subtraktionsgeometrie	105

10.12	Extrudieren der Differenzkontur	106

11 Bauteil: Greiferstiel | | **107**

11.1	Bauteil „05-Greiferstiel" erstellen	108
11.2	2D-Skizze auf XY-Ebene öffnen	109
11.3	Achsen projizieren und als Konstruktionsobjekte definieren	109
11.4	Zeichnen der Basiskontur	110
11.5	Extrudieren der Basiskontur	112
11.6	Runden der inneren Kante	113
11.7	2D-Skizze auf der XZ-Ebene erzeugen	113
11.8	Zeichnen der Subtraktionsgeometrie	114
11.9	Extrudieren der Subtraktionsgeometrie	115

12 Bauteil: Greifer | | **116**

12.1	Bauteil „06-Greifer" erstellen	117
12.2	Basiskontur mittels Zylinder erzeugen	118
12.3	Erzeugen einer Ebene mit Versatz	120
12.4	2D-Skizze auf neuer Ebene erzeugen	120
12.5	Achsen projizieren und als Konstruktionsobjekte definieren	120
12.6	Zeichnen der Basiskontur	121
12.7	Extrudieren der Skizzengeometrie	122
12.8	Deaktivieren der Arbeitsebene	122
12.9	Runden der letzten Extrusion	123
12.10	Bohren der Greiferführung	124
12.11	Erzeugen einer Erhebung	125
12.12	Erstellen einer weiteren 2D-Skizze	126
12.13	Extrudieren des ersten Greiferfingers	127
12.14	Spiegeln des ersten Greiferfingers	128

13 Unterbaugruppe: Rad | | **129**

| 13.1 | Bauteil „07-1-Rad-Basisskizze" erstellen | 130 |

13.2	2D-Skizze auf XY-Ebene öffnen	131
13.3	Achsen projizieren und als Konstruktionsobjekte definieren	131
13.4	Zeichnen der Basiskontur	131
13.5	Bauteile aus der Skizze heraus exportieren	133
13.6	Felge und Reifen in Volumenkörper konvertieren	135
13.7	Ebene und Skizze für Reifenprofil erzeugen	136
13.8	Basisskizze für Reifenprofil zeichnen	137
13.9	Prägen des Reifenprofils	138
13.10	Prägung mittels runder Anordnung kopieren	139
14	**Unterbaugruppe: Hydraulikzylinder**	**140**
14.1	Bauteil „08-Hydraulikzylinder-Basisskizze" erstellen	141
14.2	2D-Skizze auf XY-Ebene öffnen	142
14.3	Achsen projizieren und als Konstruktionsobjekte definieren	142
14.4	Zeichnen der Basisskizze	142
14.5	Bauteile aus der Skizze heraus exportieren	144
14.6	Bearbeiten des Zylinders	146
14.7	Bearbeiten des Kolbens	147
14.8	Setzen der Abhängigkeiten zwischen Kolben und Zylinder	149
15	**Hauptbaugruppe: Holzrückmaschine**	**151**
15.1	Baugruppe „00-Holzrueckmaschine" erstellen	152
15.2	Platzieren der ersten Bauteile	153
15.3	Weitere Bauteile in die Baugruppe einfügen	154
15.4	Bauteil „03-Hubgestell" mit Abhängigkeiten versehen	155
15.5	Schraubenverbindungen einfügen	156
15.6	Bauteil „04-Ausleger" mit Abhängigkeiten versehen	158
15.7	Bauteil „05-Greiferstiel" mit Abhängigkeiten versehen	159
15.8	Bauteil „06-Greifer" mit Abhängigkeiten versehen	160
15.9	Unterbaugruppen „08-Hydraulikzylinder" einfügen	161

15.10 Befestigen der unteren beiden Hydraulikzylinder   162

15.11 Befestigen des oberen Hydraulikzylinders   163

15.12 Alle drei Zylinder flexibel machen   164

15.13 Platzieren und Positionieren der Räder   165

15.14 Radachsen aus der Baugruppe heraus erzeugen   167

15.15 Bolzen für Greifersystem aus der Baugruppe heraus erstellen   170

15.16 Bauteil „01-Oberwagen" aus der Baugruppe heraus bearbeiten   172

15.17 Farben zuweisen und Modellbaum strukturieren   174

15.18 Rendern der Hauptbaugruppe   175

16 Schlusswort   **176**

17 Auszug aus dem Inventor-Grundlagenbuch   **177**

18 Index   **178**

1 Grundlegendes zum Buch

1.1 Zielgruppe und Aufbau des Buches

Dieses Übungsbuch für **Autodesk® Inventor® 2018** richtet sich an alle interessierten Personen, die den Umgang mit dieser Software von Grund auf erlernen möchten.

Viele wichtige Befehle des Programmes werden erläutert und in kleinen Schritten praktisch gefestigt. Als Übungsbeispiel dient eine Holzrückmaschine, deren Bauteile schrittweise erzeugt und später in zwei Hauptbaugruppen miteinander verbunden werden.

1.2 Erzeugen des Projektordners

Bevor Sie mit der Umsetzung des Projektes beginnen, sollten die folgenden Arbeiten erledigt werden:

Erzeugen eines neuen Projektordners

Erstellen Sie auf Ihrem PC an geeigneter Stelle einen neuen Ordner:

> ➢ **Inventor-2018-HRM**

Dieser Ordner soll als Speicherort des gesamten Projektes dienen.

2   Installation von Autodesk® Inventor® 2018

2.1   Systemanforderungen

Die folgenden von Autodesk® empfohlenen Systemanforderungen gelten für Bauteile und Baugruppen mit weniger als 1000 Bauteilen:

Betriebssystem	64-Bit-Version von Microsoft® Windows® 10 64-Bit-Version von Microsoft Windows 8.1 mit Update KB2919355 64-Bit-Version von Microsoft Windows 7 SP1
CPU-Typ	Mindestens: 64-Bit Intel oder AMD, 2 GHz oder schneller Empfohlen: Intel® Xeon® E3 oder Core i7 3,0 GHz oder höher
Arbeitsspeicher	Mindestens: 8 GB RAM Empfohlen: 20 GB Ram oder mehr
Festplatte	Installationsprogramm sowie vollständige Installation: 40 GB
Grafikkarte	Mindestens: Microsoft Direct3D 10®-fähige Grafikkarte oder höher Empfohlen: Microsoft Direct3D 11®-fähige Grafikkarte oder höher Empfohlene Skalierung: 100 %, 125 %, 150 % oder 200 %
Sonstiges	DVD-ROM, Internetverbindung für Autodesk® 360-Funktionalität, Internet-Downloads und Zugriff auf Subscription Aware, Microsoft Internet Explorer® 11 oder gleichwertig, Vollständige lokale Installation von Microsoft® Excel 2010, 2013 oder 2016 für iFeatures, iParts, iAssemblies, Thread-bezogene Befehle, Erstellung von Abständen/Gewindebohrungen, globale Stücklisten, Bauteillisten, Revisionstabellen, tabellenbasierte Konstruktionen und Studio-Animationen von Positionsdarstellungen. Excel Starter®, Online Office 365® und OpenOffice® werden nicht unterstützt. Die 64-Bit-Version von Microsoft Office ist erforderlich für den Export in Access 2007-, dBase IV-, Text- und CSV-Formate. Microsoft .NET Framework 4.6 oder höher. Virtualisierung unterstützt auf Citrix® XenApp ™ 7,6; Citrix XenDesktop ™ 7,6 (erfordert Inventor Netzwerklizenzierung).

2.2   Anforderungen an das Betriebssystem

Die Installation von Autodesk® Inventor® 2018 erfordert ein Windows® Betriebssystem. Nutzer eines Apple® Betriebssystems, können das Programm mithilfe von Boot Camp® oder Parallels Desktop® unter Beachtung der folgenden Systemvoraussetzungen installieren:

Betriebssystem	Mindestens: Mac OS™ X 10.10.x Empfohlen: Mac OS™ X 10. 12.x
CPU-Typ	Mindestens: Intel® Core 2 Duo (3 GHz oder höher)
Arbeitsspeicher	Mindestens: 8 GB RAM Empfohlen: 16 GB Ram oder mehr
Partitionsgröße **Partitionsgröße**	Mindestens: 200 GB freier Festplattenspeicher Empfohlen: 500 GB freier Festplattenspeicher oder mehr
Betriebssystem	64-Bit-Version von Microsoft Windows 10 64-Bit-Version von Microsoft Windows 8.1 mit Update KB2919355 64-Bit-Version von Microsoft Windows 7 SP1

2.3   Download des Programms

Sollten Sie die Software nicht bereits besitzen, haben Sie die folgenden Möglichkeiten, Autodesk®-Produkte unter den folgenden Links herunterzuladen:

Autodesk® **Store**	Wenn Sie die Programmversion kaufen möchten: ➢ http://www.autodesk.com/store/storeselect.htm
Autodesk®- **Konto**	Als Subscription-Kunde bei Ihrem Autodesk® Konto: ➢ https://accounts.autodesk.com/
Education **Community**	Als Mitglied der Education Community: ➢ http://www.autodesk.com/education/free-software/all
Kostenlose **Testversionen**	Als kostenlose Testversion mit 30 Tagen Laufzeit: ➢ http://www.autodesk.com/free-trials

Unter dem folgenden Link finden Sie weitere Informationen zu kostenlosen Programmversionen von Autodesk® für Studenten und Lehrkräfte:

➢ *http://help.autodesk.com/view/INVNTOR/2018/DEU/?guid=GUID-32F591DA-32BF-42F2-8FAC-DF215412D1C3*

2.4 Installationsvoraussetzungen

Zugriffsrechte

Sie müssen über lokale Benutzer-Administratorrechte verfügen.

> **Systemsteuerung > Benutzerkonten > Benutzerkonten verwalten**

System-Updates/ Antivirenprogramm

Vor der Installation von Autodesk® Inventor® 2018 sollten eventuell noch ausstehende Updates von Windows® durchgeführt werden. Starten Sie den Rechner danach neu. Antivirenprogramme müssen während der Installation eventuell vorübergehend deaktiviert werden.

Language Packs

Prüfen Sie vor der Installation von Autodesk® Inventor® 2018, ob die heruntergeladene Programmversion in der richtigen Sprache vorhanden ist. Eventuell muss vorab ein Sprachpaket heruntergeladen und installiert werden.

Seriennummer/ Produktschlüssel

Vor der Installation sollten Seriennummer und Produktschlüssel in Erfahrung gebracht werden. Diese werden bereits während der Installation benötigt (Ausnahme: kostenlose 30-Tage-Testversion). Weitere Informationen zum Thema finden Sie unter dem Link:

> **https://knowledge.autodesk.com/de/customer-service/download-install/activate/find-serial-number-product-key/sn-education-community/serial-number-educational-institutions**

Beenden anderer Programme

Beenden Sie alle anderen Programme vor der Installation von Autodesk® Inventor® 2018.

2.5   Installation von Autodesk® Inventor® 2018

Stellen Sie vor der Installation von Autodesk® Inventor® 2018 sicher, dass alle Teile des Programms vollständig vorhanden sind. Wurden diese vollständig heruntergeladen (Schritt entfällt, wenn die Software auf DVD vorhanden ist), kann mit der Installation begonnen werden. Sollte das Installationsprogramm noch nicht geöffnet sein, starten Sie dieses. Sie finden es für gewöhnlich im Pfad:

> **C:\Autodesk\Inventor_2018_...\Setup.exe**

Nachdem Sie die Lizenzvereinbarung gelesen und akzeptiert haben, muss im Dropdown-Menü mit den Produktsprachen einer der folgenden Schritte durchgeführt werden:

1) Wählen Sie eine Sprache aus.
2) Wählen Sie unter Lizenztyp die Option *Einzelplatz*.
3) Geben Sie Seriennummer und Produktschlüssel ein (falls erforderlich).
4) Bestimmen Sie den Installationspfad (dieser Pfad darf maximal 260 Zeichen lang sein).
5) Übernehmen Sie die vorgegebene Konfiguration oder passen Sie die Installation an (weitere Informationen zur Konfiguration finden Sie in der Produktdokumentation).
6) Klicken Sie auf *Installieren*.
7) Nach der Installation: Klicken Sie auf *Fertigstellen*.

2.6   Aktivierung von Autodesk® Inventor® 2018

Online aktivieren und registrieren

Sobald Autodesk® Inventor® 2018 das erste Mal gestartet wurden, startet auch automatisch der Aktivierungsvorgang. Sollte der PC über eine bestehende Internetverbindung verfügen, führen Sie die folgenden Schritte aus:

1) Achten Sie darauf, dass Ihre Firewall den Datenaustausch zwischen Autodesk® Inventor® 2018 und dem Server von Autodesk® nicht unterbricht.
2) Starten Sie Autodesk® Inventor® 2018.
3) Stimmen Sie den Datenschutzrichtlinien zu.
4) Klicken Sie auf *Aktivieren*.
5) Geben Sie den Produktschlüssel ein, wenn Sie dazu aufgefordert werden sollten. Melden Sie sich an und registrieren Sie das Produkt.

Autodesk® überprüft jetzt die Berechtigungsinformationen, wie z. B. Ihre Seriennummer. Wenn Sie die Aktivierungsaufforderung sehen und keine Verbindung mit dem Internet herstellen können, ist die Aktivierung manuell vorzunehmen.

Manuelles Aktivieren und Registrieren (offline)

Sollte der PC über keine bestehende Internetverbindung verfügen, führen Sie die folgenden Schritte aus:

1) Starten Sie Autodesk® Inventor® 2018.
2) Stimmen Sie den Datenschutzrichtlinien zu.
3) Klicken Sie auf *Aktivieren*.
4) Wählen Sie Aktivierungscode *Mit einer Offlinemethode anfordern*.
5) Klicken Sie auf *Weiter*.
6) Notieren Sie die Aktivierungsinformationen, die auf dem Bildschirm angezeigt werden, einschließlich der URL.
7) Starten Sie ein Gerät mit einer bestehenden Internetverbindung.
8) Öffnen Sie die URL aus Punkt (6). Melden Sie sich an und registrieren Sie das Produkt.
9) Notieren Sie den Aktivierungscode.
10) Starten Sie Autodesk® Inventor® 2018.
11) Klicken Sie auf *Aktivieren*.
12) Wählen Sie die Option *Ich habe einen Aktivierungscode von Autodesk*.
13) Kopieren Sie den Aktivierungscode, und fügen Sie ihn in das erste Feld ein, um automatisch die anderen Felder auszufüllen.
14) Klicken Sie auf *Weiter*.

Weitere Informationen zu Installation und Aktivierung erhalten Sie unter dem folgenden Link:

➤ *https://knowledge.autodesk.com/customer-service/download-install*

3 Programmaufbau und Programmoberfläche

3.1 Programmaufbau

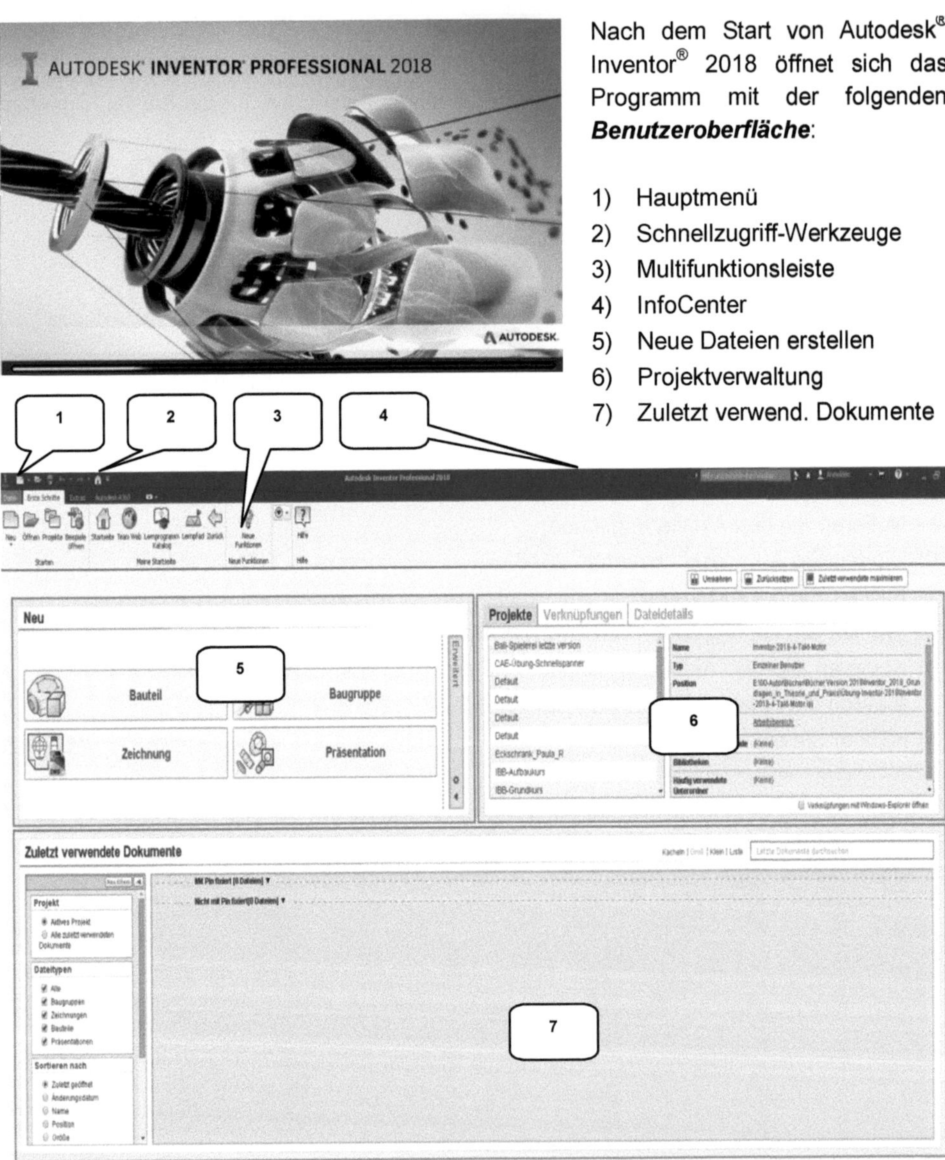

Nach dem Start von Autodesk[®] Inventor[®] 2018 öffnet sich das Programm mit der folgenden **Benutzeroberfläche**:

1) Hauptmenü
2) Schnellzugriff-Werkzeuge
3) Multifunktionsleiste
4) InfoCenter
5) Neue Dateien erstellen
6) Projektverwaltung
7) Zuletzt verwend. Dokumente

3.2 Hauptmenü

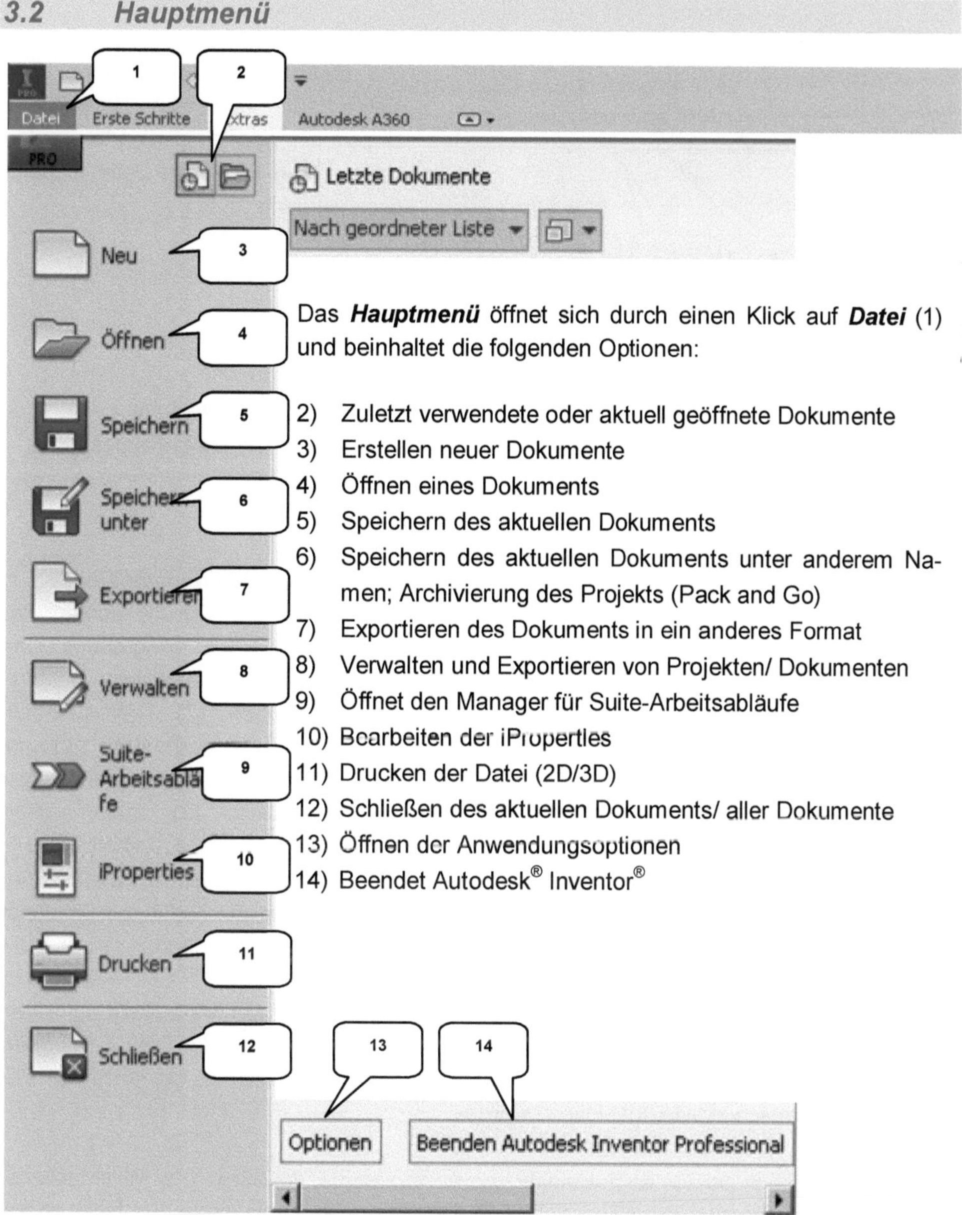

Das **Hauptmenü** öffnet sich durch einen Klick auf **Datei** (1) und beinhaltet die folgenden Optionen:

2) Zuletzt verwendete oder aktuell geöffnete Dokumente
3) Erstellen neuer Dokumente
4) Öffnen eines Dokuments
5) Speichern des aktuellen Dokuments
6) Speichern des aktuellen Dokuments unter anderem Namen; Archivierung des Projekts (Pack and Go)
7) Exportieren des Dokuments in ein anderes Format
8) Verwalten und Exportieren von Projekten/ Dokumenten
9) Öffnet den Manager für Suite-Arbeitsabläufe
10) Bearbeiten der iProperties
11) Drucken der Datei (2D/3D)
12) Schließen des aktuellen Dokuments/ aller Dokumente
13) Öffnen der Anwendungsoptionen
14) Beendet Autodesk® Inventor®

HINWEIS: Die jeweiligen Befehle können mit einem Klick der linken Maustaste auf die nebenstehenden Dreiecke noch erweitert werden.

3.3 Schnellzugriff-Werkzeuge

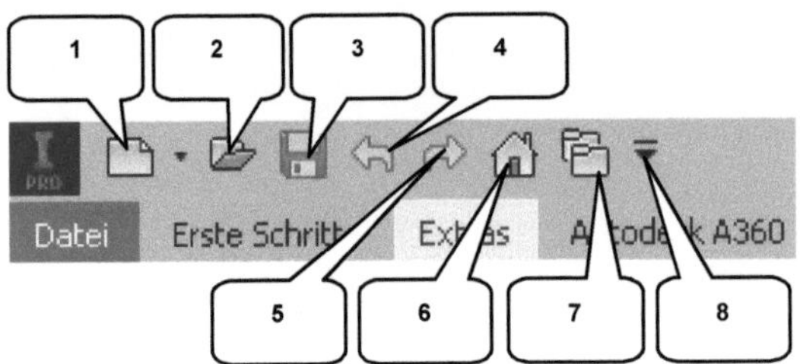

Die **Schnellzugriff-Werkzeuge** sind einige häufig verwendete Befehle, die einzeln ein- oder ausgeblendet werden können. Die folgenden Befehle befinden sich darin:

1)	Erstellen eines neuen Dokuments	5)	Einen Arbeitsschritt vorwärts
2)	Öffnen eines vorhandenen Dokuments	6)	Aktiviert die Startseite
3)	Speichern des Dokuments	7)	Öffnet die Projektverwaltung
4)	Einen Arbeitsschritt zurück	8)	Schnellzugriff-Werkzeuge anpassen

3.4 Multifunktionsleiste

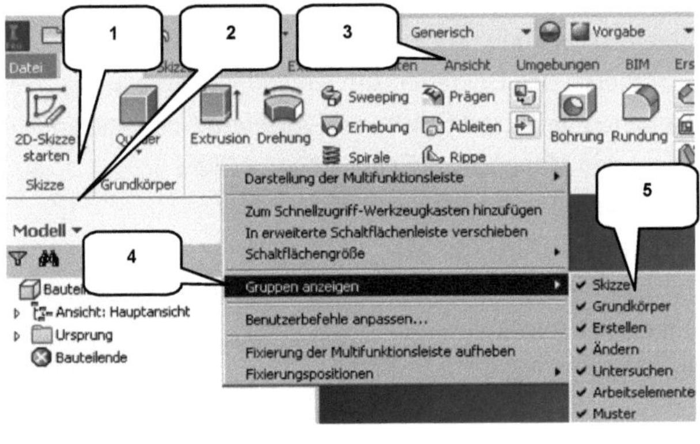

Die **Multifunktionsleiste** (1) befindet sich im oberen Bereich des Programms und enthält verschiedene Befehlsgruppen (2), deren Inhalt entsprechend der Auswahl einer der verfügbaren Registerkarten (3) variiert. Jede Registerkarte enthält diverse Befehlsgruppen, welche beliebig ein- oder ausgeblendet werden können.

Um Befehlsgruppen ein- oder auszublenden, muss mit der **rechten Maustaste** auf einen beliebigen Punkt im Bereich der Multifunktionsleiste (1) geklickt und die Option **Gruppen anzeigen** (4) gewählt werden. In der erweiterten Auswahl (5), können die einzelnen Befehlsgruppen danach aktiviert/deaktiviert werden.

HINWEIS: Sollten in diesem Buch Befehle verwendet werden, die Sie in Ihrer Multifunktionsleiste im entsprechenden Arbeitsbereich nicht finden können, kontrollieren Sie bitte, ob die entsprechende Befehlsgruppe aktiviert ist.

3.5 Browser

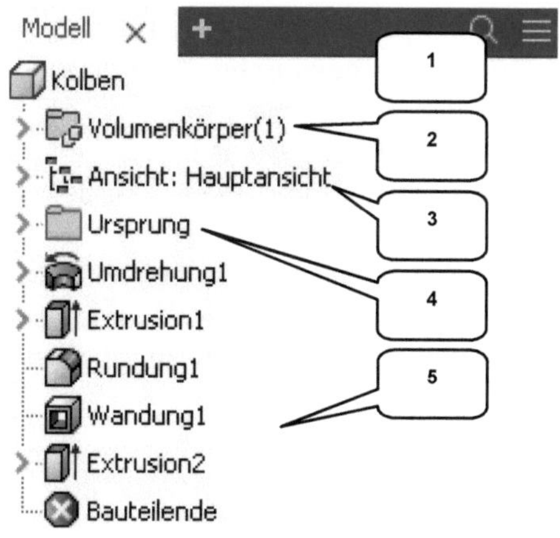

Der **Browser** (1) spiegelt den grundlegenden Aufbau eines Objekts wieder der je Arbeitsbereich inhaltlich variiert.

> ### Bauteil-Browser

Im **Bauteil-Browser** befinden sich z. B. der Ordner **Volumenkörper** (2) (listet die einzelnen Volumenkörper eines Bauteils auf), der Ordner **Ansicht** (3) (beinhaltet die Ansichten eines Bauteils) sowie der Ordner **Ursprung** (4) (listet die Hauptachsen und -ebenen des Bauteils auf). Weiterhin werden alle bereits am Bauteil vorgenommenen **Arbeitsschritte** (5) chronologisch aufgelistet und können hier bearbeitet werden.

> ### Baugruppen-Browser

Im **Baugruppen-Browser** befinden sich der Ordner **Beziehungen** (6) (mit allen in der Baugruppe besetzten Verbindungen/ Abhängigkeiten), der Ordner **Darstellungen** (7) (mit den Ansichten, Positionen und Detailgenauigkeiten der Baugruppe) und der Ordner **Ursprung** (8). Natürlich werden auch alle in der Baugruppe vorhandenen Komponenten (Bauteile/ Normteile) aufgelistet.

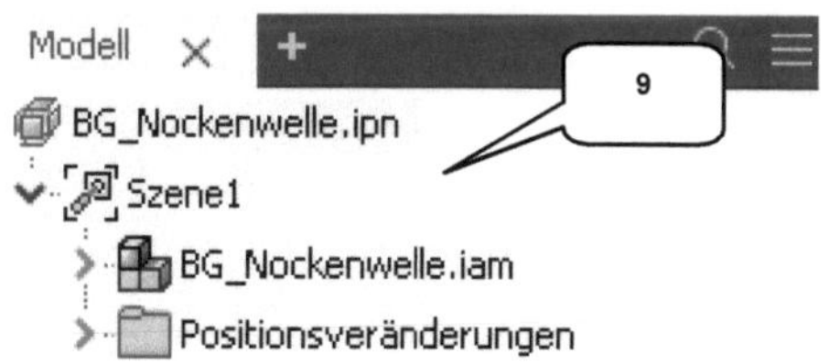

> ### Präsentations-Browser

Der **Präsentations-Browser** enthält den Ordner **Szene** (9). Darin werden die Präsentationsdrehbücher der animierten Baugruppen und die zugehörigen Pfade abgelegt.

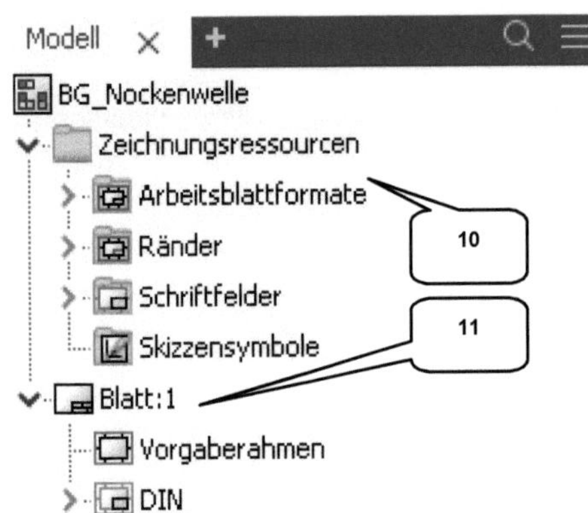

> ### *Zeichnungs-Browser*

Im ***Zeichnungs-Browser*** gibt es den Ordner ***Zeichnungsressourcen*** (10) (mit allen vordefinierten Arbeitsblattformaten, Rändern, Schriftfeldern und Symbolen) und je Zeichnung einen Ordner ***Blatt*** (11). Jedes Zeichnungsblatt beinhaltet die dem Blatt zugeordneten Arbeitsblattformate, Ränder, Schriftfelder und Symbole sowie dargestellten Ansichten mit den darin abgebildeten Komponenten.

3.6 Arbeitsbereich
3.6.1 Startbildschirm

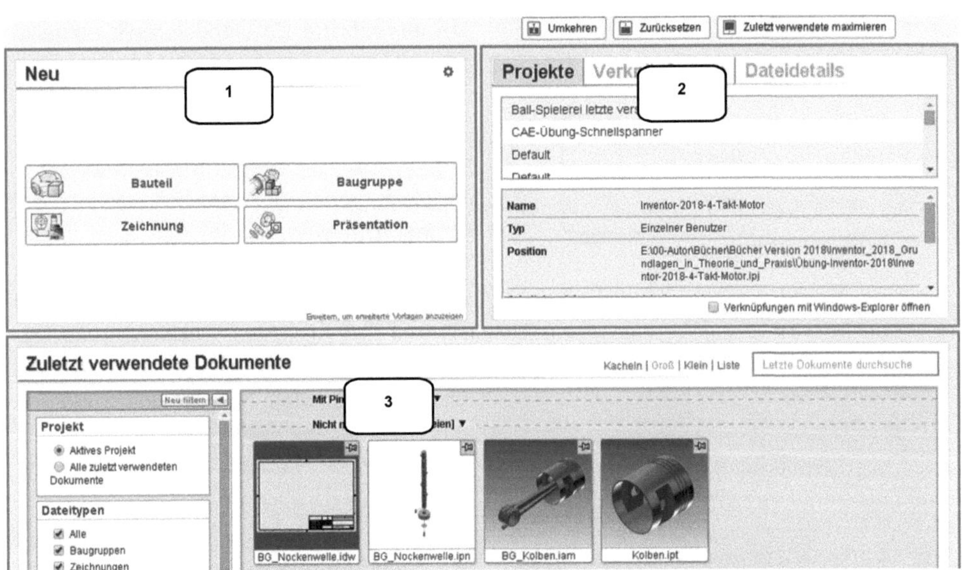

Nach dem Start des Programms wird dem Benutzer ein ***Startbildschirm*** mit den folgenden Inhalten angeboten:

1) Erstellen eines neuen Dokuments
2) Projektverwaltung
3) Öffnen eines bereits vorhandenen Dokuments

4 Die ersten Schritte

4.1 Programmhilfe und neue Funktionen

Im Register **Erste Schritte** (Befehlsgruppe **Hilfe**) befindet sich der Befehl 🔲 **Hilfe** (1). Ein Klick darauf öffnet im Arbeitsbereich die Online-Hilfe, sofern ein Internetzugang vorhanden ist (ggf. müssen die Einstellungen der Firewall des PCs bearbeitet werden).

Hier können Sie entweder in der **Inhaltsübersicht** (2) aus einem der angebotenen Themengebiete auswählen, oder bestimmte Befehle oder Begriffe **suchen** (3). Im **Ausgabebereich** (4) werden die Ergebnisse dann angezeigt.

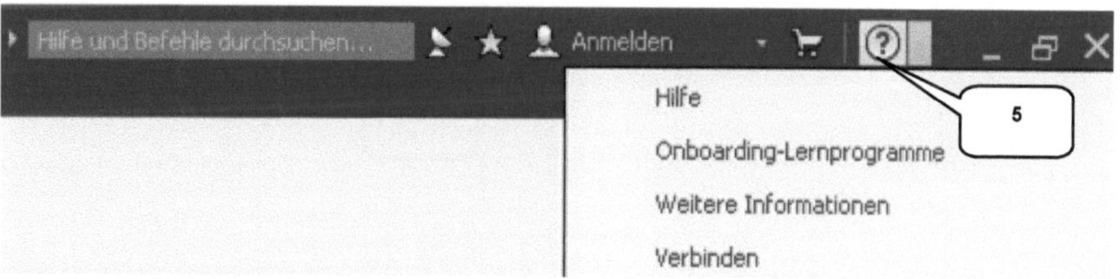

HINWEIS: Alternativ kann die Programmhilfe auch durch den Befehl 🔲 **Hilfe** (5) in der oberen Programmleiste gestartet werden.

4.2 Videos und Lernprogramme

Startet man den Befehl ⬜ **Lernpfad** (1), so öffnet sich eine interaktive Lernumgebung (2) in der schrittweise der Umgang mit der Software erlernt und mit diversen Übungen gefestigt werden kann.

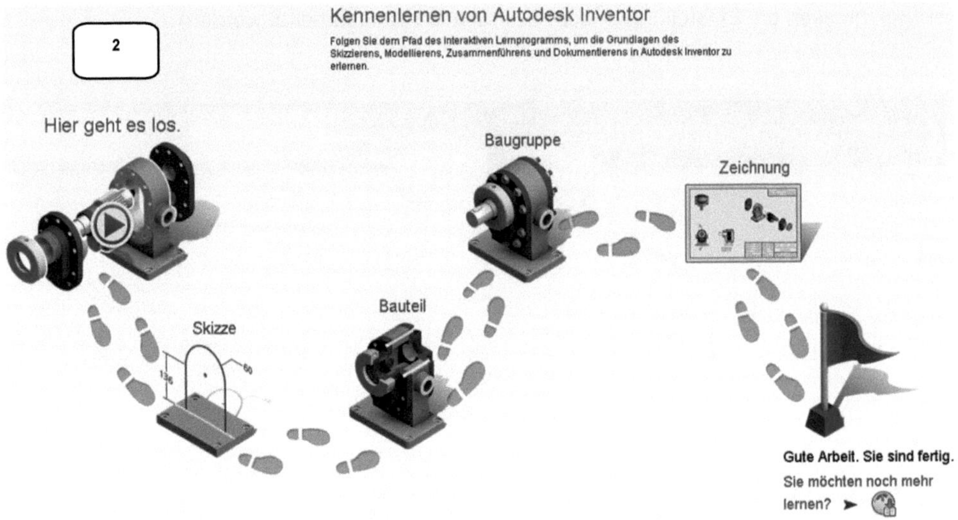

Mit dem Befehl 🌐 **Lernprogramm Katalog** (3) öffnet sich im Arbeitsbereich eine Übersicht weiterer Lernprogramme (4).

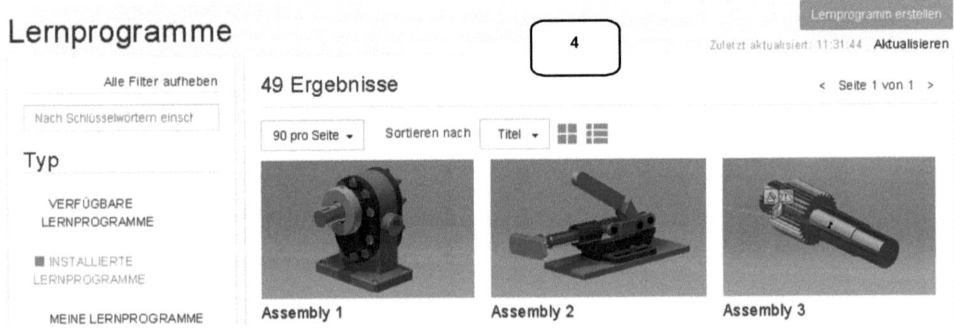

4.3 Zusatzmodule (empfohlene Einstellungen)

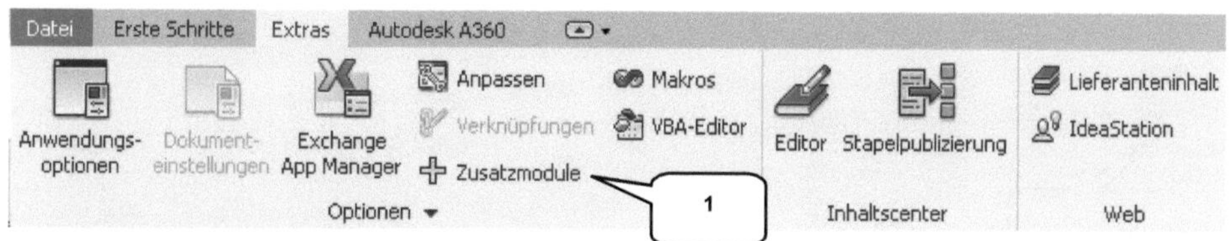

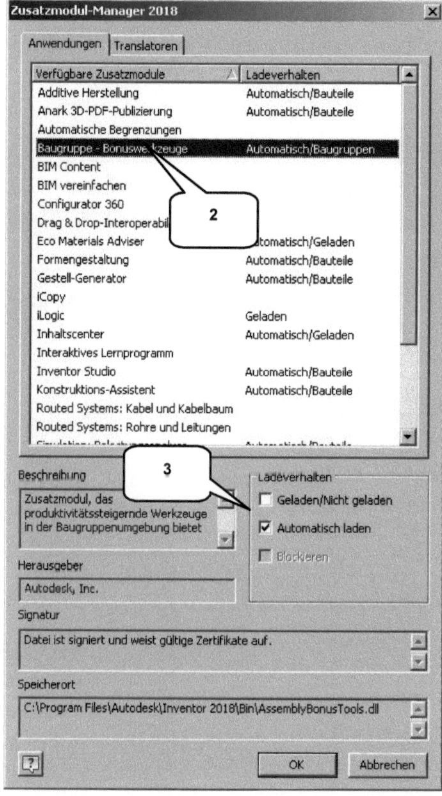

HINWEIS: Je nach Programversion (Inventor® 2018 oder Inventor® Professional 2018) können einige der Module unter Umständen nicht verwendet werden. Bitte beachten Sie, dass eine generelle Aktivierung aller Module die Leistungsfähigkeit Ihres PCs negativ beeinträchtigen kann.

In der Befehlsgruppe **Optionen** (Register **Extras**) befindet sich der Befehl ✛ Zusatzmodule (1) welcher den **Zusatzmodul-Manager** öffnet. Damit können die automatisch beim Programmstart zusätzlich zu den Standardeinstellungen zu aktivierenden Programm-Module festgelegt werden.

Um ein Modul automatisch laden zu lassen, muss dieses in der **Liste** (2) aktiviert werden, um anschließend die beiden Haken im Bereich **Ladeverhalten** (3) zu setzen. Andernfalls sind die Haken zu entfernen.

Die Aktivierung der folgenden Module wird empfohlen:

- ➢ Additive Herstellung
- ➢ Automatische Begrenzungen
- ➢ Baugruppe - Bonuswerkzeuge
- ➢ BIM-Austausch
- ➢ BIM-Vereinfachen
- ➢ Gestell-Generator
- ➢ iCopy
- ➢ iLogic
- ➢ Inhaltscenter
- ➢ Inventor Studio
- ➢ Konstruktions-Assistent
- ➢ Simulation: Belastungsanalyse
- ➢ Simulation: Dynamische Simulation
- ➢ Simulation: Gestellanalyse

4.4   Anwendungsoptionen (empfohlene Einstellungen)

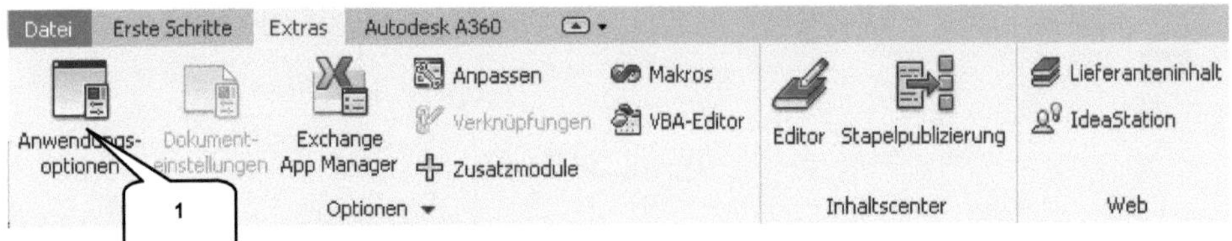

Mit dem Befehl **Anwendungsoptionen** (1) werden die Grundeinstellungen des Programms festgelegt. Er sollte jetzt geöffnet und die folgenden Einstellungen kontrolliert werden:

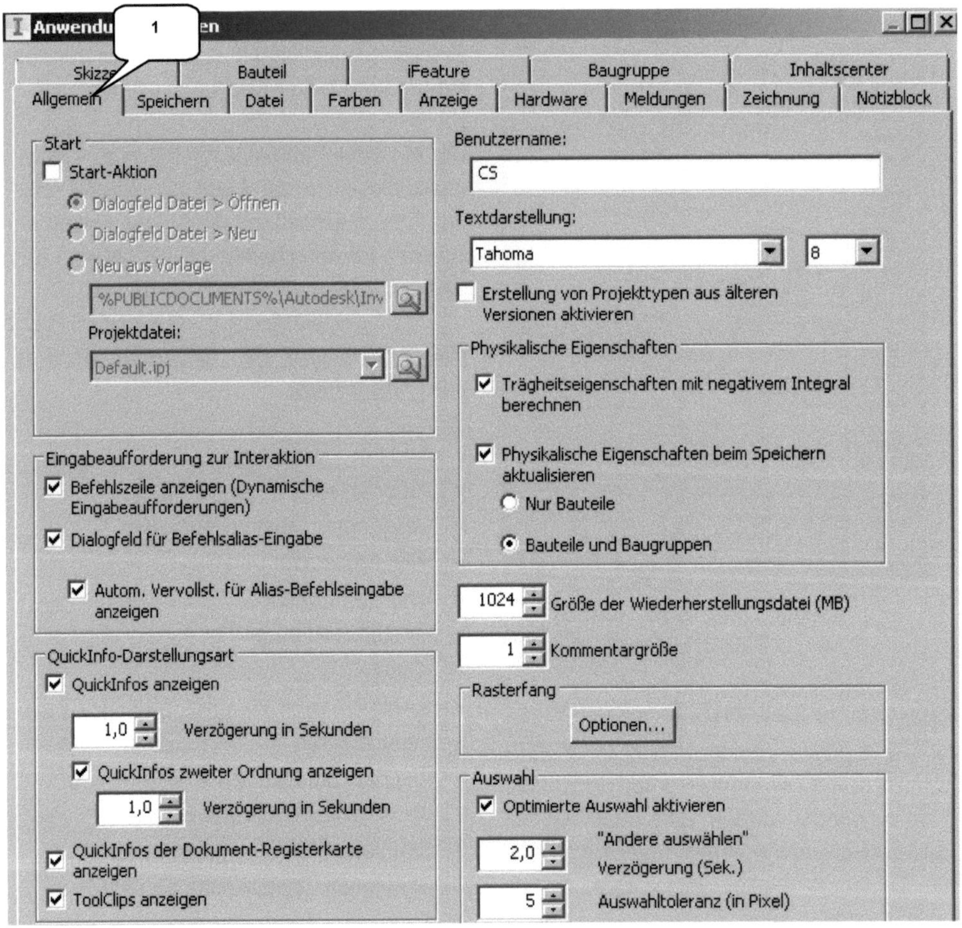

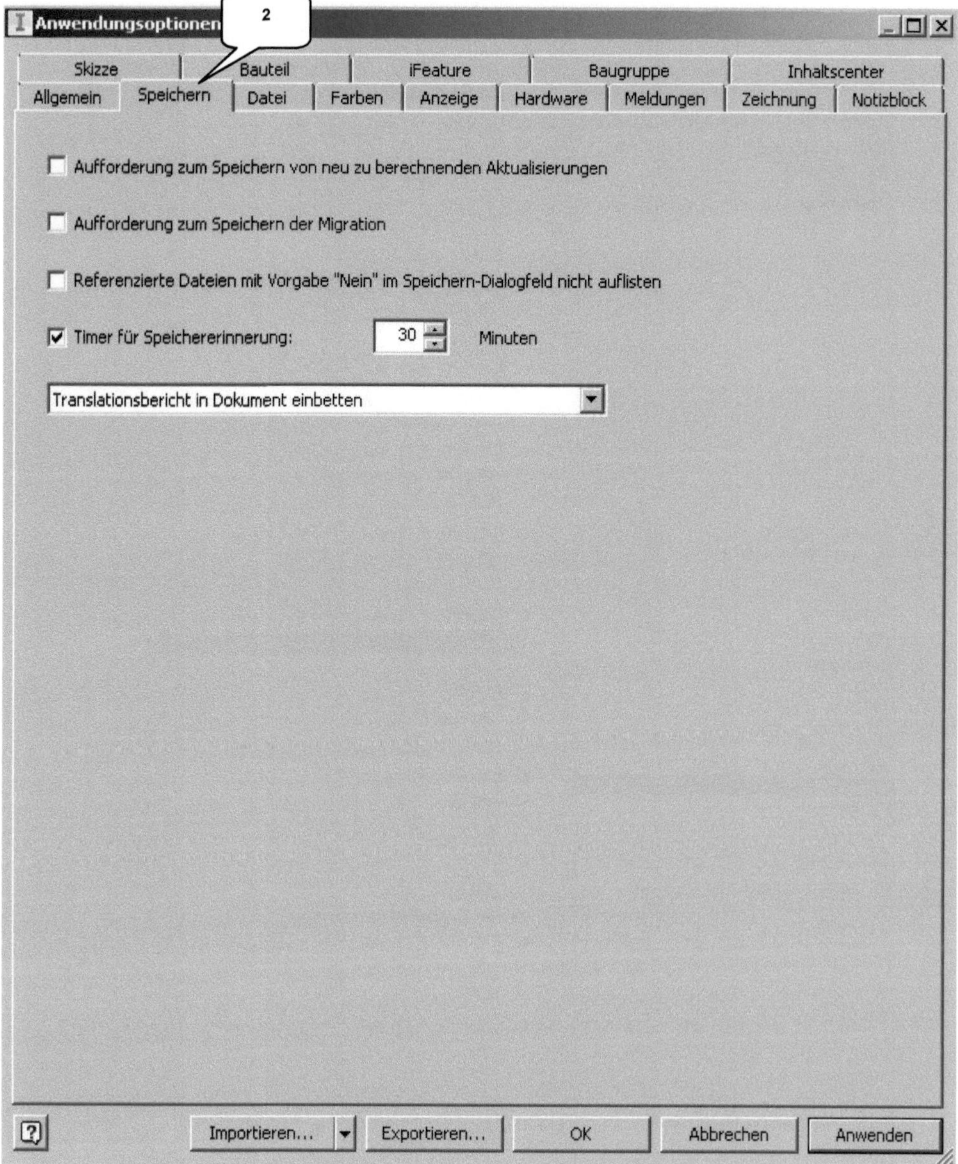

2
Anwendungsoptionen
Skizze
Bauteil
iFeature
Baugruppe
Inhaltscenter
Allgemein
Speichern
Datei
Farben
Anzeige
Hardware
Meldungen
Zeichnung
Notizblock
Aufforderung zum Speichern von neu zu berechnenden Aktualisierungen
Aufforderung zum Speichern der Migration
Referenzierte Dateien mit Vorgabe "Nein" im Speichern-Dialogfeld nicht auflisten
Timer für Speichererinnerung:
30
Minuten
Translationsbericht in Dokument einbetten
Importieren...
Exportieren...
OK
Abbrechen
Anwenden

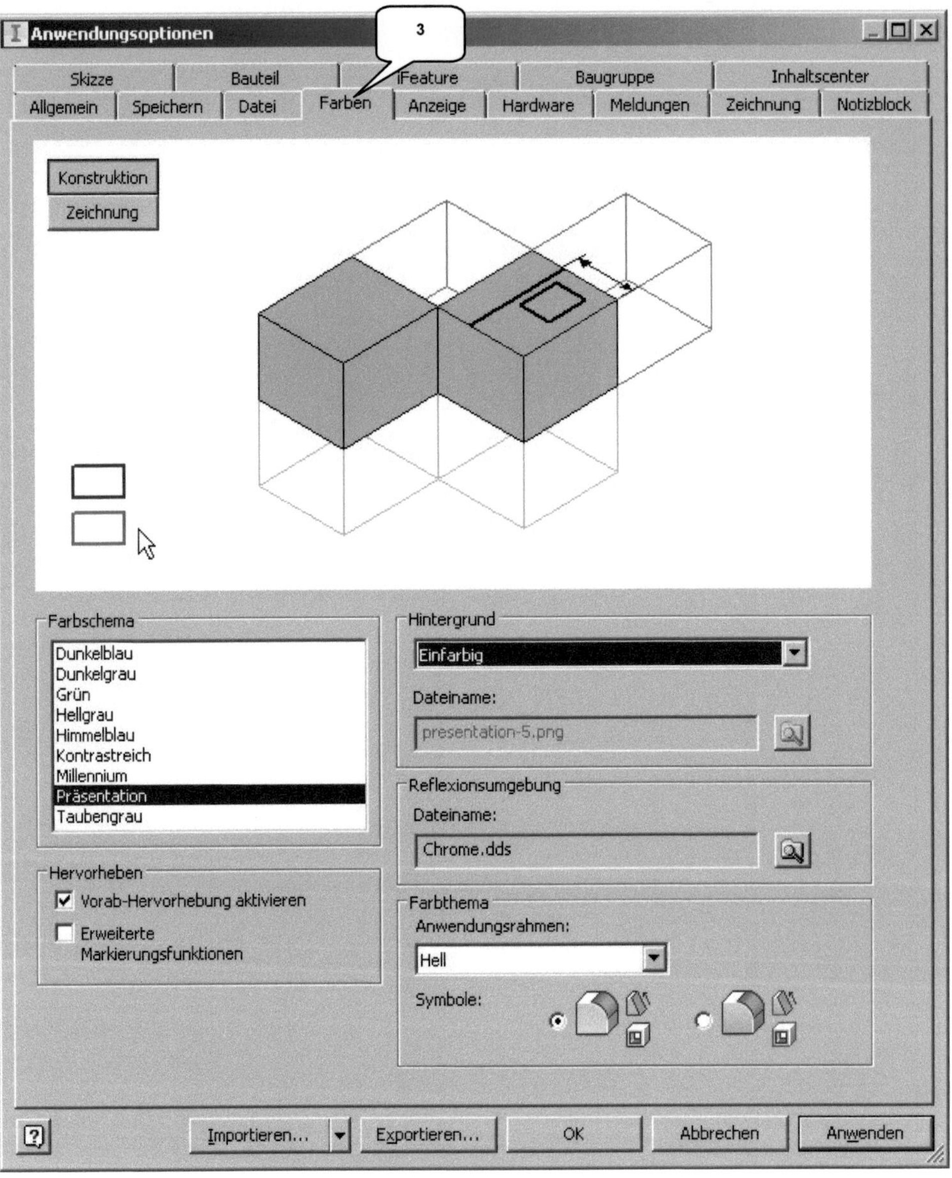
Anwendungsoptionen
3
Skizze
Bauteil
iFeature
Baugruppe
Inhaltscenter
Allgemein
Speichern
Datei
Farben
Anzeige
Hardware
Meldungen
Zeichnung
Notizblock
Konstruktion
Zeichnung
Farbschema
Dunkelblau
Dunkelgrau
Grün
Hellgrau
Himmelblau
Kontrastreich
Millennium
Präsentation
Taubengrau
Hintergrund
Einfarbig
Dateiname:
presentation-5.png
Reflexionsumgebung
Dateiname:
Chrome.dds
Hervorheben
Vorab-Hervorhebung aktivieren
Erweiterte
Markierungsfunktionen
Farbthema
Anwendungsrahmen:
Hell
Symbole:
Importieren...
Exportieren...
OK
Abbrechen
Anwenden

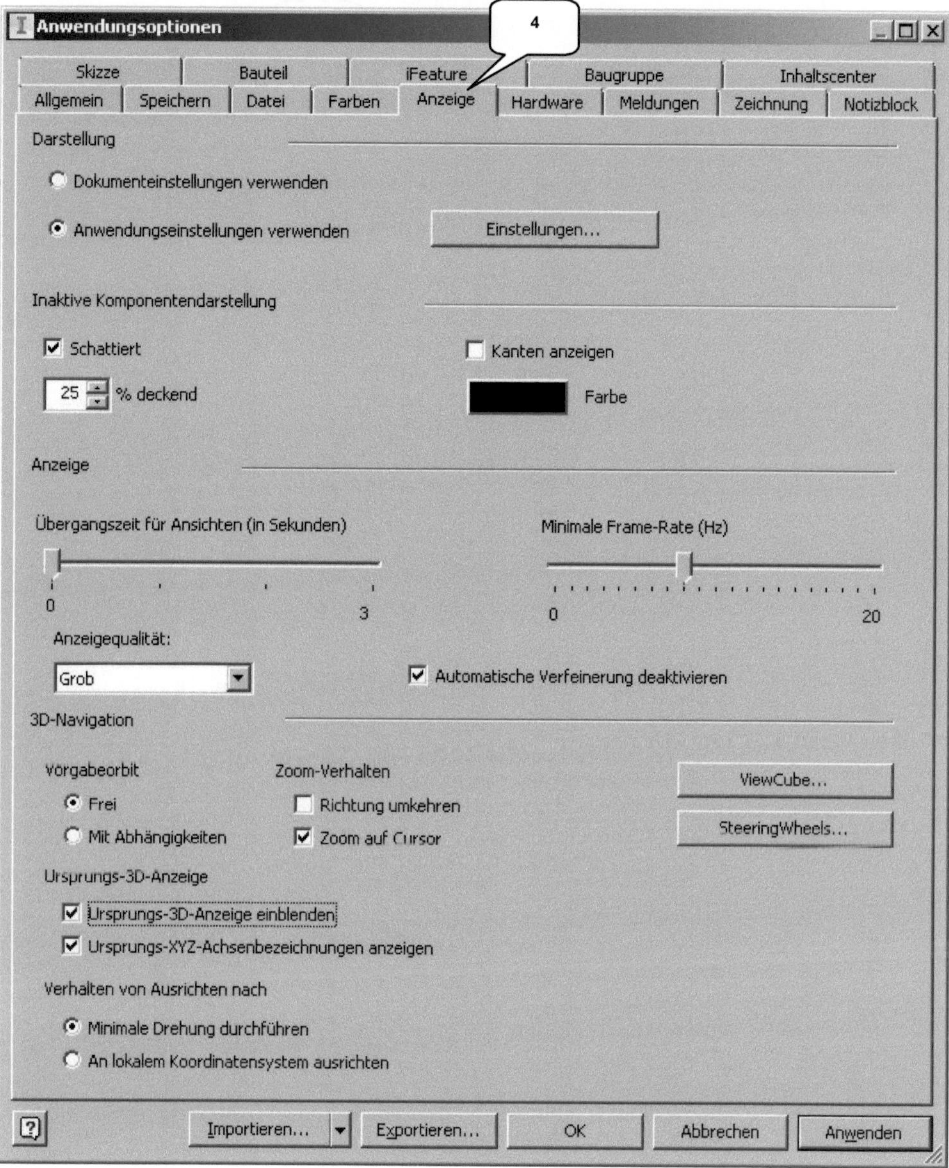
4
Anwendungsoptionen
Skizze
Bauteil
iFeature
Baugruppe
Inhaltscenter
Allgemein
Speichern
Datei
Farben
Anzeige
Hardware
Meldungen
Zeichnung
Notizblock
Darstellung
Dokumenteinstellungen verwenden
Anwendungseinstellungen verwenden
Einstellungen...
Inaktive Komponentendarstellung
Schattiert
Kanten anzeigen
25 % deckend
Farbe
Anzeige
Übergangszeit für Ansichten (in Sekunden)
Minimale Frame-Rate (Hz)
0
3
0
20
Anzeigequalität:
Grob
Automatische Verfeinerung deaktivieren
3D-Navigation
Vorgabeorbit
Zoom-Verhalten
ViewCube...
Frei
Richtung umkehren
Mit Abhängigkeiten
Zoom auf Cursor
SteeringWheels...
Ursprungs-3D-Anzeige
Ursprungs-3D-Anzeige einblenden
Ursprungs-XYZ-Achsenbezeichnungen anzeigen
Verhalten von Ausrichten nach
Minimale Drehung durchführen
An lokalem Koordinatensystem ausrichten
Importieren...
Exportieren...
OK
Abbrechen
Anwenden

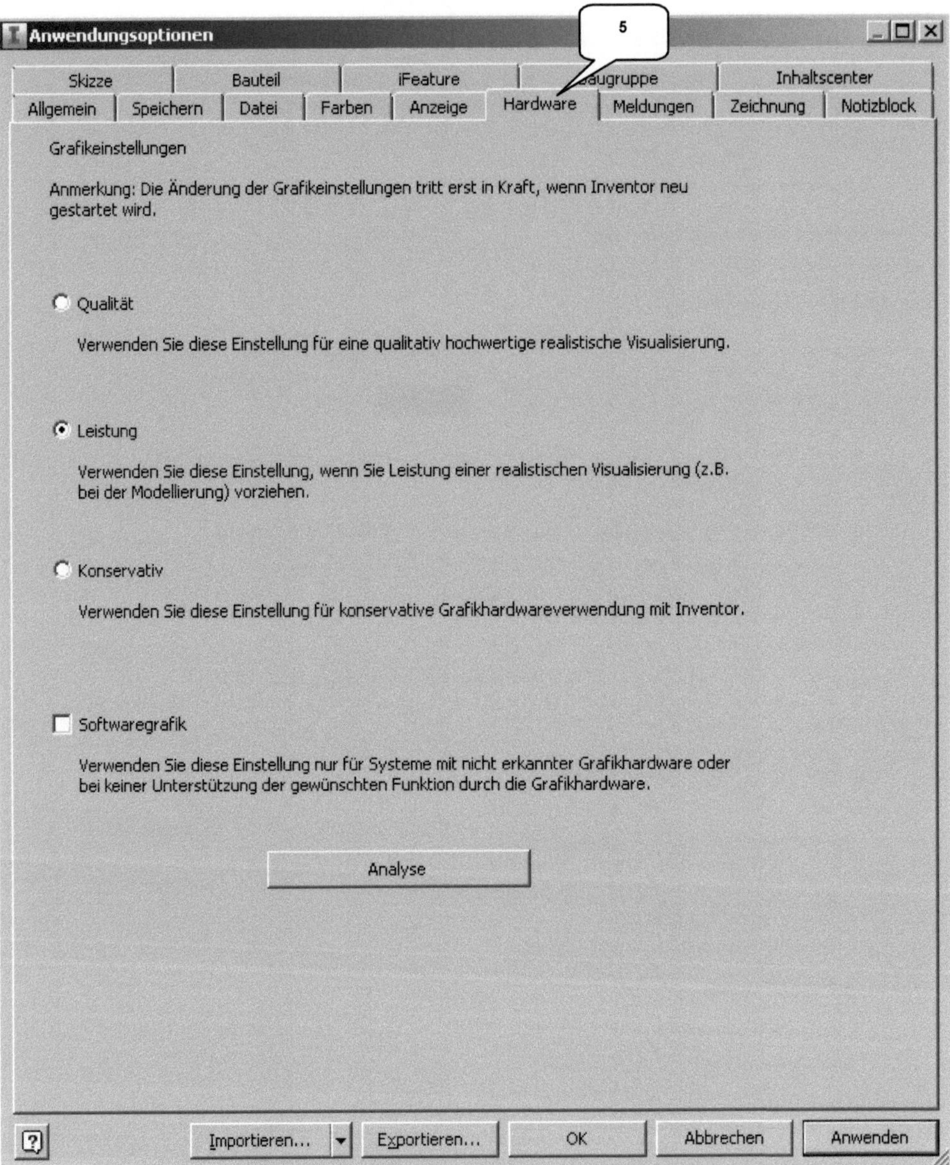
5
Anwendungsoptionen
Skizze
Bauteil
iFeature
Baugruppe
Inhaltscenter
Allgemein
Speichern
Datei
Farben
Anzeige
Hardware
Meldungen
Zeichnung
Notizblock
Grafikeinstellungen
Anmerkung: Die Änderung der Grafikeinstellungen tritt erst in Kraft, wenn Inventor neu gestartet wird.
Qualität
Verwenden Sie diese Einstellung für eine qualitativ hochwertige realistische Visualisierung.
Leistung
Verwenden Sie diese Einstellung, wenn Sie Leistung einer realistischen Visualisierung (z.B. bei der Modellierung) vorziehen.
Konservativ
Verwenden Sie diese Einstellung für konservative Grafikhardwareverwendung mit Inventor.
Softwaregrafik
Verwenden Sie diese Einstellung nur für Systeme mit nicht erkannter Grafikhardware oder bei keiner Unterstützung der gewünschten Funktion durch die Grafikhardware.
Analyse
Importieren...
Exportieren...
OK
Abbrechen
Anwenden

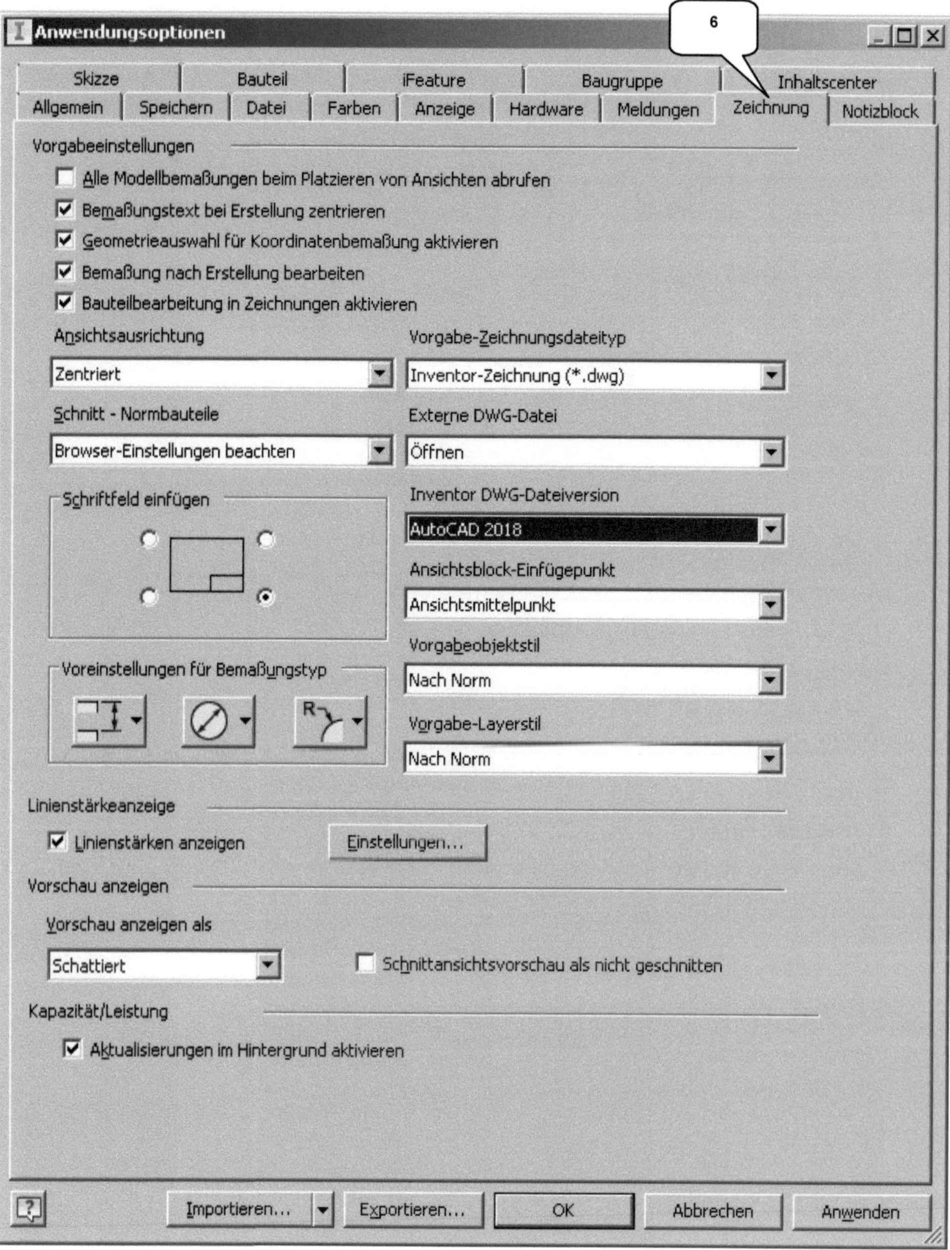
Anwendungsoptionen
6
Skizze
Bauteil
iFeature
Baugruppe
Inhaltscenter
Allgemein
Speichern
Datei
Farben
Anzeige
Hardware
Meldungen
Zeichnung
Notizblock
Vorgabeeinstellungen
Alle Modellbemaßungen beim Platzieren von Ansichten abrufen
Bemaßungstext bei Erstellung zentrieren
Geometrieauswahl für Koordinatenbemaßung aktivieren
Bemaßung nach Erstellung bearbeiten
Bauteilbearbeitung in Zeichnungen aktivieren
Ansichtsausrichtung
Zentriert
Vorgabe-Zeichnungsdateityp
Inventor-Zeichnung (*.dwg)
Schnitt - Normbauteile
Browser-Einstellungen beachten
Externe DWG-Datei
Öffnen
Schriftfeld einfügen
Inventor DWG-Dateiversion
AutoCAD 2018
Ansichtsblock-Einfügepunkt
Ansichtsmittelpunkt
Voreinstellungen für Bemaßungstyp
R
Vorgabeobjektstil
Nach Norm
Vorgabe-Layerstil
Nach Norm
Linienstärkeanzeige
Linienstärken anzeigen
Einstellungen...
Vorschau anzeigen
Vorschau anzeigen als
Schattiert
Schnittansichtsvorschau als nicht geschnitten
Kapazität/Leistung
Aktualisierungen im Hintergrund aktivieren
Importieren...
Exportieren...
OK
Abbrechen
Anwenden

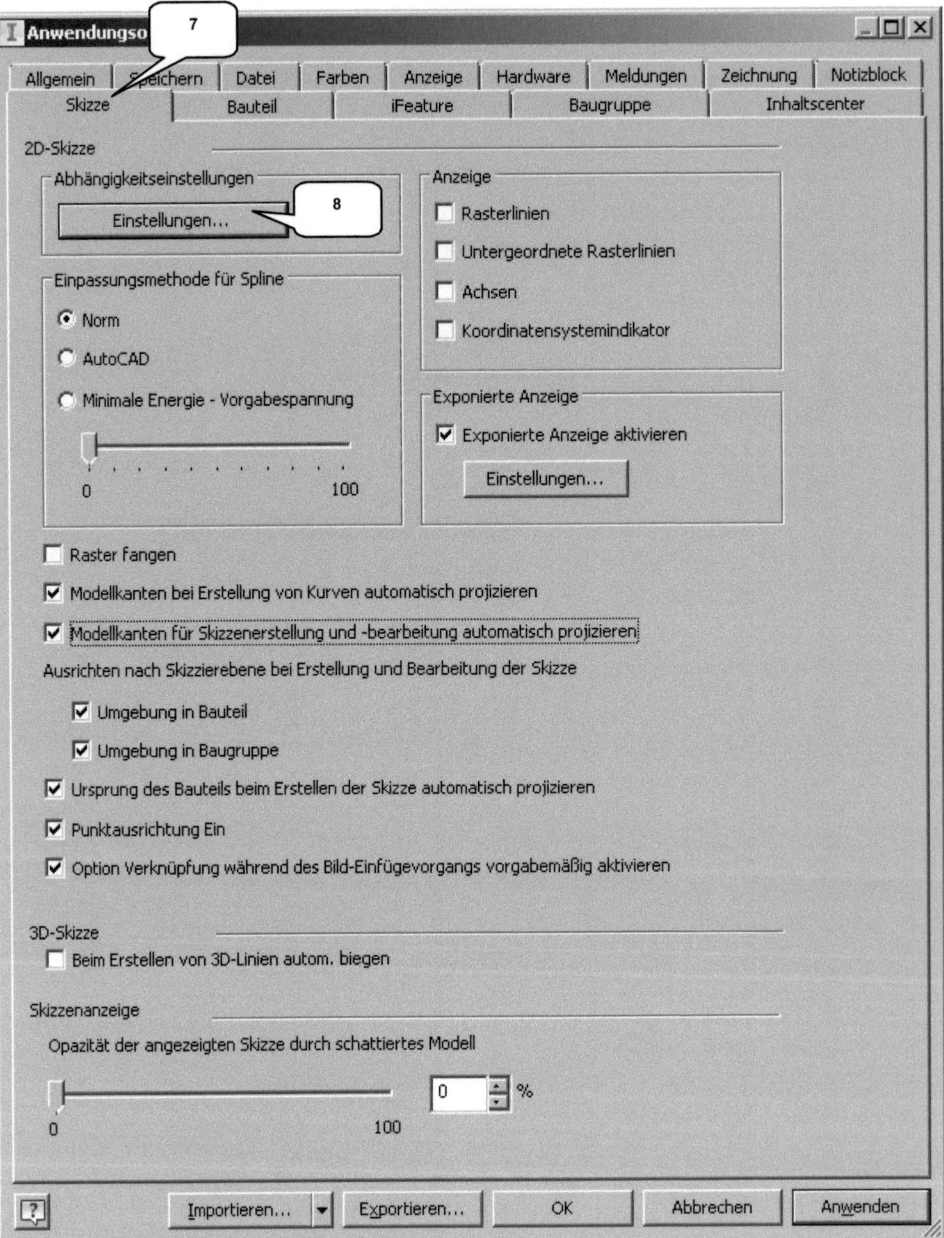
7
8
Anwendungso...
Allgemein   Speichern   Datei   Farben   Anzeige   Hardware   Meldungen   Zeichnung   Notizblock
Skizze   Bauteil   iFeature   Baugruppe   Inhaltscenter
2D-Skizze
Abhängigkeitseinstellungen
Einstellungen...
Einpassungsmethode für Spline
Norm
AutoCAD
Minimale Energie - Vorgabespannung
0   100
Anzeige
Rasterlinien
Untergeordnete Rasterlinien
Achsen
Koordinatensystemindikator
Exponierte Anzeige
Exponierte Anzeige aktivieren
Einstellungen...
Raster fangen
Modellkanten bei Erstellung von Kurven automatisch projizieren
Modellkanten für Skizzenerstellung und -bearbeitung automatisch projizieren
Ausrichten nach Skizzierebene bei Erstellung und Bearbeitung der Skizze
Umgebung in Bauteil
Umgebung in Baugruppe
Ursprung des Bauteils beim Erstellen der Skizze automatisch projizieren
Punktausrichtung Ein
Option Verknüpfung während des Bild-Einfügevorgangs vorgabemäßig aktivieren
3D-Skizze
Beim Erstellen von 3D-Linien autom. biegen
Skizzenanzeige
Opazität der angezeigten Skizze durch schattiertes Modell
0   100   0   %
Importieren...   Exportieren...   OK   Abbrechen   Anwenden

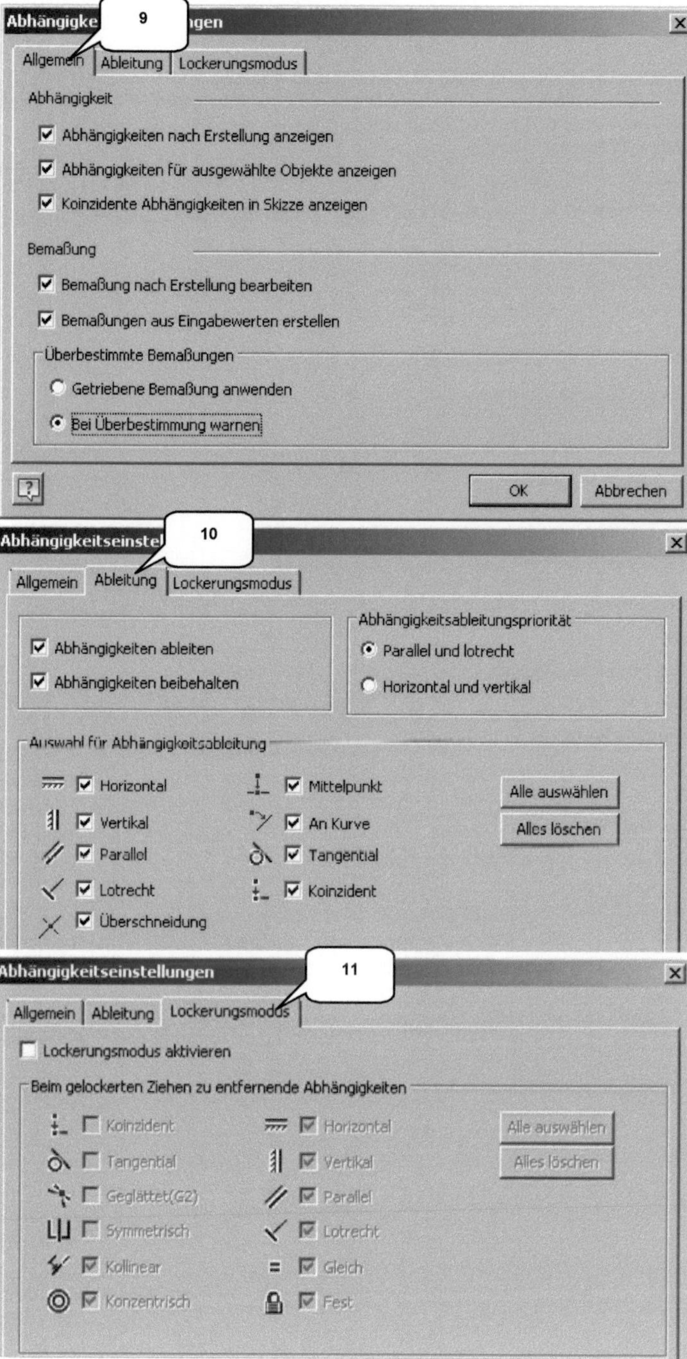

Abhängigke   9   gen
Allgemein Ableitung Lockerungsmodus
Abhängigkeit
☑ Abhängigkeiten nach Erstellung anzeigen
☑ Abhängigkeiten für ausgewählte Objekte anzeigen
☑ Koinzidente Abhängigkeiten in Skizze anzeigen
Bemaßung
☑ Bemaßung nach Erstellung bearbeiten
☑ Bemaßungen aus Eingabewerten erstellen
Überbestimmte Bemaßungen
○ Getriebene Bemaßung anwenden
◉ Bei Überbestimmung warnen
OK   Abbrechen

Abhängigkeitseinstel   10
Allgemein Ableitung Lockerungsmodus
☑ Abhängigkeiten ableiten
☑ Abhängigkeiten beibehalten
Abhängigkeitsableitungspriorität
◉ Parallel und lotrecht
○ Horizontal und vertikal
Auswahl für Abhängigkeitsableitung
☑ Horizontal   ☑ Mittelpunkt
☑ Vertikal   ☑ An Kurve
☑ Parallel   ☑ Tangential
☑ Lotrecht   ☑ Koinzident
☑ Überschneidung
Alle auswählen
Alles löschen

Abhängigkeitseinstellungen   11
Allgemein Ableitung Lockerungsmodus
☐ Lockerungsmodus aktivieren
Beim gelockerten Ziehen zu entfernende Abhängigkeiten
☐ Koinzident   ☑ Horizontal
☐ Tangential   ☑ Vertikal
☐ Geglättet(G2)   ☑ Parallel
☐ Symmetrisch   ☑ Lotrecht
☑ Kollinear   ☑ Gleich
☑ Konzentrisch   ☑ Fest
Alle auswählen
Alles löschen

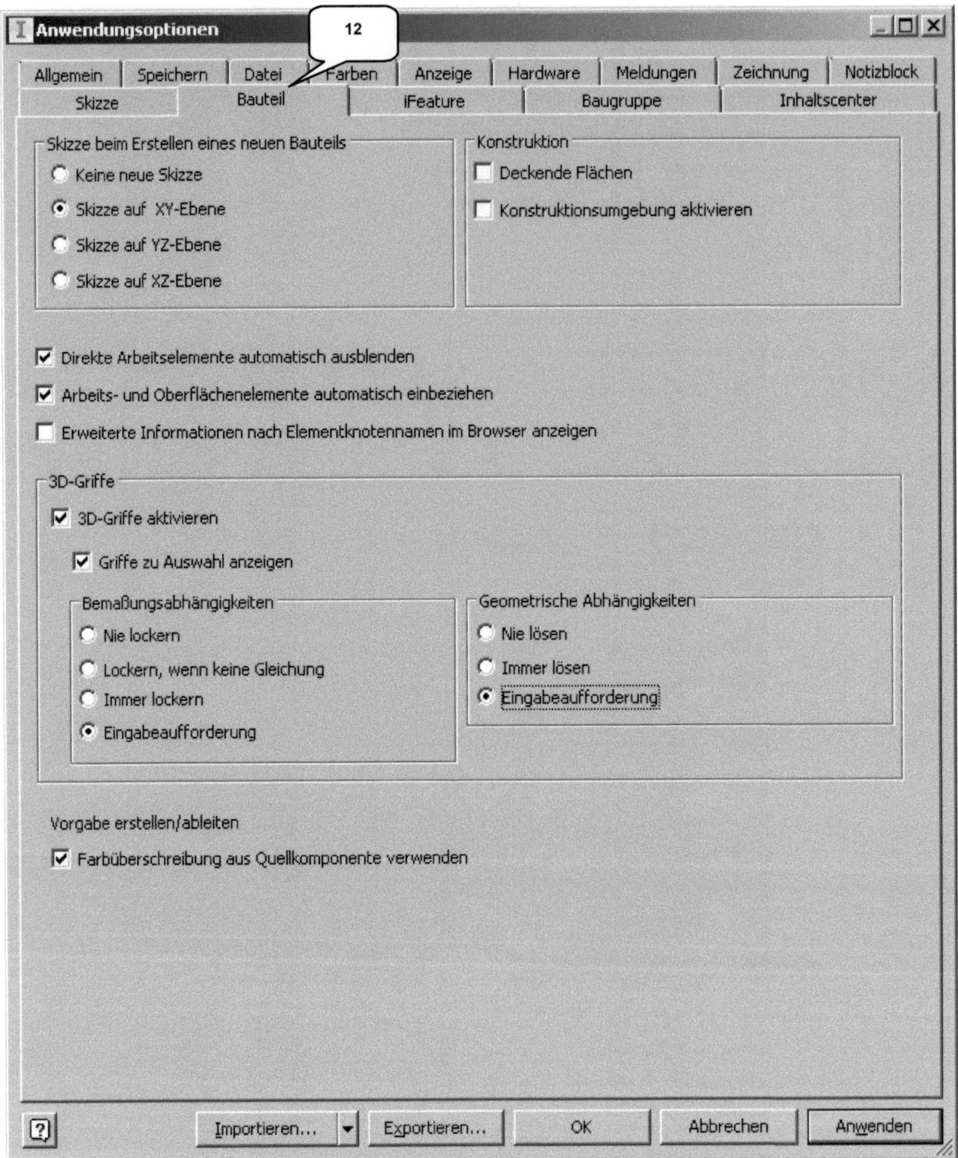
Anwendungsoptionen
12
Allgemein   Speichern   Datei   Farben   Anzeige   Hardware   Meldungen   Zeichnung   Notizblock
Skizze   Bauteil   iFeature   Baugruppe   Inhaltscenter
Skizze beim Erstellen eines neuen Bauteils
Keine neue Skizze
Skizze auf XY-Ebene
Skizze auf YZ-Ebene
Skizze auf XZ-Ebene
Konstruktion
Deckende Flächen
Konstruktionsumgebung aktivieren
Direkte Arbeitselemente automatisch ausblenden
Arbeits- und Oberflächenelemente automatisch einbeziehen
Erweiterte Informationen nach Elementknotennamen im Browser anzeigen
3D-Griffe
3D-Griffe aktivieren
Griffe zu Auswahl anzeigen
Bemaßungsabhängigkeiten
Nie lockern
Lockern, wenn keine Gleichung
Immer lockern
Eingabeaufforderung
Geometrische Abhängigkeiten
Nie lösen
Immer lösen
Eingabeaufforderung
Vorgabe erstellen/ableiten
Farbüberschreibung aus Quellkomponente verwenden
Importieren...   Exportieren...   OK   Abbrechen   Anwenden

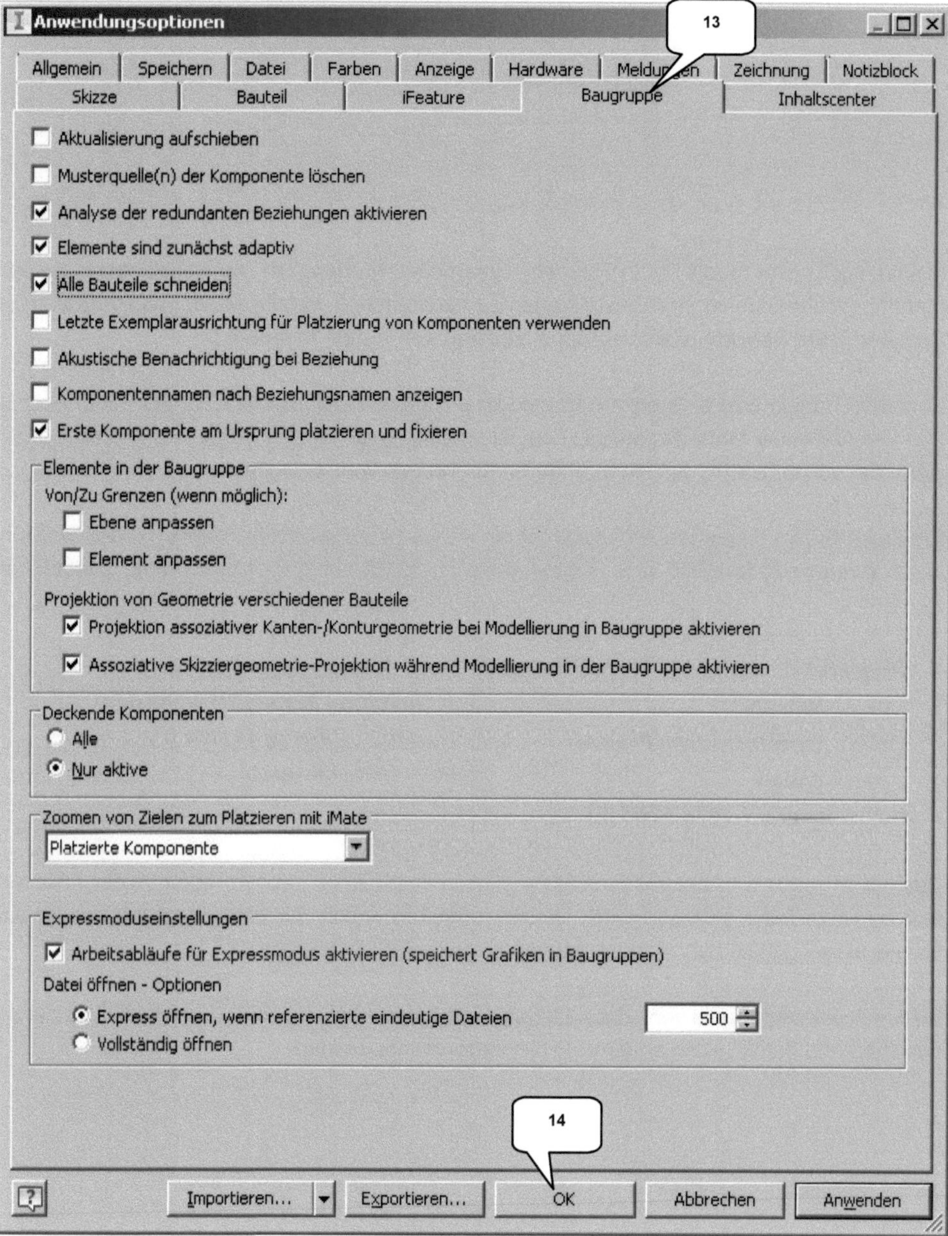
Anwendungsoptionen
13
Allgemein | Speichern | Datei | Farben | Anzeige | Hardware | Meldungen | Zeichnung | Notizblock
Skizze | Bauteil | iFeature | Baugruppe | Inhaltscenter
Aktualisierung aufschieben
Musterquelle(n) der Komponente löschen
Analyse der redundanten Beziehungen aktivieren
Elemente sind zunächst adaptiv
Alle Bauteile schneiden
Letzte Exemplarausrichtung für Platzierung von Komponenten verwenden
Akustische Benachrichtigung bei Beziehung
Komponentennamen nach Beziehungsnamen anzeigen
Erste Komponente am Ursprung platzieren und fixieren
Elemente in der Baugruppe
Von/Zu Grenzen (wenn möglich):
Ebene anpassen
Element anpassen
Projektion von Geometrie verschiedener Bauteile
Projektion assoziativer Kanten-/Konturgeometrie bei Modellierung in Baugruppe aktivieren
Assoziative Skizziergeometrie-Projektion während Modellierung in der Baugruppe aktivieren
Deckende Komponenten
Alle
Nur aktive
Zoomen von Zielen zum Platzieren mit iMate
Platzierte Komponente
Expressmoduseinstellungen
Arbeitsabläufe für Expressmodus aktivieren (speichert Grafiken in Baugruppen)
Datei öffnen - Optionen
Express öffnen, wenn referenzierte eindeutige Dateien   500
Vollständig öffnen
14
Importieren... | Exportieren... | OK | Abbrechen | Anwenden

5 Erstellen eines Einzelbenutzerprojektes

In Inventor® sollte möglichst in Projekten gearbeitet werden, um die Koordination zusammenhängender Dateien und Einstellungen zu vereinfachen. Hierfür bietet das Programm im Register **Erste Schritte** (Befehlsgruppe **Starten**) den Befehl **Projekte** (1).

Zu jedem Projekt wird eine eigene Projektdatei (*.ipj) erzeugt. Sie sichert alle Informationen und Querverweise eines Projektes. Das ist wichtig, wenn später komplexe Projekte archiviert oder von einem PC auf einen anderen übertragen werden sollen.

Erzeugen Sie im folgenden Arbeitsschritt ein neues Einzelbenutzer-Projekt mit der Bezeichnung **Inventor-2018-HRM**. Das Projekt sollte im gleichnamigen Projektordner gespeichert werden.

➢ **Projekte** (1)	➢ [...] Projektordner: Ordner **Inventor-2018-HRM** wählen (4)
➢ [Neu] **Neu** (2)	➢ [Fertig stellen] **Fertig stellen** (5)
➢ Option: **Einzelbenutzer-Projekt**	➢ [Fertig] **Fertig** (6)
➢ [Weiter] **Weiter**	
➢ Name: **Inventor-2018-HRM** (3)	

Das neue Projekt wird automatisch aktiviert, was durch einen kleinen Haken in der Zeile des aktiven Projektes signalisiert wird. Bei der späteren Arbeit mit dem Programm sollte das jeweils aktive Projekt nach Programmstart stets kontrolliert werden.

So kann vermieden werden, dass Dateien unbeabsichtigt an einem falschen Speicherort gesichert und damit einem anderen Projekt zugeordnet werden.

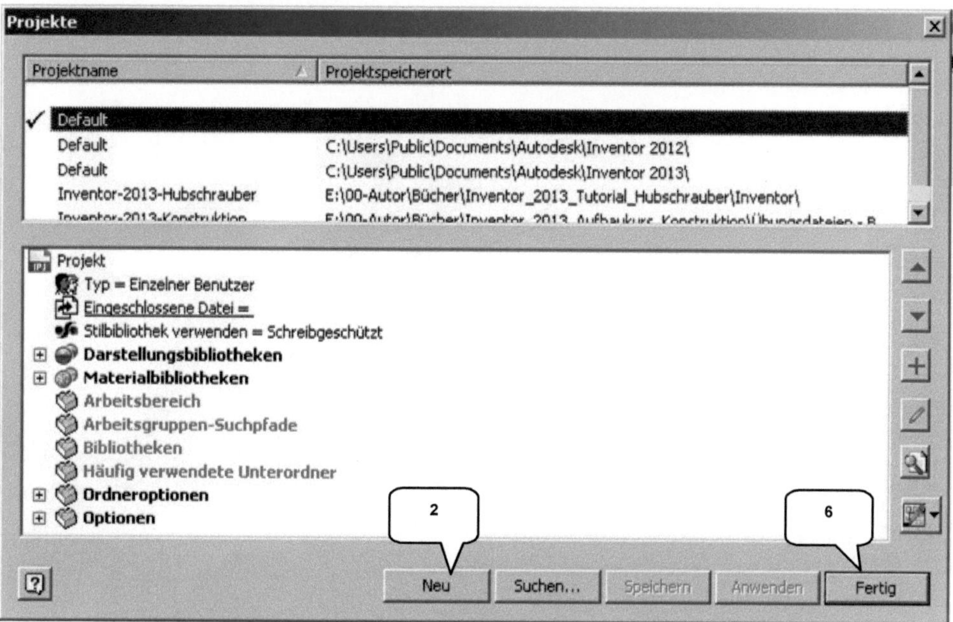

Projekte
Projektname
Projektspeicherort
Default
Default
C:\Users\Public\Documents\Autodesk\Inventor 2012\
Default
C:\Users\Public\Documents\Autodesk\Inventor 2013\
Inventor-2013-Hubschrauber
E:\00-Autor\Bücher\Inventor_2013_Tutorial_Hubschrauber\Inventor\
Inventor-2013-Konstruktion
E:\00-Autor\Bücher\Inventor_2013_Aufbaukurs_Konstruktion\Übungsdateien - B
Projekt
Typ = Einzelner Benutzer
Eingeschlossene Datei =
Stilbibliothek verwenden = Schreibgeschützt
Darstellungsbibliotheken
Materialbibliotheken
Arbeitsbereich
Arbeitsgruppen-Suchpfade
Bibliotheken
Häufig verwendete Unterordner
Ordneroptionen
Optionen
2
6
Neu
Suchen...
Speichern
Anwenden
Fertig

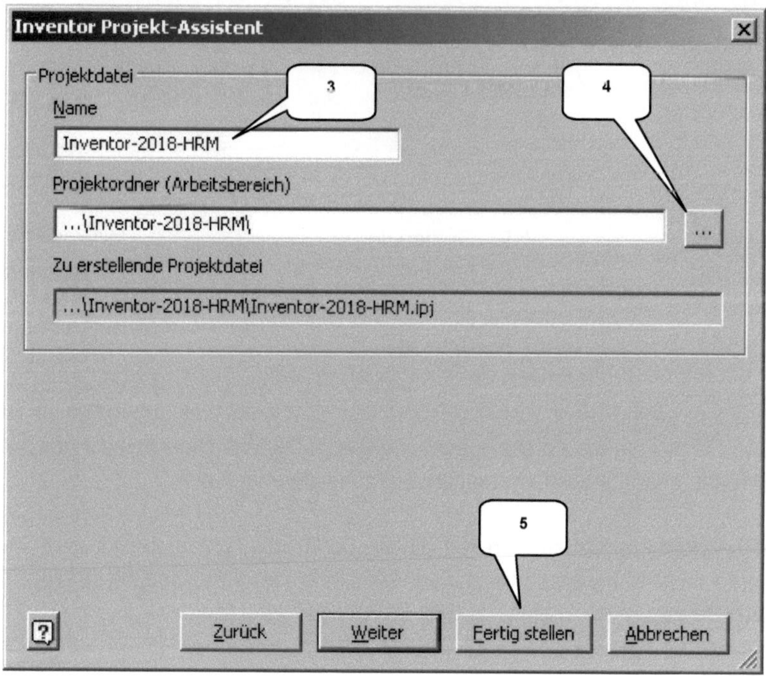

Inventor Projekt-Assistent
Projektdatei
3
4
Name
Inventor-2018-HRM
Projektordner (Arbeitsbereich)
...\Inventor-2018-HRM\
...
Zu erstellende Projektdatei
...\Inventor-2018-HRM\Inventor-2018-HRM.ipj
5
Zurück
Weiter
Fertig stellen
Abbrechen

6 Aufbau einer Holzrückmaschine

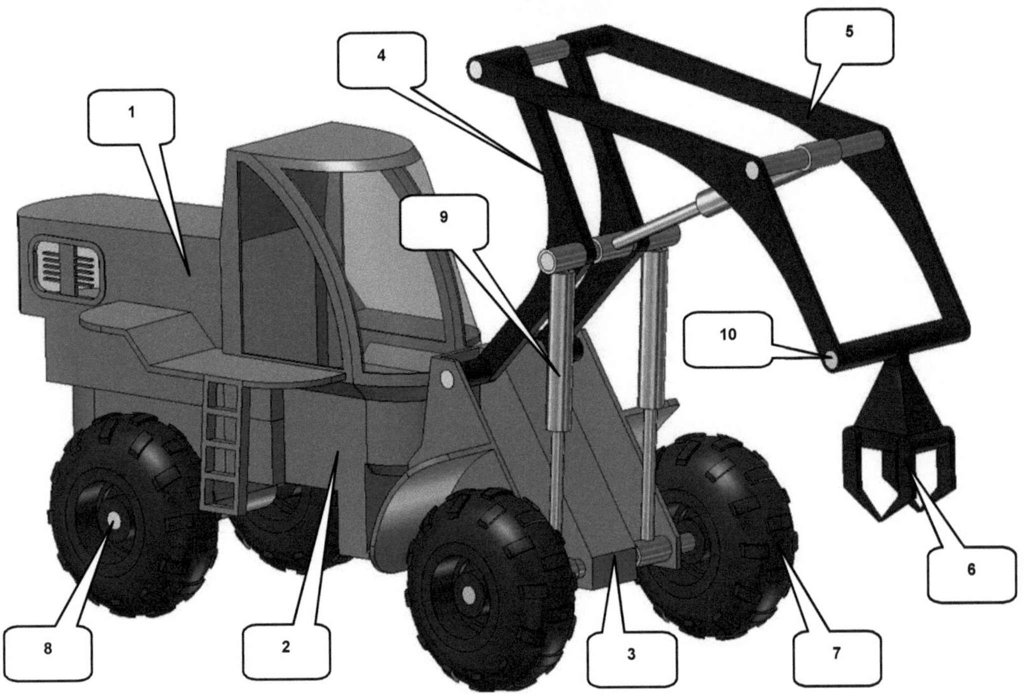

1. Oberwagen	5. Greiferstiel	9. Hydraulikzylinder
2. Unterwagen	6. Greifer	10. Bolzen
3. Hubgestell	7. Räder	
4. Ausleger	8. Achsen	

Eine Holzrückmaschine dient zum Transport von schweren und unhandlichen Baumstämmen und wird vorrangig bei Forstarbeiten eingesetzt. Da Maschinen- und Hubsystem voneinander getrennt, benötigt das Gerät einen minimalen Wendekreis.

Das Greifersystem kann zusätzlich mit einem Schneidwerkzeug ausgerüstet werden, um Baumstämme nicht nur transportieren, sondern in einem Arbeitsschritt greifen, fällen und entasten zu können.

7 Bauteil: Oberwagen

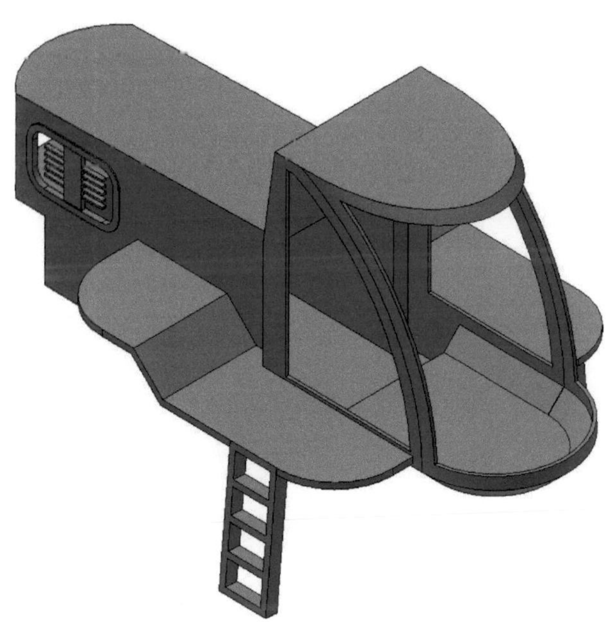

7.1 Bauteil „01-Oberwagen" erstellen

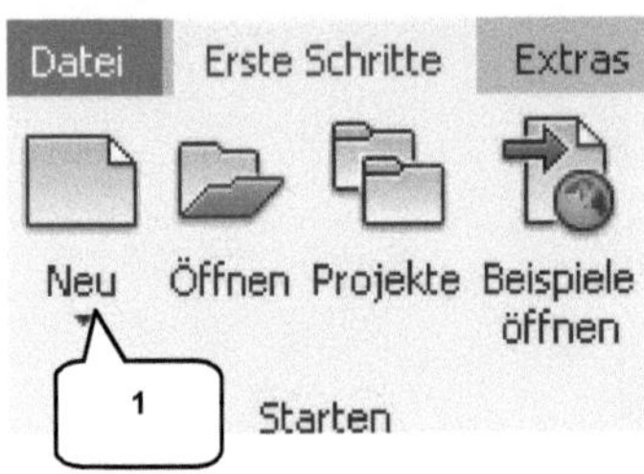

- ➤ **Neu** (1)
- ➤ Templates (2)
- ➤ Bauteil: Norm.ipt (3)
- ➤ **Erstellen** (4)

- ➤ **Speichern** (5)
- ➤ Dateiname: [01-Oberwagen] (6)
- ➤ **Speichern** (7)

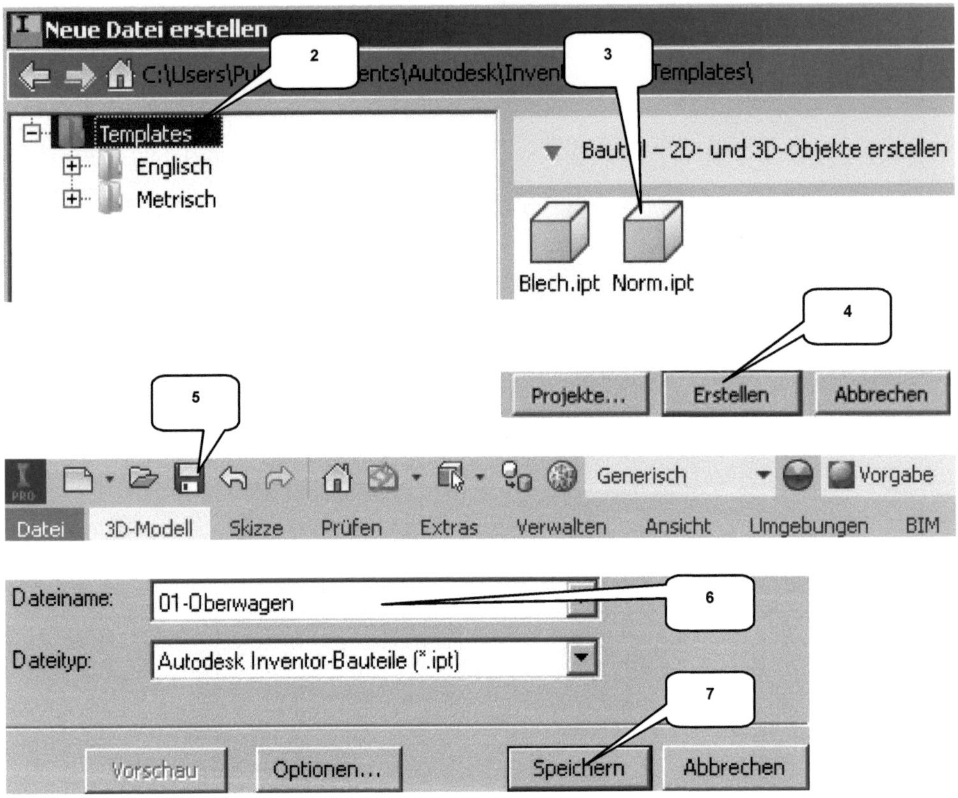

HINWEIS: Um das Bauteil speichern zu können, muss der Skizzenbereich vorübergehend geschlossen werden. Die aktuell geöffnete Skizze wird danach wieder reaktiviert.

7.2 2D-Skizze auf XY-Ebene öffnen

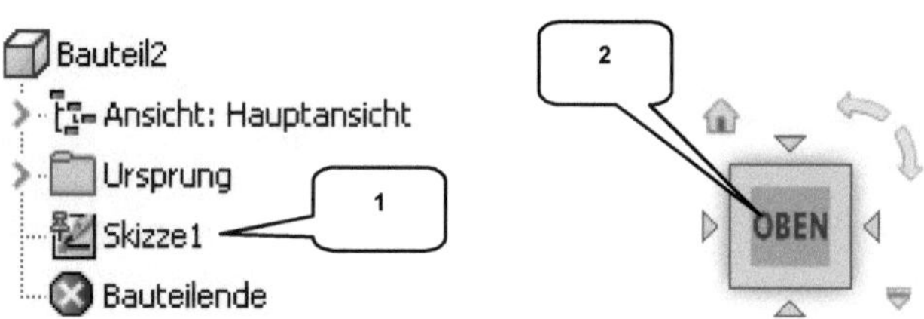

> „Skizze1" im Modellbaum doppelklicken um sie zu öffnen (1)
> sollte noch keine Skizze im Modellbaum vorhanden sein, kontrollieren Sie die Anwendungsoptionen (Anwendungsoptionen > Register: Bauteil > Aktivieren: Skizze auf XY-Ebene erstellen)

> *ViewCube-Ansicht: OBEN* sollte sich automatisch aktivieren (2)

7.3 Achsen projizieren und als Konstruktionsobjekte definieren

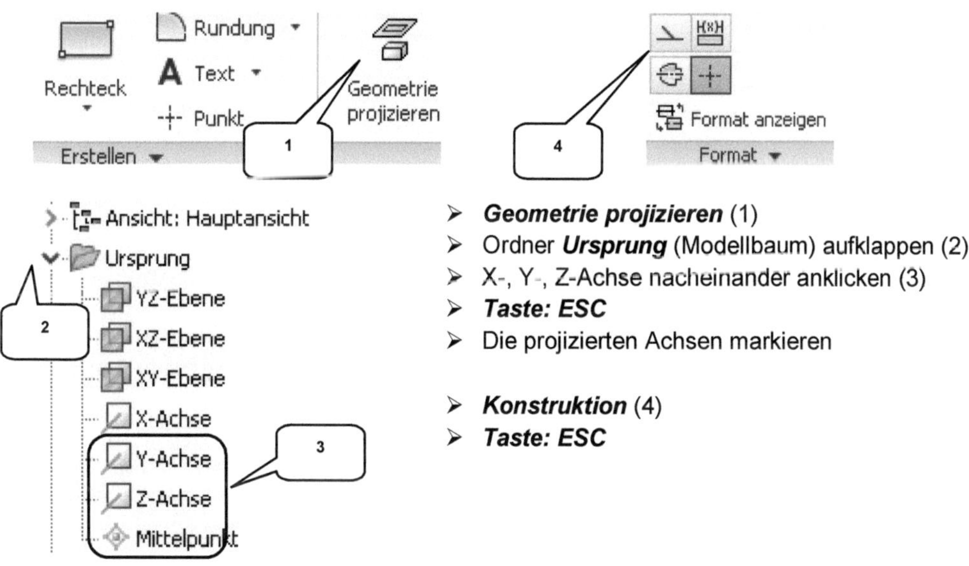

> *Geometrie projizieren* (1)
> Ordner *Ursprung* (Modellbaum) aufklappen (2)
> X-, Y-, Z-Achse nacheinander anklicken (3)
> *Taste: ESC*
> Die projizierten Achsen markieren

> *Konstruktion* (4)
> *Taste: ESC*

___

HINWEIS: Das Projizieren der drei Hauptachsen sollte bei jeder neuen Skizze durchgeführt werden. Die Achsen können dann als Referenzen verwendet werden, z. B. um Objekte daran auszurichten.

7.4 Zeichnen der ersten Linien

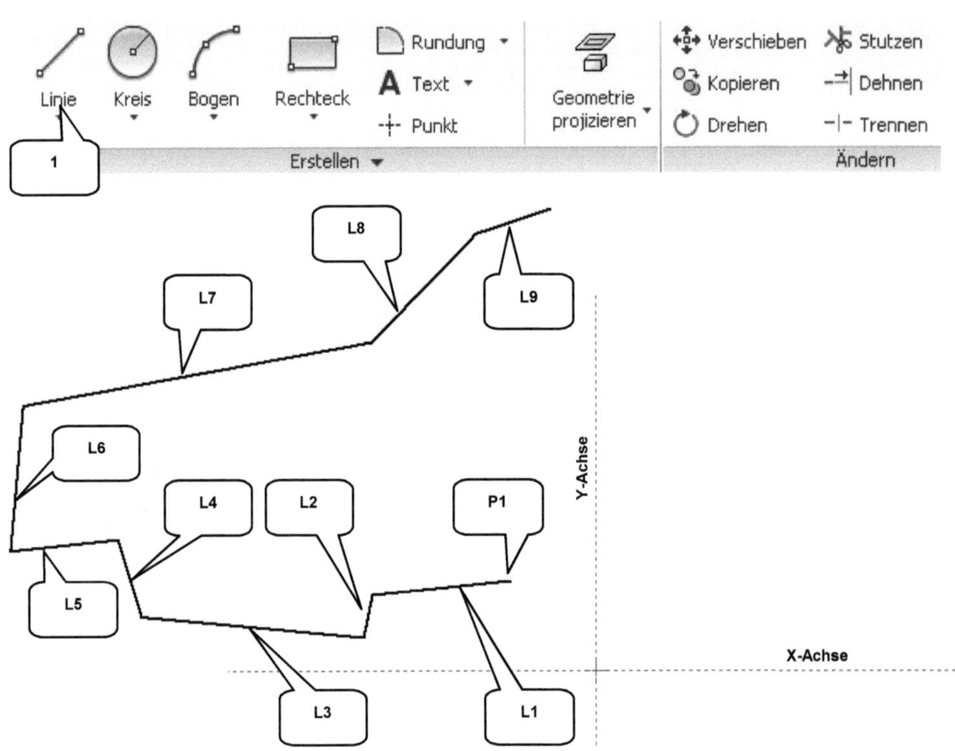

> ➢ **Linie** (1)
> ➢ Ersten Linienpunkt frei links oberhalb des Koordinatenursprungs ablegen (P1)
> ➢ Durch das Setzen weiterer Punkte ist die dargestellte Kontur aus insgesamt 9 zusammenhängenden Linienzügen zu zeichnen (L1..L9)
> ➢ Keine der Linien waagerecht oder senkrecht, sondern etwas schräg zeichnen (wie dargestellt)
> ➢ Gesamte Kontur soll sich im zweiten Quadraten des Koordinatensystems befinden (oberhalb der X-Achse, links neben der Y-Achse)
> ➢ Den Linienbefehl anschließend durch Drücken der *Taste: ESC* beenden

HINWEIS: Keine der Linien sollte waagerecht oder senkrecht gezeichnet werden oder parallel zu einer anderen liegen. Keiner der Linienpunkte sollte auf einer der Achsen liegen. Anschließend sind alle erforderlichen Abhängigkeiten zu erzeugen.

7.5 Abhängigkeiten setzen

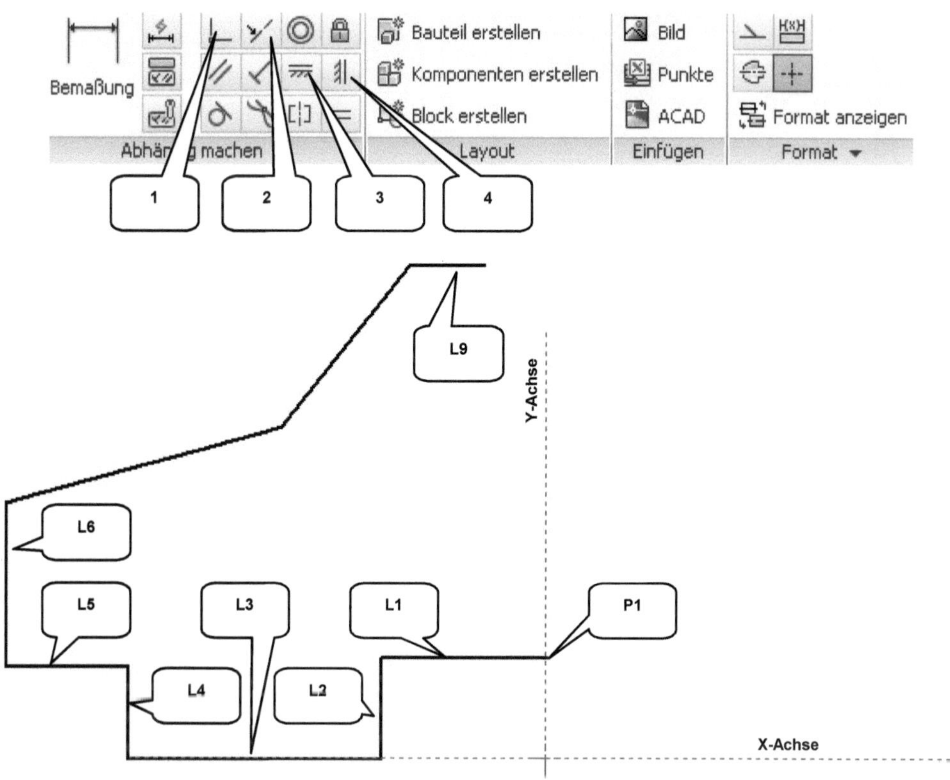

> **Abhängigkeit Koinzident** (1)
> Punkt (P1), dann Y-Achse wählen
> *Taste: ESC*

> **Abhängigkeit Kollinear** (2)
> Linie (L3), dann X-Achse wählen
> *Taste: ESC*

> **Abhängigkeit Horizontal** (3)
> Linien (L1, L5, L9) wählen
> *Taste: ESC*

> **Abhängigkeit Vertikal** (4)
> Linien (L2, L4, L6) wählen
> *Taste: ESC*

HINWEIS: Mit der Abhängigkeit **Koinzident** können entweder zwei Punkte oder ein Punkt und eine Linie voneinander abhängig gemacht werden. Mit der Abhängigkeit **Kollinear** werden zwei Linien auf denselben Strahl gelegt. Die Abhängigkeiten **Horizontal** und **Vertikal** richten Linien parallel zur X- bzw. zur Y-Achse aus. Das System warnt den Anwender, wenn Abhängigkeiten bereits vergeben wurden und dadurch überflüssig sind.

7.6   Horizontale und vertikale Bemaßungen setzen

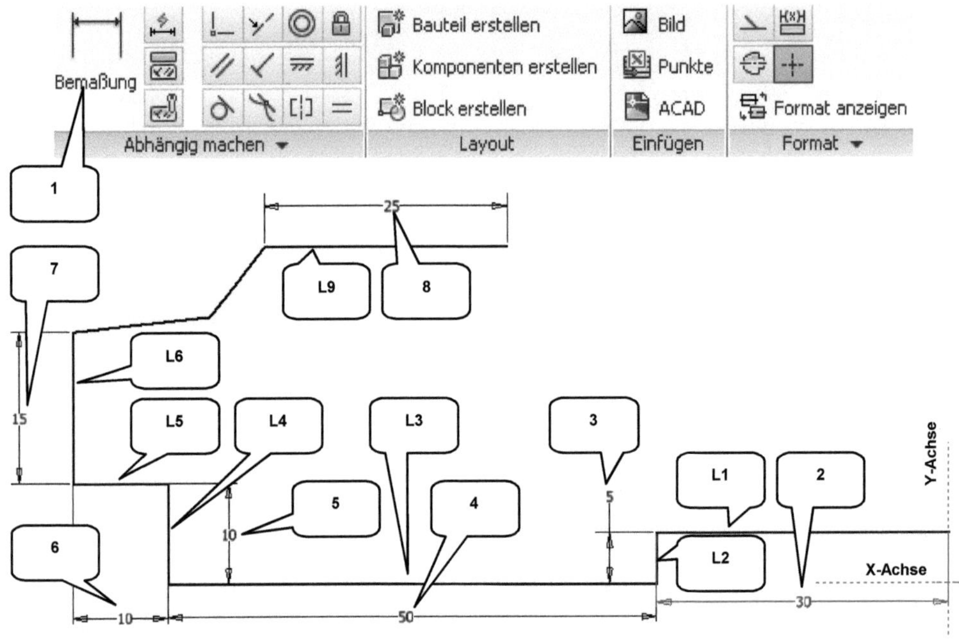

> **Bemaßung** (1)

> Linie (L1) wählen
> Maß ablegen (2)
> Wert: [30] mm
> **Taste: ENTER**

> Linie (L2) wählen
> Maß ablegen (3)
> Wert: [5] mm
> **Taste: ENTER**

> Linie (L3) wählen
> Maß ablegen (4)
> Wert: [50] mm
> **Taste: ENTER**

> Linie (L4) wählen
> Maß ablegen (5)

> Wert: [10] mm
> **Taste: ENTER**

> Linie (L5) wählen
> Maß ablegen (6)
> Wert: [10] mm
> **Taste: ENTER**

> Linie (L6) wählen
> Maß ablegen (7)
> Wert: [15] mm
> **Taste: ENTER**

> Linie (L9) wählen
> Maß ablegen (8)
> Wert: [25] mm
> **Taste: ENTER**
> **Taste: ESC**

7.7 Ausgerichtete Bemaßungen erzeugen

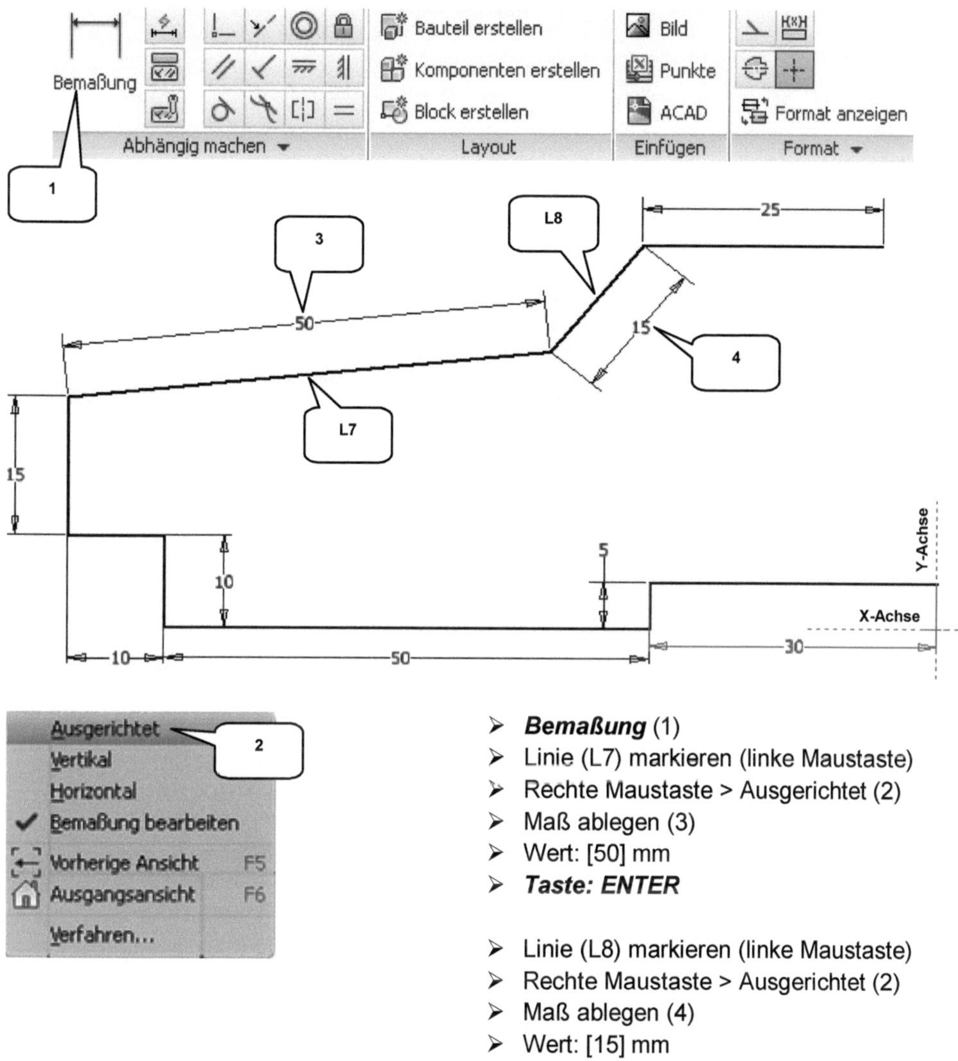

> *Bemaßung* (1)
> Linie (L7) markieren (linke Maustaste)
> Rechte Maustaste > Ausgerichtet (2)
> Maß ablegen (3)
> Wert: [50] mm
> *Taste: ENTER*

> Linie (L8) markieren (linke Maustaste)
> Rechte Maustaste > Ausgerichtet (2)
> Maß ablegen (4)
> Wert: [15] mm
> *Taste: ENTER*

HINWEIS: Waagerechte oder horizontale Maße können durch ein Ziehen der Maus nach rechts oder links erzeugt werden. Um ein Maß an einer Linie auszurichten, ist die Option *Ausgerichtet* im Kontextmenü der *rechten Maustaste* zu wählen.

7.8 Winkelmaße erzeugen

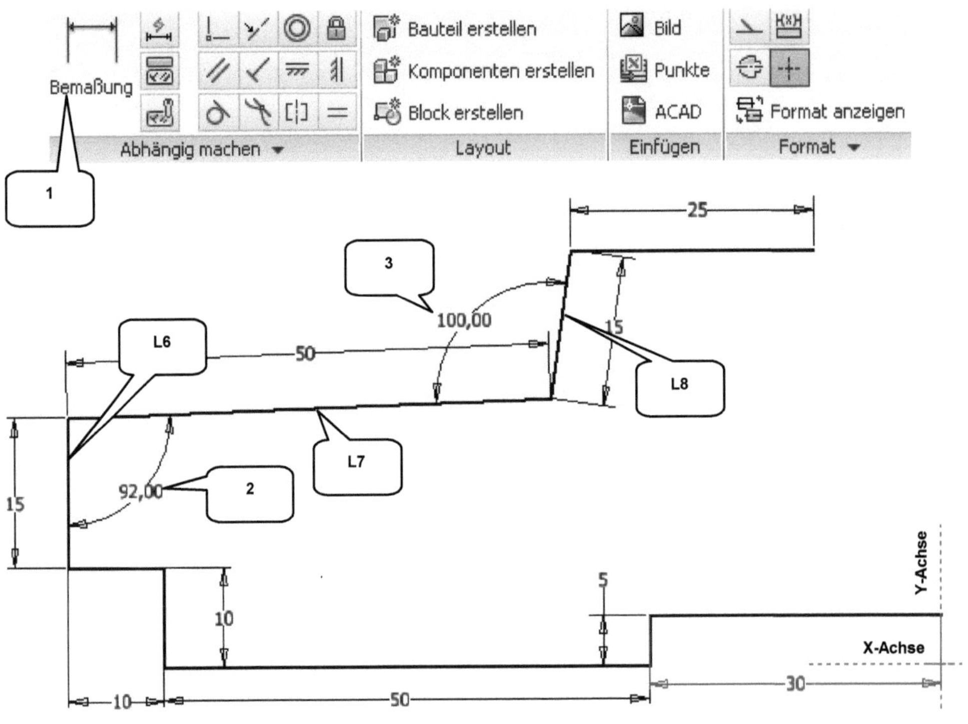

- ➤ **Bemaßung** (1)
- ➤ Linien (L6), dann (L7) wählen
- ➤ Winkelmaß ablegen (2)
- ➤ Wert: [92] Grad
- ➤ **Taste: ENTER**

- ➤ Linien (L7), dann (L8) wählen
- ➤ Winkelmaß ablegen (3)
- ➤ Wert: [100] Grad
- ➤ **Taste: ENTER**
- ➤ **Taste: ESC**

HINWEIS: Um ein Maß zu **_bearbeiten_** kann es per Doppelklick mit der linken Maustaste geöffnet werden. Um ein Maß zu **_löschen_** ist mit der rechten Maustaste darauf zu klicken und im Kontextmenü die Option **_Löschen_** auszuwählen. Geometrische Abhängigkeiten können aus dem Skizzenbereich entfernt werden, wenn Sie mit der **_Taste: F8_** eingeblendet, anschließend mit der linken Maustaste markiert und dann mit der **_Taste: ENTF_** gelöscht werden. Die **_Taste: F9_** blendet alle Abhängigkeiten abschließend wieder aus.

7.9   Bogen aus drei Punkten

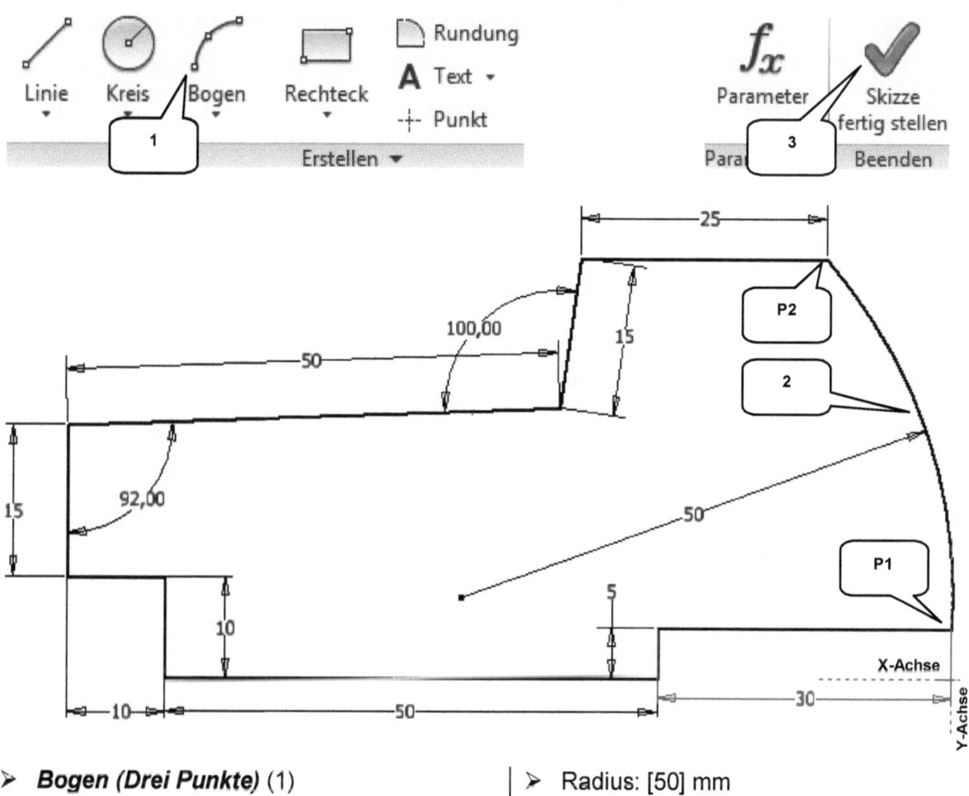

> **Bogen (Drei Punkte)** (1)
> Punkt (P1) wählen
> Punkt (P2) wählen
> Maus in etwa auf Pos. (2) ziehen
> (Punkt hier <u>nicht</u> ablegen!)

> Radius: [50] mm
> **Taste: ENTER**
> **Taste: ESC**
>
> **Skizze fertig stellen** (3)

<u>**HINWEIS:**</u> Kurz vor der Eingabe des Wertes für den Radius sollte auf die Position des Mauszeigers geachtet werden: Er symbolisiert den dritten Bogenpunkt, welcher Lage und Radius des Bogens bestimmt. Der Radius des Bogens kann entweder durch die Eingabe eines Wertes oder aber durch ein freies Ablegen des dritten Bogenpunktes definiert werden.

7.10 Extrudieren der Basiskontur

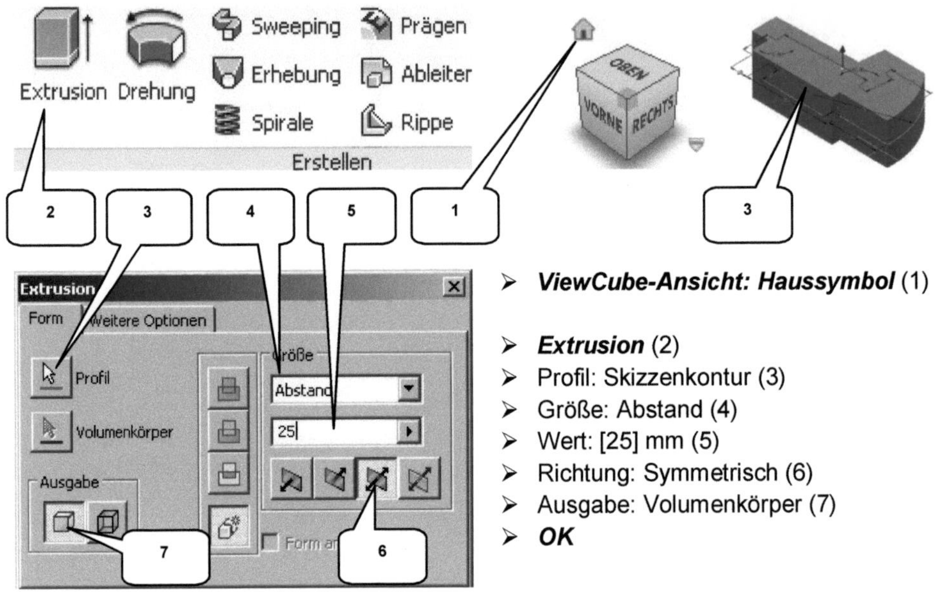

> ➤ **ViewCube-Ansicht: Haussymbol** (1)

> ➤ **Extrusion** (2)
> ➤ Profil: Skizzenkontur (3)
> ➤ Größe: Abstand (4)
> ➤ Wert: [25] mm (5)
> ➤ Richtung: Symmetrisch (6)
> ➤ Ausgabe: Volumenkörper (7)
> ➤ **OK**

7.11 Erzeugen einer neuen 2D-Skizze auf der XZ-Ebene

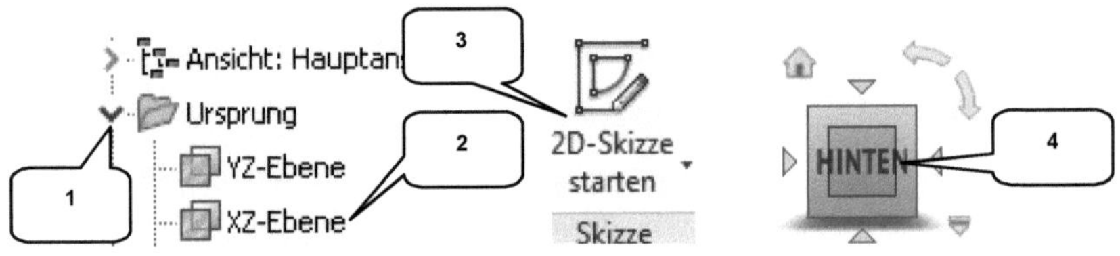

> ➤ Ordner **Ursprung** im Modellbaum erweitern (1)
> ➤ „XZ-Ebene" im Modellbaum markieren (linke Maustaste) (2)

> ➤ **2D-Skizze starten** (3)
> ➤ **ViewCube-Ansicht: HINTEN** (4)

HINWEIS: Um die Ansicht zu drehen, kann der **ViewCube** bei gedrückter linker Maustaste darauf bewegt werden. Alternativ: **Taste: SHIFT** + **gedrückte mittlere Maustaste** (Scrollrad).

7.12 Achsen projizieren und als Konstruktionsobjekte definieren

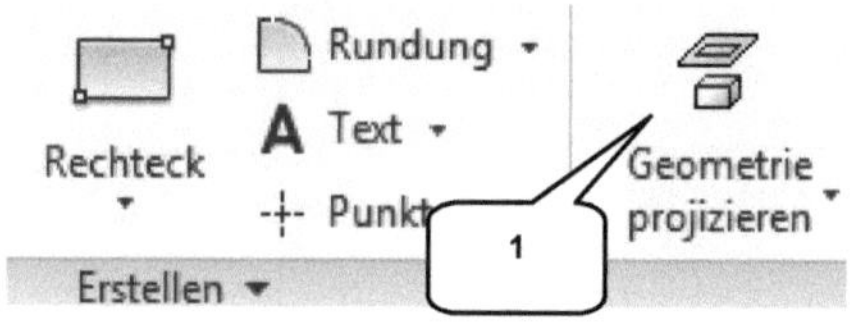

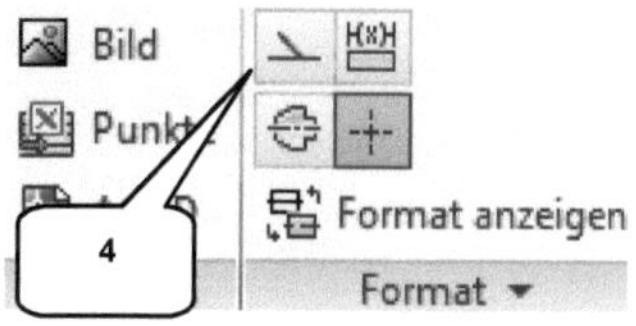

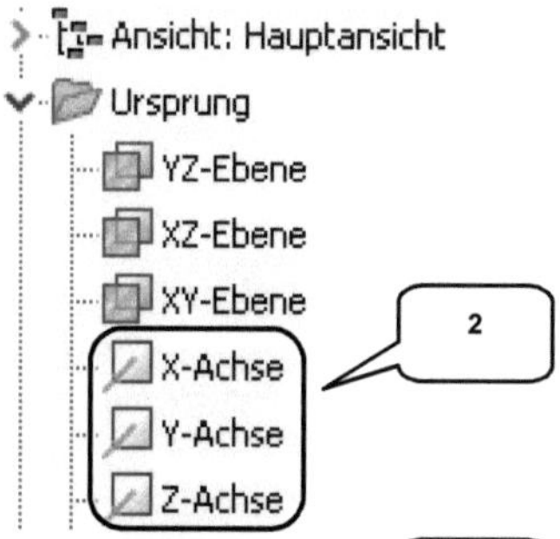

> **Geometrie projizieren** (1)
> X-, Y-, Z-Achse nacheinander wählen (2)
> Markierte Fläche des Volumenkörpers wählen (3)
> **Taste: ESC**
> Die projizierten Achsen markieren

> **Konstruktion** (4)
> **Taste: ESC** (die Option Konstruktion sollte jetzt wieder inaktiv sein)

> **Taste: F7** (Skizze freischneiden)

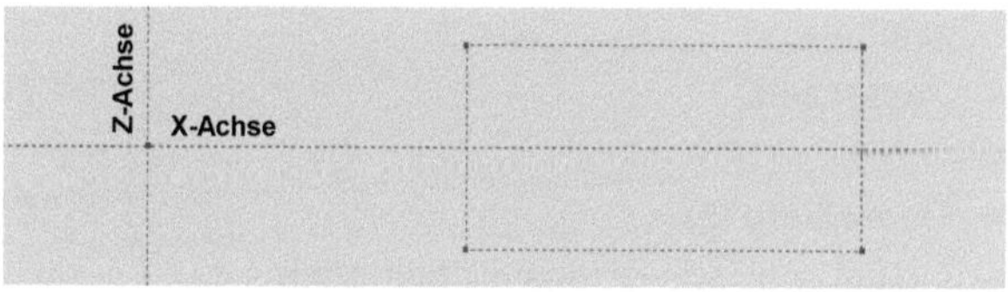

7.13 Zeichnen und Bemaßen der Skizzenkontur

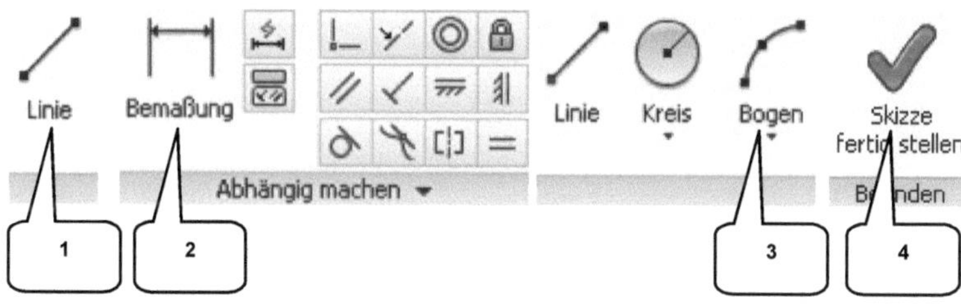

HINWEIS: Es ist darauf zu achten, dass die folgend zu zeichnende Kontur nach Fertigstellung vollständig geschlossen sein muss.

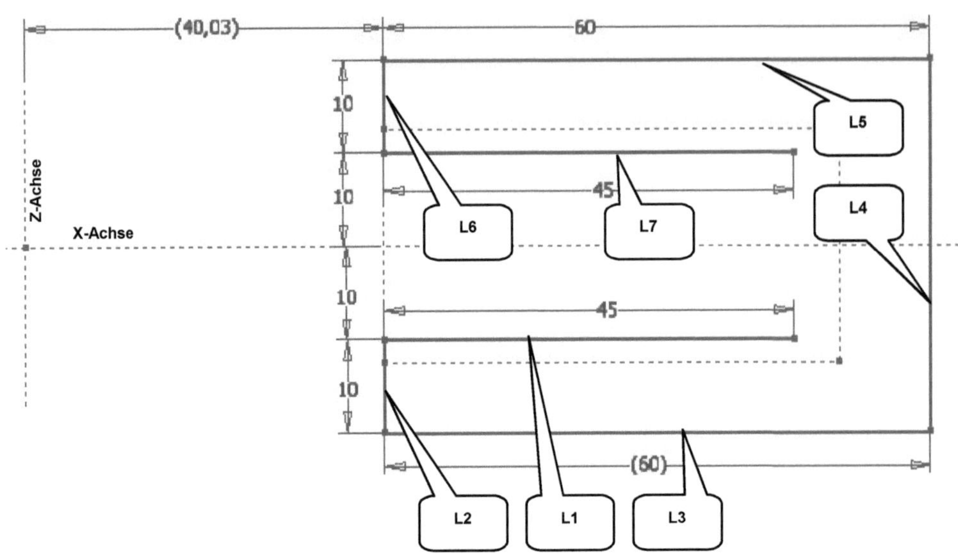

> *Linie* (1)
> Linienkontur aus 7 Linien (L1..L7) zeichnen
> *Taste: ESC*

> *Bogen (Drei Punkte)* (3)
> Punkte (P1, P2 dann P3) nacheinander wählen
> *Taste: ESC*

> *Bemaßung* (2)
> Linienkontur wie dargestellt bemaßen

> *Skizze fertig stellen* (4)

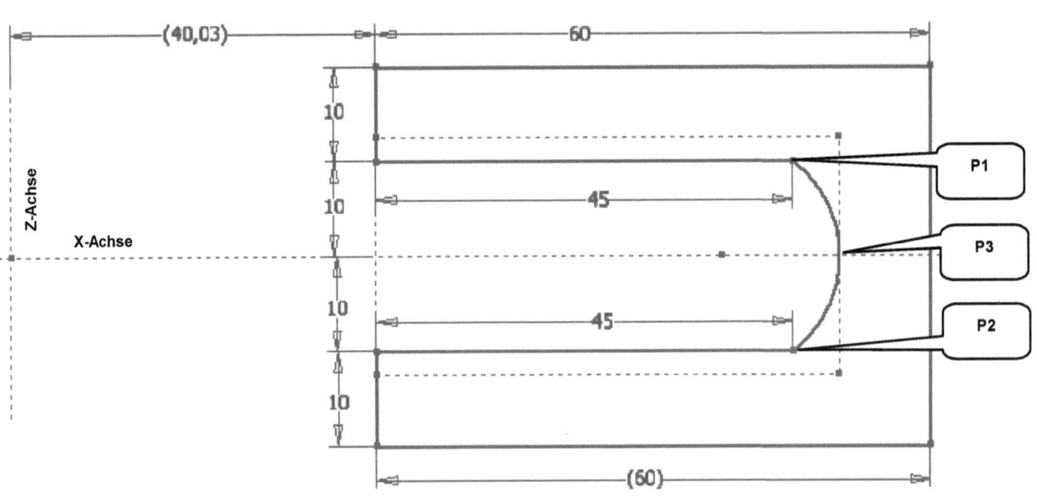

7.14 Differenzkörper extrudieren

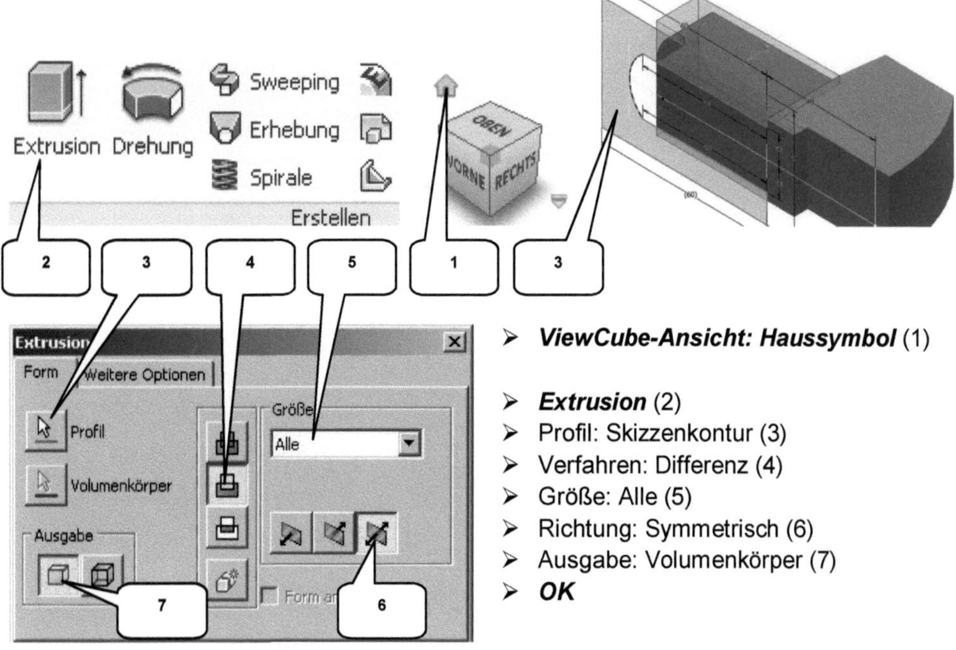

- ➢ **ViewCube-Ansicht: Haussymbol** (1)

- ➢ **Extrusion** (2)
- ➢ Profil: Skizzenkontur (3)
- ➢ Verfahren: Differenz (4)
- ➢ Größe: Alle (5)
- ➢ Richtung: Symmetrisch (6)
- ➢ Ausgabe: Volumenkörper (7)
- ➢ **OK**

7.15 Vollständiges Abrunden der Fahrerkabine

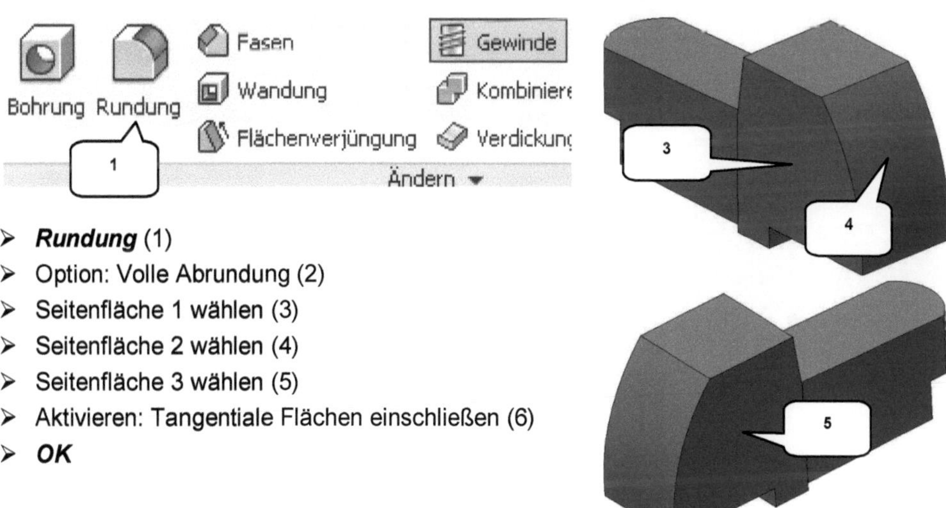

- ➢ **Rundung** (1)
- ➢ Option: Volle Abrundung (2)
- ➢ Seitenfläche 1 wählen (3)
- ➢ Seitenfläche 2 wählen (4)
- ➢ Seitenfläche 3 wählen (5)
- ➢ Aktivieren: Tangentiale Flächen einschließen (6)
- ➢ **OK**

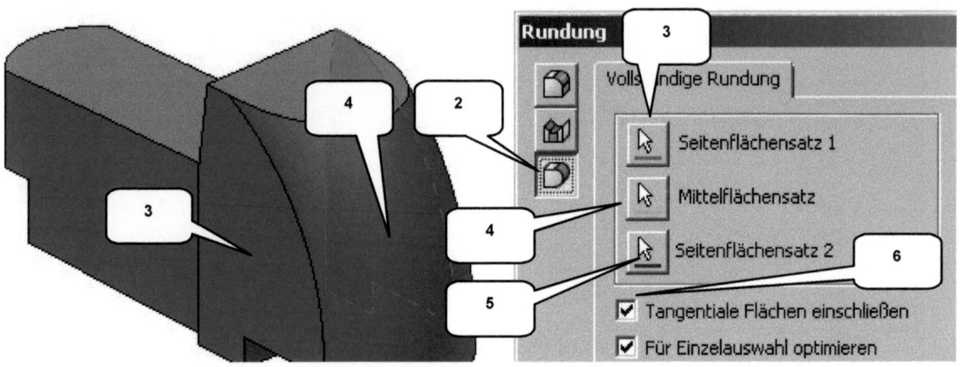

7.16 Fasen des unteren Fahrerkabinenbereiches

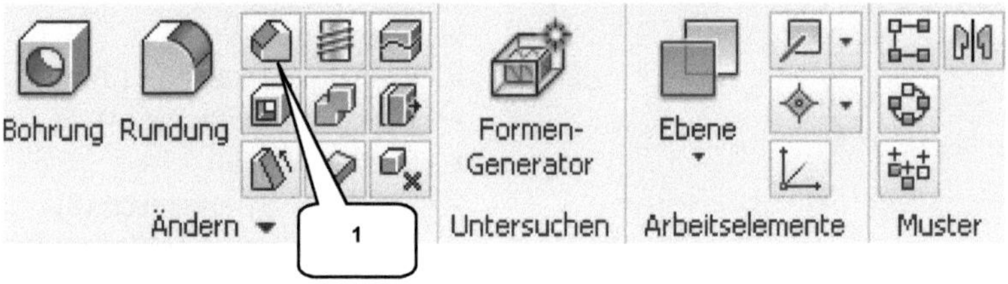

> **Fasen** (1)
> Option: Abstand (2)
> Kante (3) wählen
> Abstand: [3] mm (4)
> **OK**

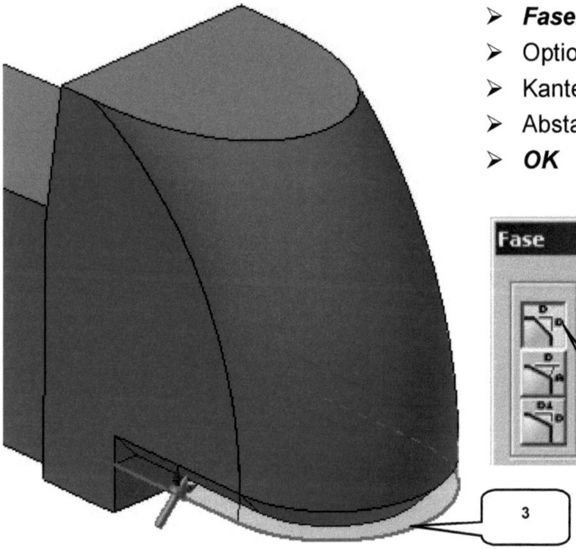

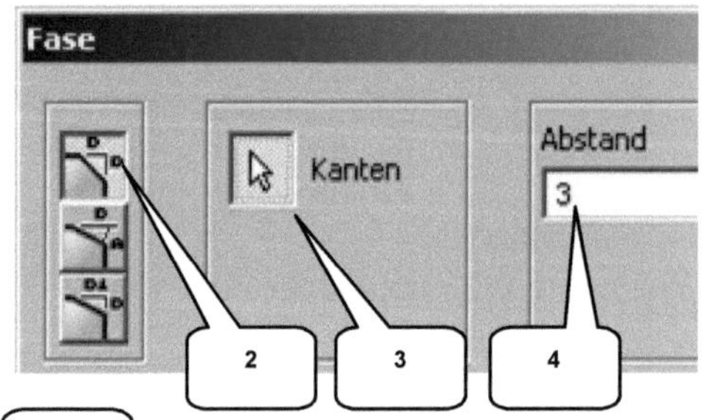

7.17 Erzeugen eines Hohlkörpers

- ➢ **Wandung** (1)
- ➢ Option: Außerhalb (2)
- ➢ Aktivieren: Angrenzende Flächen (3)

- ➢ Stärke: [0,5] mm (4)
- ➢ Flächen entfernen: Fläche (5) wählen
- ➢ **OK**

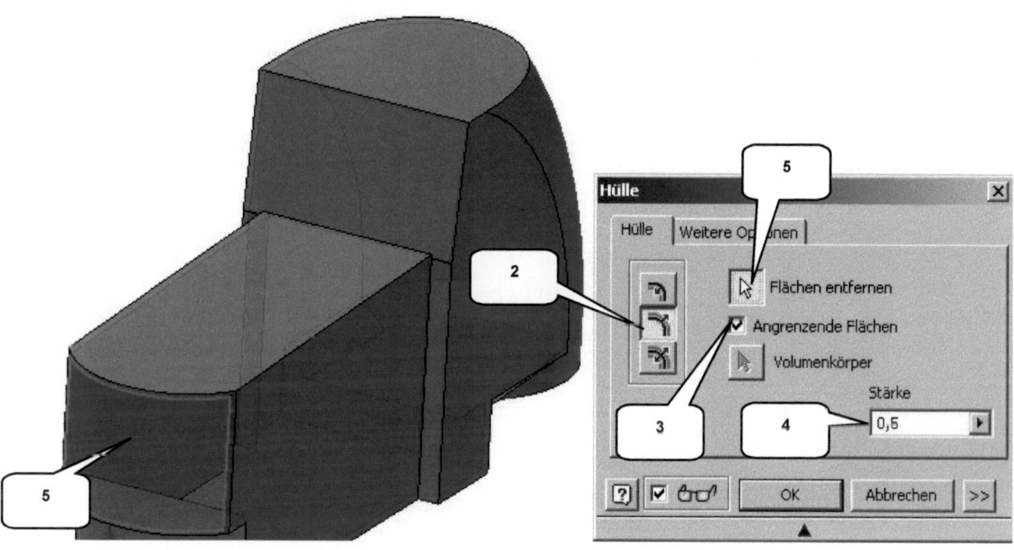

HINWEIS: Der Befehl **Wandung** konvertiert einen Volumenkörper in ein hohles Flächenobjekt und fügt diesem Material gemäß der angegebenen Stärke hinzu (in den erweiterten Optionen können verschiedene Flächen auch unterschiedliche Materialstärken erhalten). Das Material kann dabei von der Fläche aus gesehen nach außen, nach innen oder symmetrisch hinzugefügt werden. Die Option **Flächen entfernen** löscht eine oder mehrere Flächen vollständig.

7.18 Erstellen einer neuen 2D-Skizze

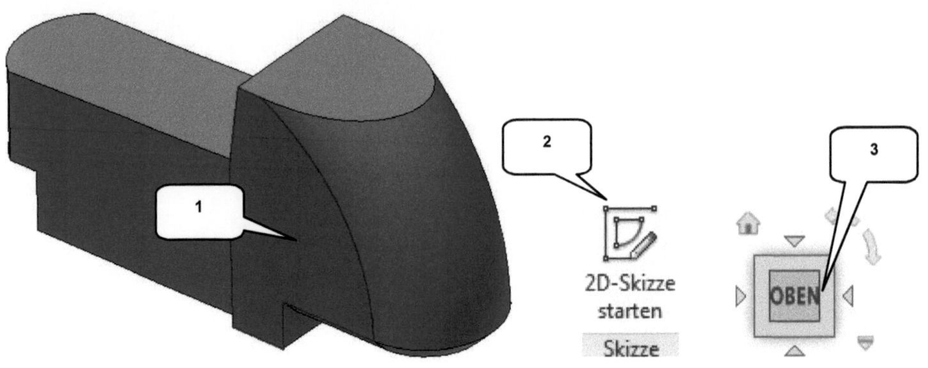

> ➤ Markierte Fläche wählen (1)

> ➤ **2D-Skizze starten** (2)
> ➤ **ViewCube-Ansicht: Oben** (3)

7.19 Achsen und Linienkonturen projizieren

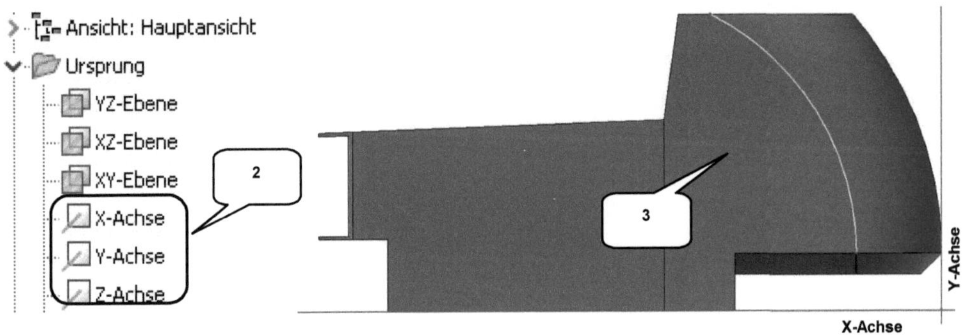

> ➤ **Geometrie projizieren** (1)
> ➤ X-, Y-, Z-Achse wählen (2)
> ➤ Markierte Fläche am Fahrerhaus wählen (3)
> ➤ **Taste: ESC**

> ➤ Die projizierten Achsen und Konturen markieren
>
> ➤ **Konstruktion** (4)
> ➤ **Taste: ESC**

7.20 Zeichnen der Basiskonturen für die Fensteraussparungen

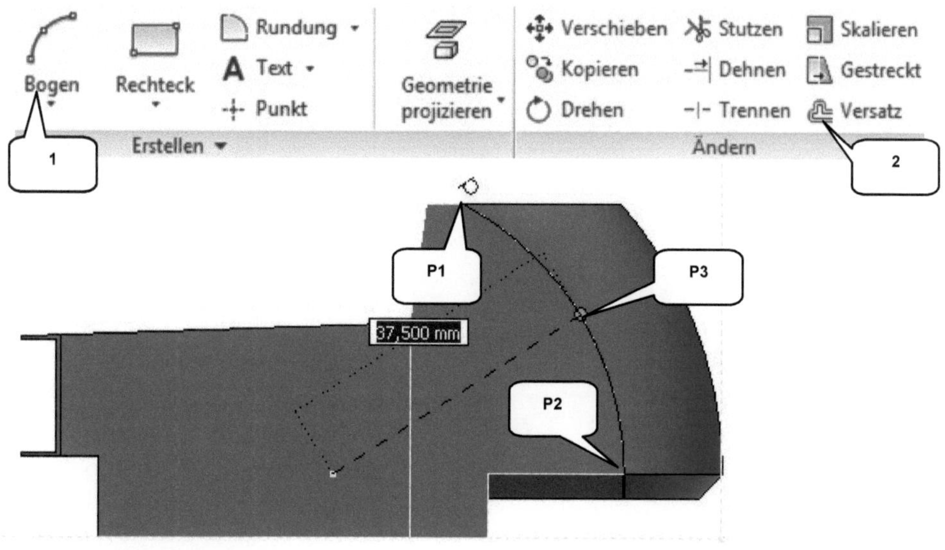

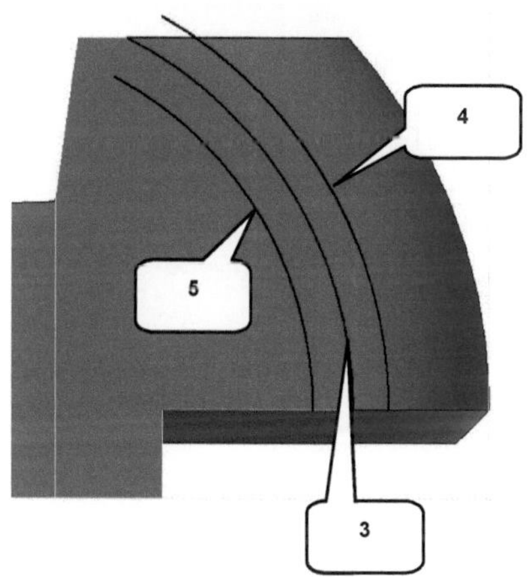

> **Bogen (Drei Punkte)** (1)
> 1. Punkt: Punkt (P1) wählen
> 2. Punkt: Punkt (P2) wählen
> 3. Punkt: Punkt (P3) wählen (beliebiger
> Punkt auf dem projizierten Bogen)
> **Taste: ESC**

> **Versatz** (2)
> Bogen wählen (3)
> 2. Bogen rechts daneben ablegen (4)

> **Versatz** (2)
> Bogen wählen (3)
> 3. Bogen links daneben ablegen (5)
> **Taste: ESC**

HINWEIS: Für den **Versatz** muss der Bogen (3) gewählt werden, der beim Überfahren der Maus als Volllinie (nicht als gestrichelte Linie) dargestellt wird, also der zuletzt gezeichnete **Bogen (Drei Punkte)**.

7.21 Bemaßen der Bogenabstände

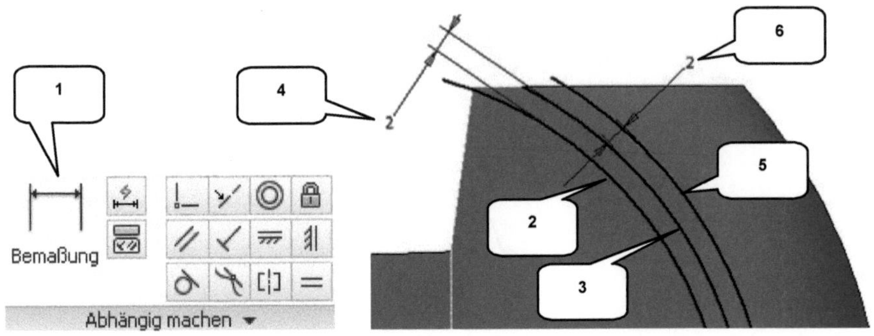

- ➢ **Bemaßung** (1)
- ➢ Linken Bogen wählen (2)
- ➢ Mittleren Bogen wählen (3)
- ➢ Maß ablegen (4)
- ➢ Wert: [2] mm

- ➢ Mittleren Bogen wählen (3)
- ➢ Rechten Bogen wählen (5)
- ➢ Maß ablegen (6)
- ➢ Wert: [2] mm
- ➢ **Taste: ESC**

7.22 Rechteck zeichnen und bemaßen

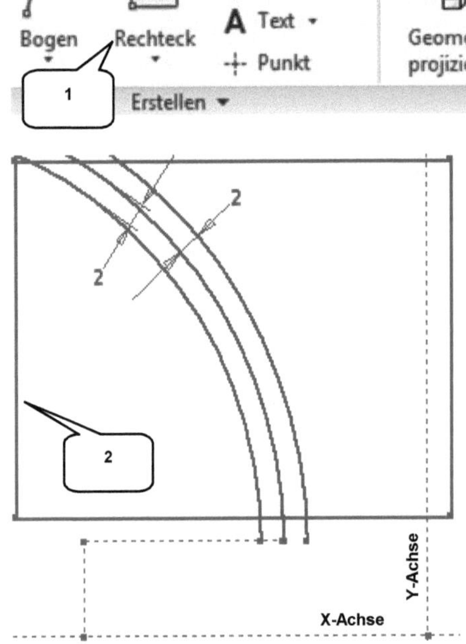

- ➢ **Rechteck** (1)
- ➢ Rechteck zeichnen wie dargestellt (2)
- ➢ **Taste: ESC**

HINWEIS: Die rechte Senkrechte des Rechtecks befindet sich im 1. Quadranten, die restlichen Linien allerdings eher im 2. Quadranten. Zur besseren Darstellung der Skizze wurde der bereits vorhandene Volumenkörper in der nebenstehenden Darstellung ausgeblendet.

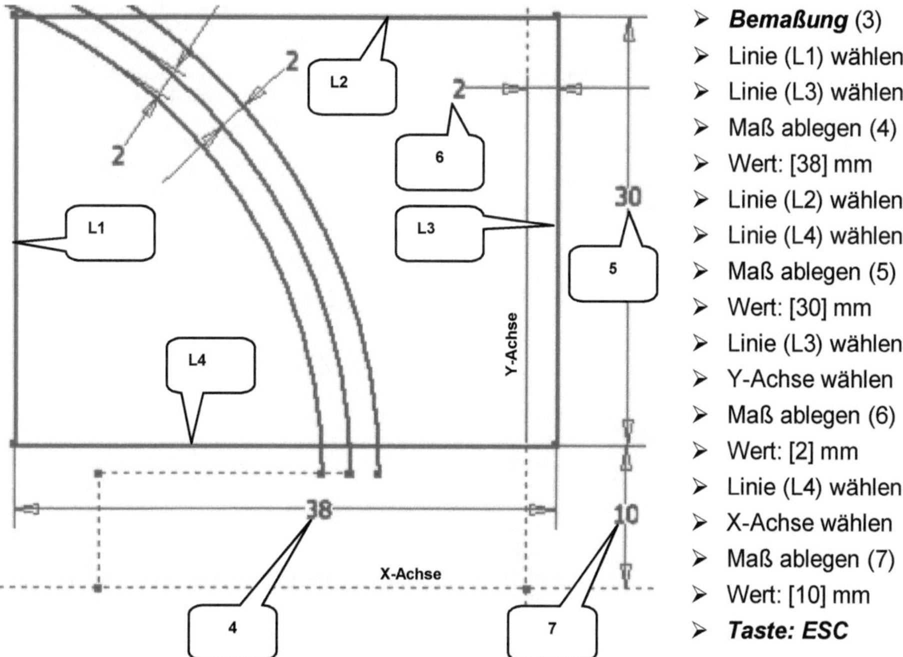

> ➢ *Bemaßung* (3)
> ➢ Linie (L1) wählen
> ➢ Linie (L3) wählen
> ➢ Maß ablegen (4)
> ➢ Wert: [38] mm
> ➢ Linie (L2) wählen
> ➢ Linie (L4) wählen
> ➢ Maß ablegen (5)
> ➢ Wert: [30] mm
> ➢ Linie (L3) wählen
> ➢ Y-Achse wählen
> ➢ Maß ablegen (6)
> ➢ Wert: [2] mm
> ➢ Linie (L4) wählen
> ➢ X-Achse wählen
> ➢ Maß ablegen (7)
> ➢ Wert: [10] mm
> ➢ *Taste: ESC*

HINWEIS: Die 3 Bögen sollten, wie in der oberen Abbildung dargestellt, über die Linien L2 und L4 hinausragen. Sollte dies nicht der Fall sein (die Bögen sind zu kurz), ist der Bogen zu markieren, dann auf den Endpunkt des Bogens zu klicken und dieser bei gedrückter linker Maustaste über das Rechteck hinaus zu ziehen.

7.23 Stutzen der Kontur und Schließen der Skizze

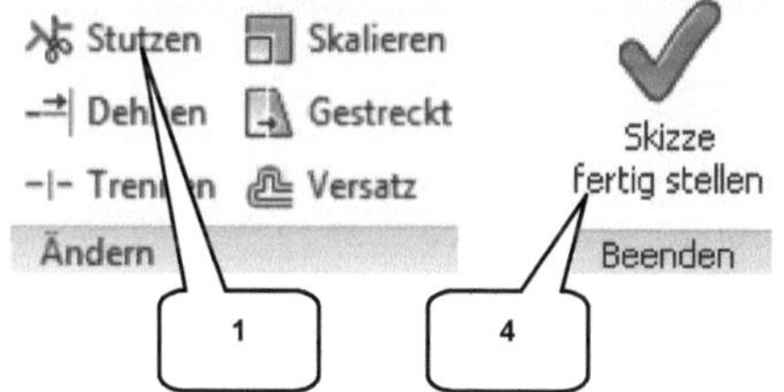

> ➢ *Stutzen* (1)
> ➢ Nacheinander alle 6 über das Rechteck ragenden Bogenenden wählen (2)
> ➢ Nacheinander die Liniensegmente zwischen den Bögen wählen (3)
> ➢ *Taste: ESC*
>
> ➢ *Skizze fertig stellen* (4)

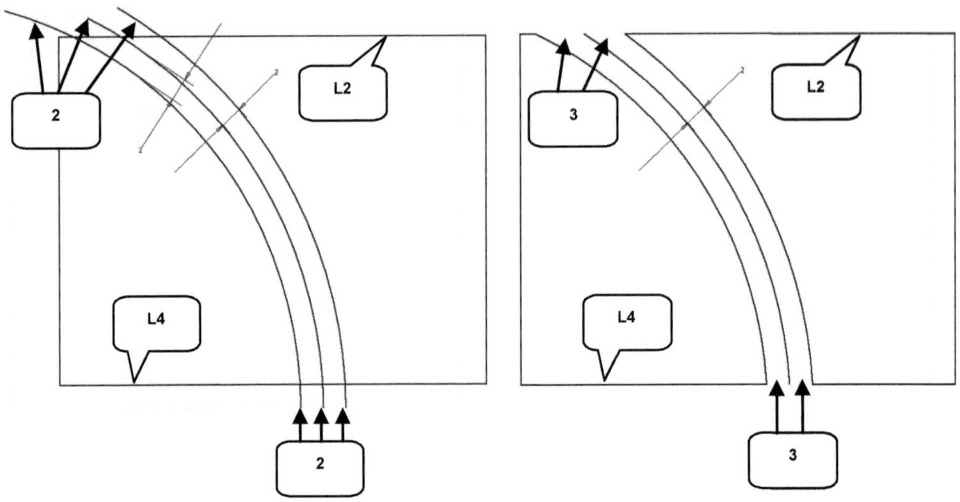

7.24 Extrudieren der Fenster (Differenz)

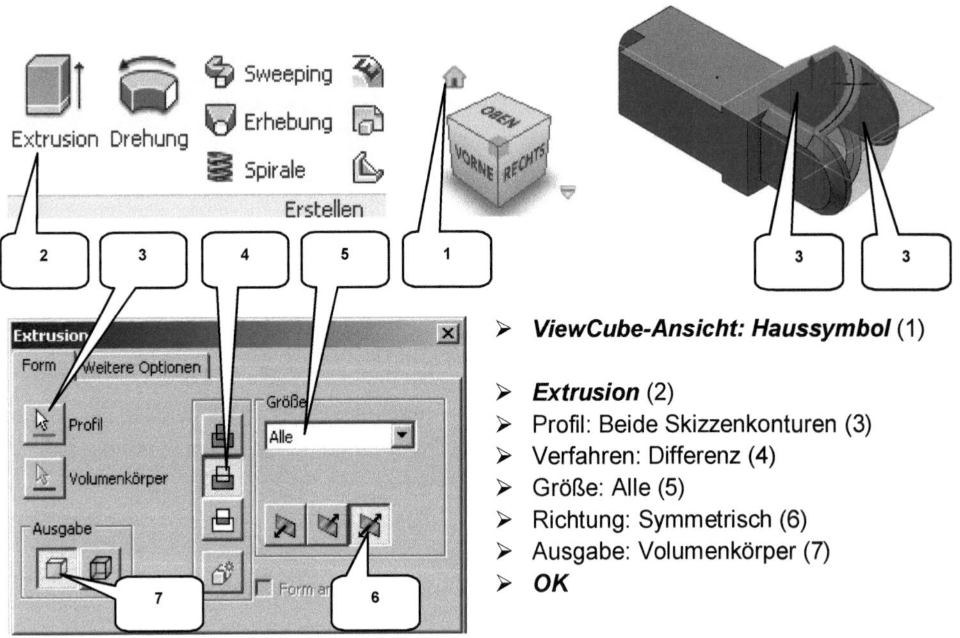

> ***ViewCube-Ansicht: Haussymbol*** (1)

> ***Extrusion*** (2)
> Profil: Beide Skizzenkonturen (3)
> Verfahren: Differenz (4)
> Größe: Alle (5)
> Richtung: Symmetrisch (6)
> Ausgabe: Volumenkörper (7)
> ***OK***

7.25 Erzeugen einer neuen Ebene

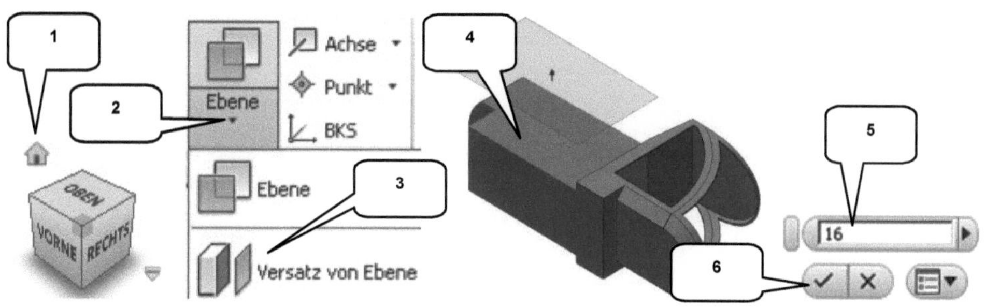

> **ViewCube-Ansicht: Haussymbol** (1)
> Befehlsgruppe **Ebene** erweitern (2)

> **Versatz von Ebene** (3)
> Seitenfläche wählen (4)
> Versatz: [16] mm (5)
> **OK** (6)

7.26 Basiskontur des Schutzblechs zeichnen

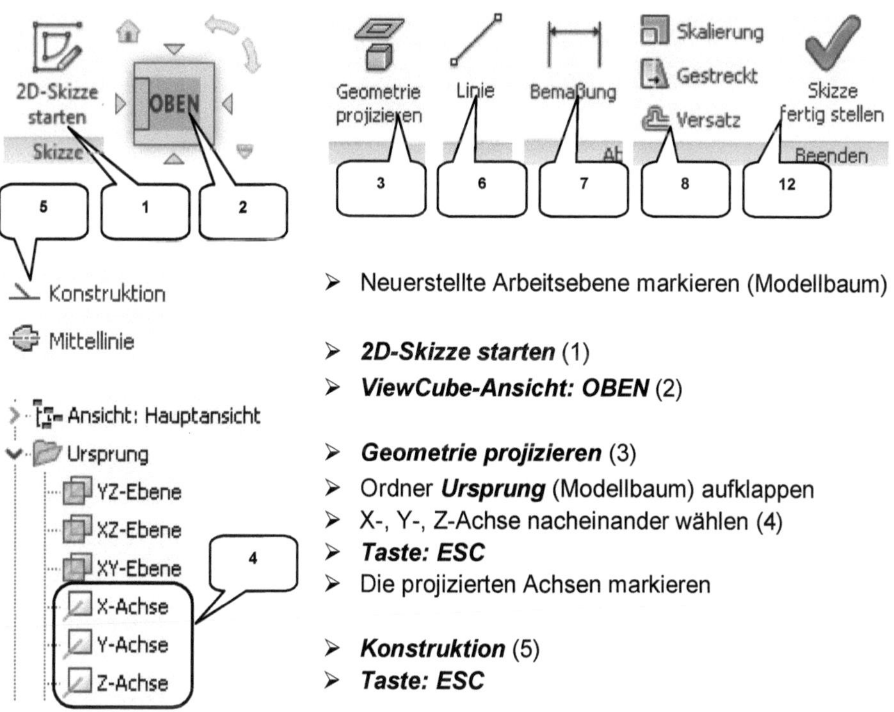

> Neuerstellte Arbeitsebene markieren (Modellbaum)

> **2D-Skizze starten** (1)
> **ViewCube-Ansicht: OBEN** (2)

> **Geometrie projizieren** (3)
> Ordner **Ursprung** (Modellbaum) aufklappen
> X-, Y-, Z-Achse nacheinander wählen (4)
> **Taste: ESC**
> Die projizierten Achsen markieren

> **Konstruktion** (5)
> **Taste: ESC**

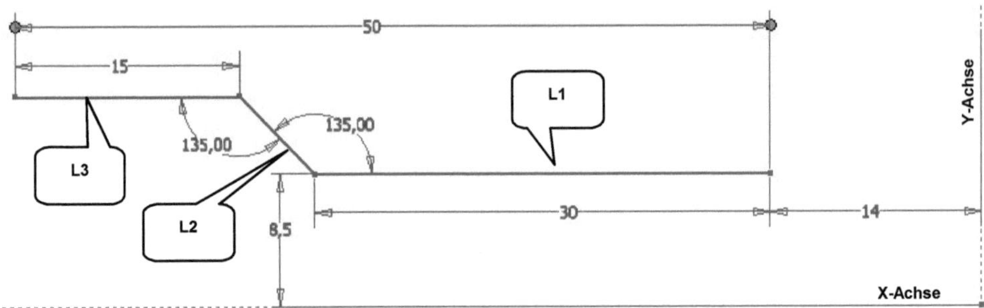

> ***Linie*** (6)
> 3 Linien zeichnen (L1, L2, L3) wie dargestellt (L1, L3 waagerecht)
> ***Taste: ESC***

> ***Bemaßung*** (7)
> Längen, Winkel der Linien und Abstände zu den Achsen bemaßen wie dargestellt
> ***Taste: ESC***

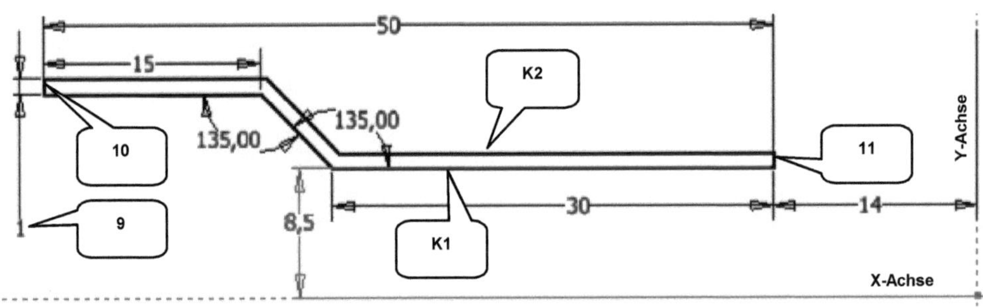

> ***Versatz*** (8)
> Linienkontur (K1) wählen
> Kopie (K2) oberhalb ablegen
> ***Taste: ESC***

> ***Bemaßung*** (7)
> Linienkontur (K1) wählen
> Linienkontur (K2) wählen
> Maß ablegen (9)
> Wert: [1] mm

> ***Taste: ESC***

> ***Linie*** (6)
> (K1) und (K2) in den Bereichen (10) und (11) miteinander verbinden (geschlossene Kontur erzeugen)
> ***Taste: ESC***

> ***Skizze fertig stellen*** (12)

HINWEIS: Zur besseren Darstellung der Skizze, wurde der bereits vorhandene Volumenkörper in der oberen Abbildung ausgeblendet.

7.27 Extrudieren des Schutzblechs

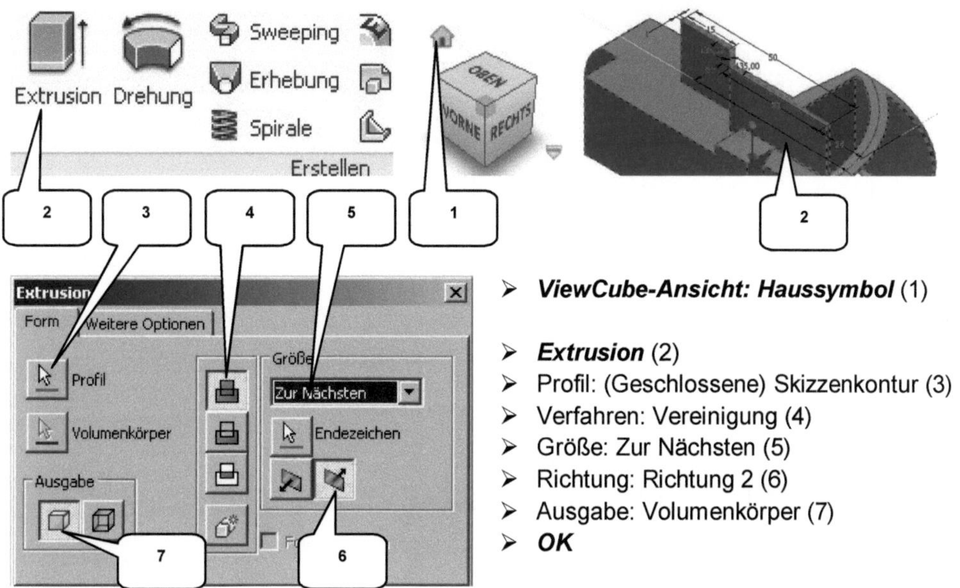

> **ViewCube-Ansicht: Haussymbol** (1)

> **Extrusion** (2)
> Profil: (Geschlossene) Skizzenkontur (3)
> Verfahren: Vereinigung (4)
> Größe: Zur Nächsten (5)
> Richtung: Richtung 2 (6)
> Ausgabe: Volumenkörper (7)
> **OK**

7.28 Schutzblech abrunden

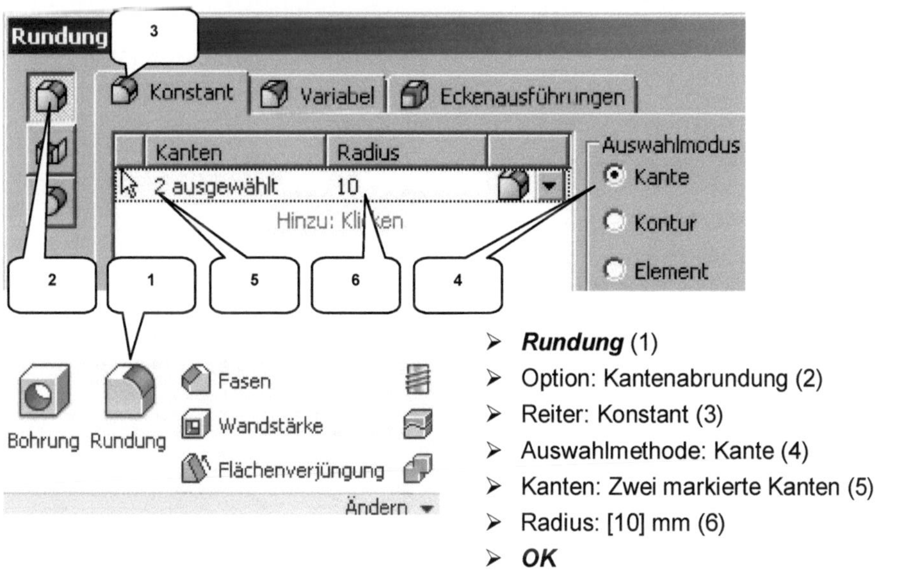

> **Rundung** (1)
> Option: Kantenabrundung (2)
> Reiter: Konstant (3)
> Auswahlmethode: Kante (4)
> Kanten: Zwei markierte Kanten (5)
> Radius: [10] mm (6)
> **OK**

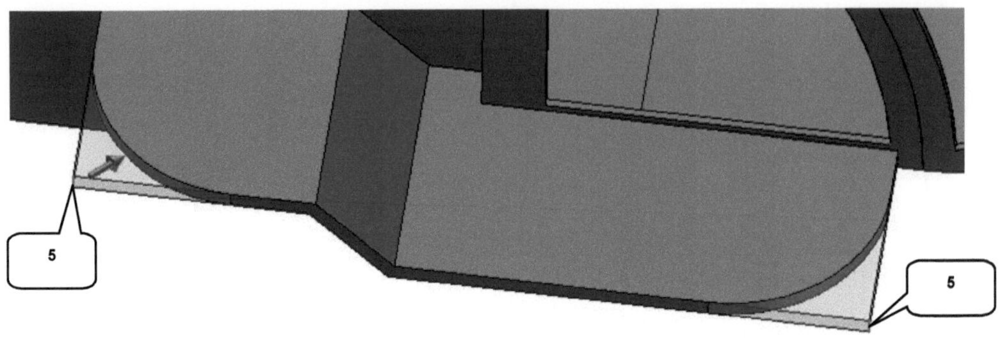

HINWEIS: Da beide Kanten nur jeweils 1 mm lang sind, sollte bei deren Auswahl ausreichend nah herangezoomt werden.

7.29 2D-Skizze für den Lüftungsbereich (Maschinenraum) zeichnen

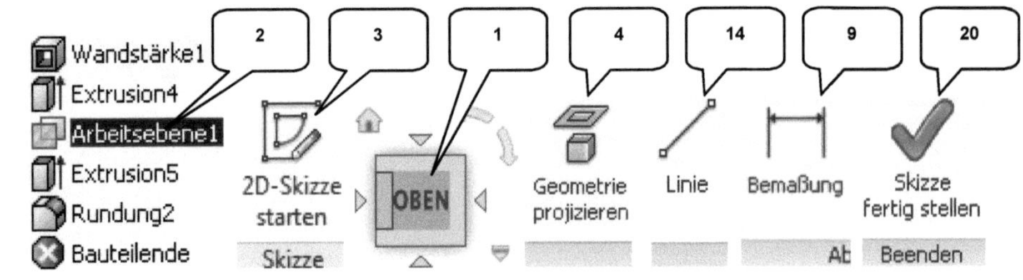

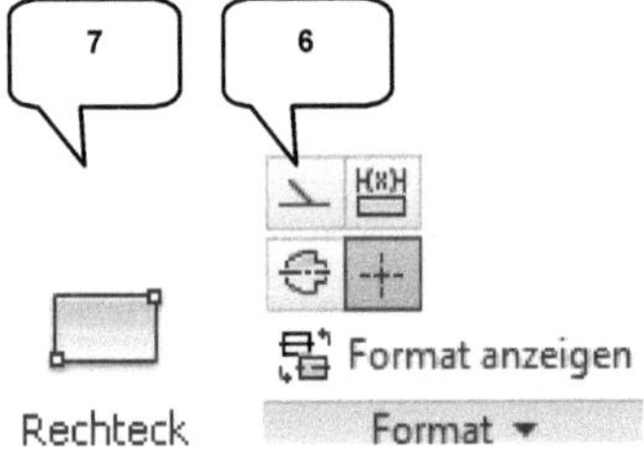

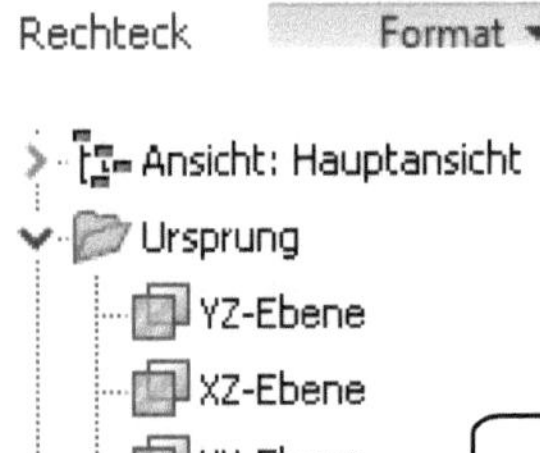

> *ViewCube-Ansicht: OBEN* (1)
> „Arbeitsebene1" im Modellbaum markieren (2)

> *2D-Skizze starten* (3)
> *Geometrie projizieren* (4)
> X-, Y-, Z-Achse nacheinander wählen (5)
> *Taste: ESC*
> Die projizierten Achsen markieren

> *Konstruktion* (6)
> *Taste: ESC*

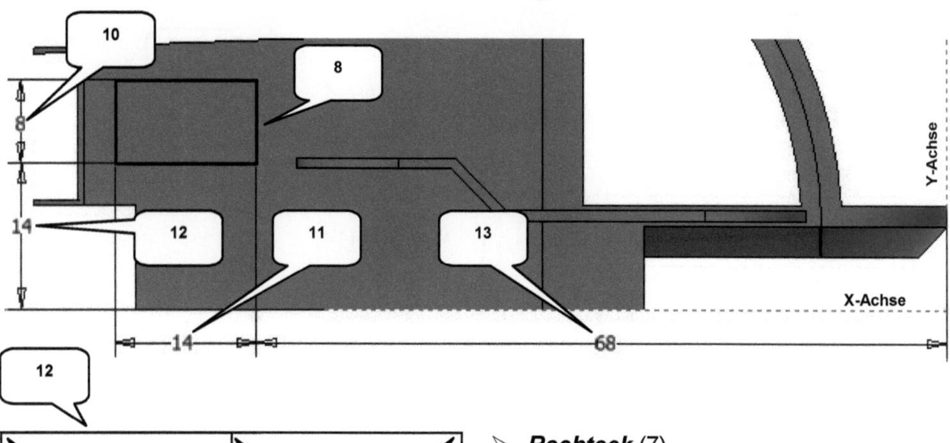

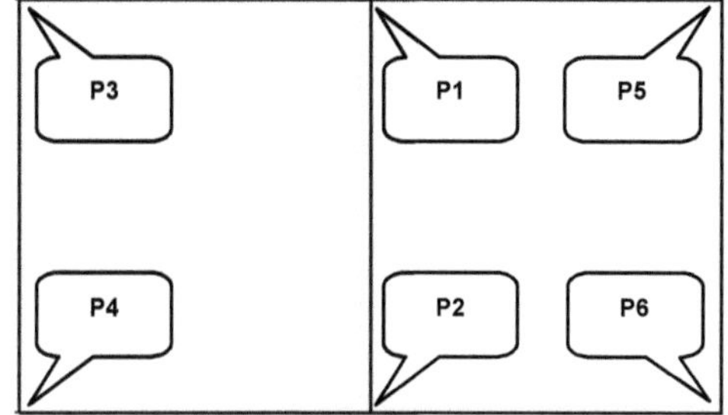

> *Rechteck* (7)
> Rechteck im Heckbereich des
> Fahrzeugs zeichnen wie dargestellt (8)

> *Bemaßung* (9)
> Rechteck bemaßen (8 x 14 mm) (10, 11)
> Abstand zur X-Achse: [14] mm (12)
> Abstand zur Y-Achse: [68] mm (13)
> *Taste: ESC*

> *Linie* (14)
> Startpunkt: Linienmittelpunkt der oberen
> Waagerechten des Rechtecks (P1)
> Endpunkt: Linienmittelpunkt der unteren
> Waagerechten des Rechtecks (P2)
> *Taste: ESC*

> *Rundung* (15)
> Radius: [2] mm (16)
> 1. Eckpunkt des Rechtecks wählen (P3)
> 2. Eckpunkt des Rechtecks wählen (P4)
> 3. Eckpunkt des Rechtecks wählen (P5)
> 4. Eckpunkt des Rechtecks wählen (P6)
> *Taste: ESC*

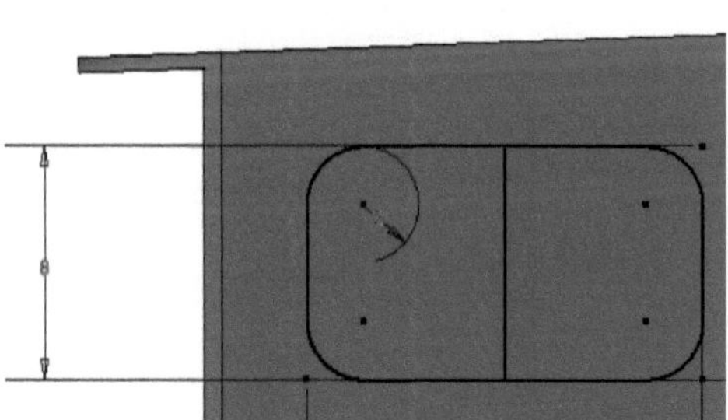

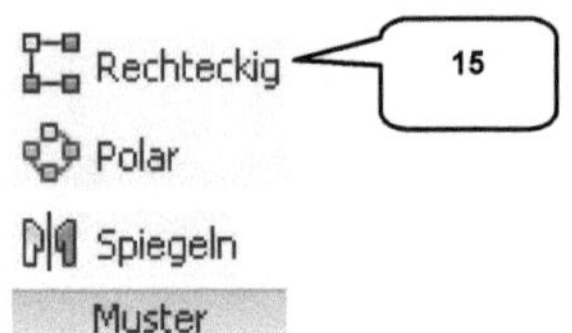

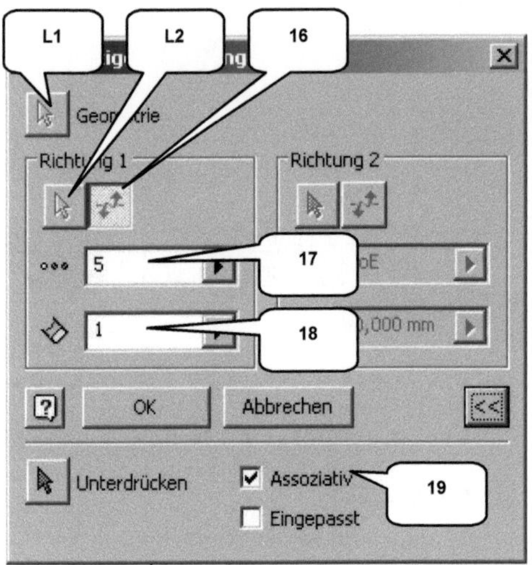

> ➤ *Linie* (14)
> ➤ Startpunkt: Mittelpunkt der Eckenrundung unten links (P7)
> ➤ Endpunkt: Mittelpunkt der Eckenrundung unten rechts (P8)
> ➤ *Taste: ESC*
>
> ➤ *Rechteckige Anordnung* (15)
> ➤ Geometrie: Neu gezeichnete Linie (L1)
> ➤ Richtung 1: Senkrechte Linie (L2)
> ➤ Option: Richtung umschalten (16)
> ➤ Anzahl: [5] (17)
> ➤ Intervall: [1] mm (18)
> ➤ Aktivieren: Assoziativ (19)
> ➤ *OK*
>
> ➤ *Skizze fertig stellen* (20)

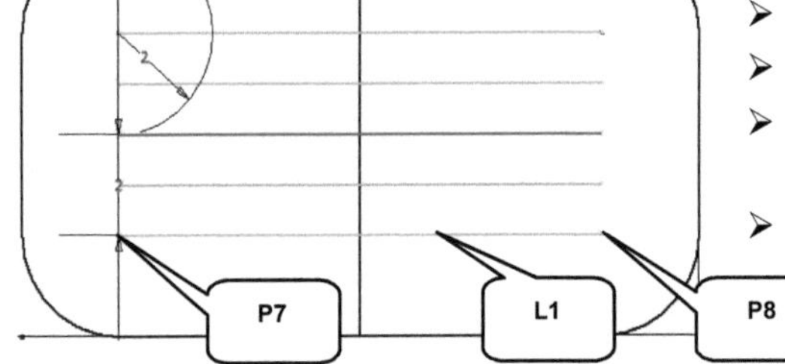

HINWEIS: Alle waagerechten Linien sollten sich, wie in der oberen Abb. dargestellt, innerhalb des Rechtecks befinden.

7.30 Erstellen der Lüftungsöffnung

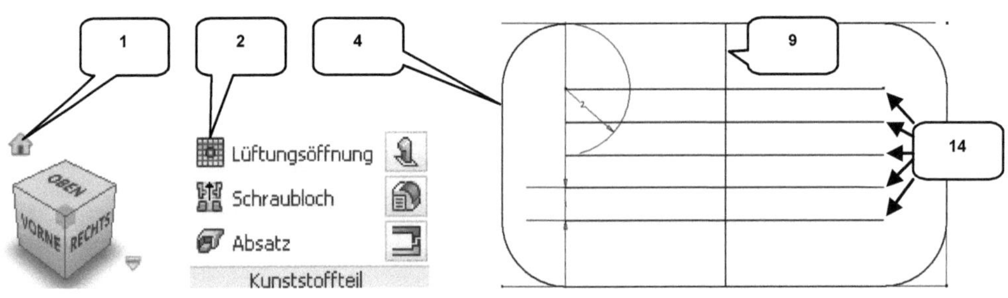

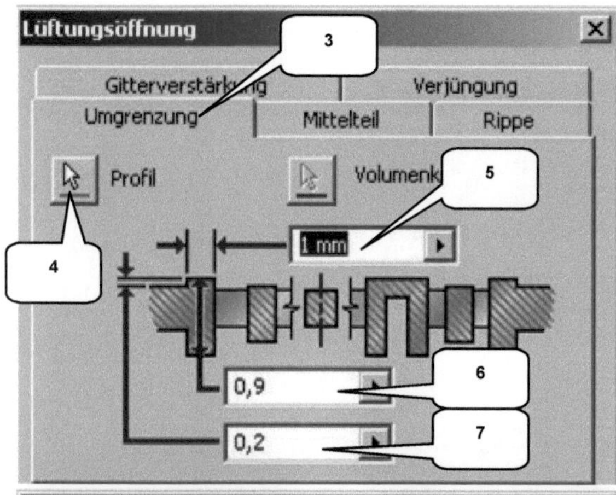

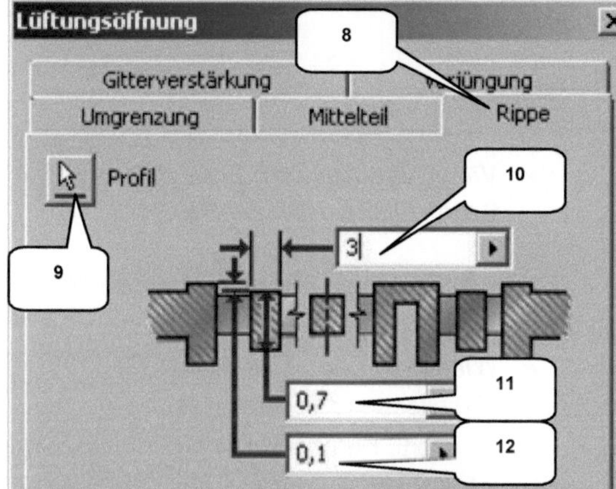

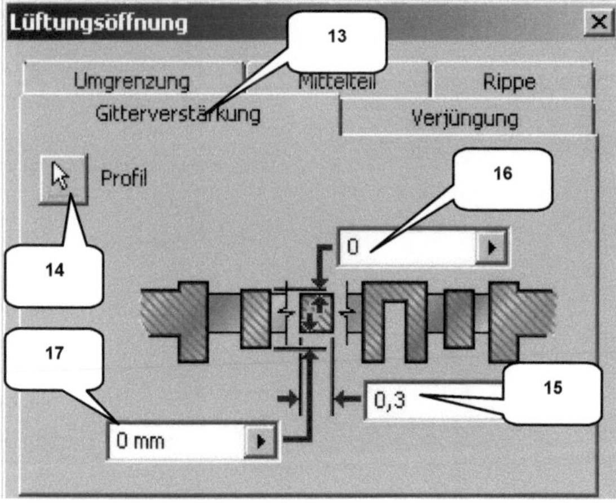

> ➢ *ViewCube-Ansicht: Haus* (1)

> ➢ *Lüftungsöffnung* (2)

> ➢ Reiter: Umgrenzung (3)
> ➢ Profil: Gerundetes Rechteck (4)
> ➢ Breite: [1] mm (5)
> ➢ Tiefe: [0,9] mm (6)
> ➢ Differenz Oben: [0,2] mm (7)

> ➢ Reiter: Rippe (8)
> ➢ Profil: Vertikale Linie (9)
> ➢ Breite: [3] mm (10)
> ➢ Tiefe: [0,7] mm (11)
> ➢ Differenz Oben: [0,1] mm (12)

> ➢ Reiter: Gitterverstärkung (13)
> ➢ Profil: 5 horizontale Linien (14)
> ➢ Breite: [0,3] mm (15)
> ➢ Differenz Oben: [0] mm (16)
> ➢ Differenz Unten: [0] mm (17)

> ➢ *OK*

7.31 Eine um eine Kante geneigte Ebene erzeugen

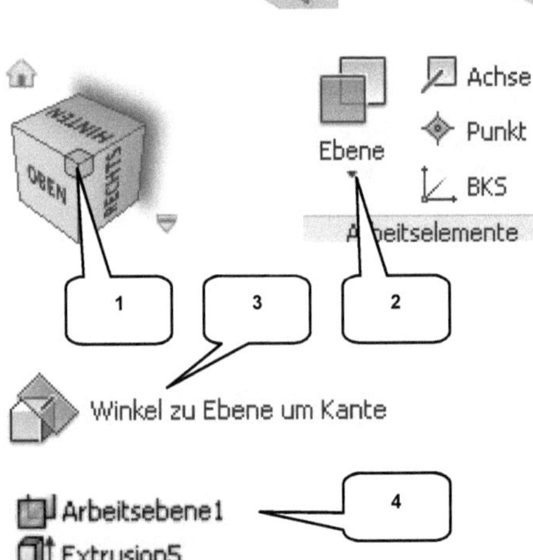

> ***ViewCube-Ansicht: Ecke*** zwischen den Seiten ***OBEN-HINTEN-RECHTS*** (1)

> Befehlsgruppe ***Ebene*** aufklappen (2)

> ***Winkel zu Ebene um Kante*** (3)
> „Arbeitsebene 1" wählen (4)
> Markierte Kante wählen (5)
> Winkel: [-5] Grad (6)
> ***OK*** (7)

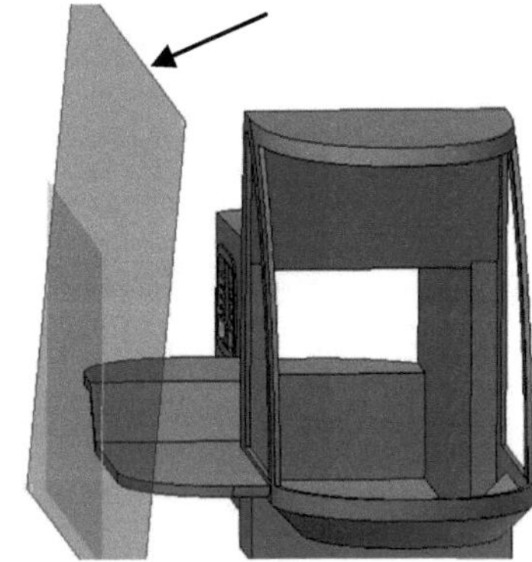

7.32 2D-Skizze auf der neuen Ebene erzeugen

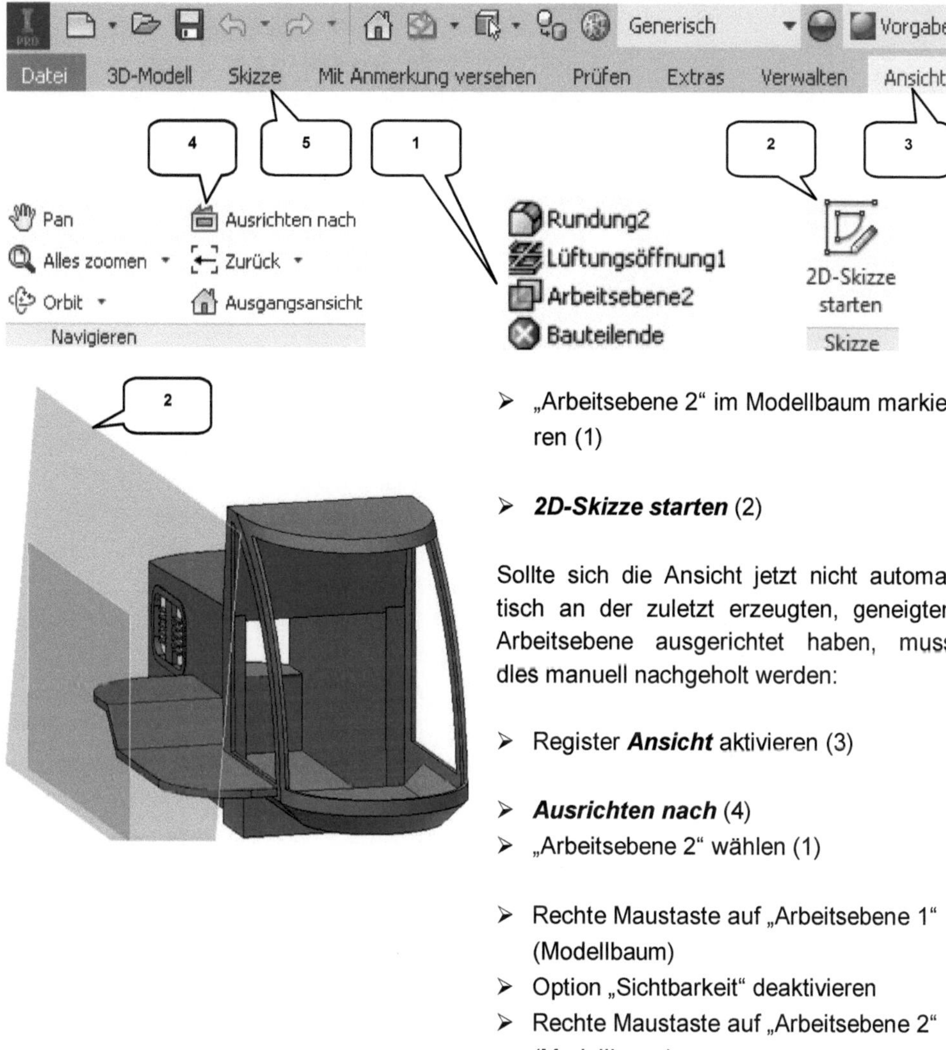

> „Arbeitsebene 2" im Modellbaum markieren (1)

> **2D-Skizze starten** (2)

Sollte sich die Ansicht jetzt nicht automatisch an der zuletzt erzeugten, geneigten Arbeitsebene ausgerichtet haben, muss dies manuell nachgeholt werden:

> Register **Ansicht** aktivieren (3)

> **Ausrichten nach** (4)
> „Arbeitsebene 2" wählen (1)

> Rechte Maustaste auf „Arbeitsebene 1" (Modellbaum)
> Option „Sichtbarkeit" deaktivieren
> Rechte Maustaste auf „Arbeitsebene 2" (Modellbaum)
> Option „Sichtbarkeit" deaktivieren

> Register **Skizze** aktivieren (5)

7.33 Oberen Bereich der Aufstiegsleiter zeichnen

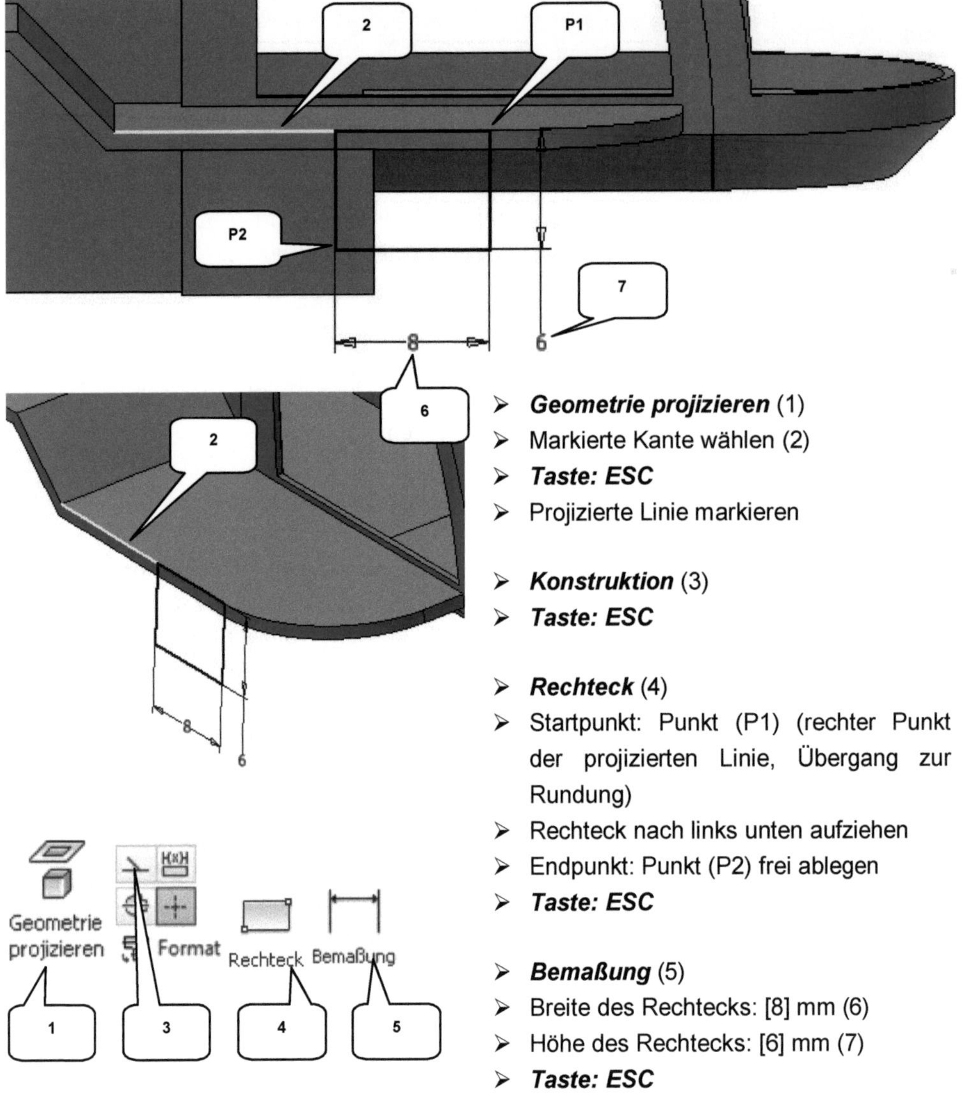

> *Geometrie projizieren* (1)
> Markierte Kante wählen (2)
> *Taste: ESC*
> Projizierte Linie markieren

> *Konstruktion* (3)
> *Taste: ESC*

> *Rechteck* (4)
> Startpunkt: Punkt (P1) (rechter Punkt der projizierten Linie, Übergang zur Rundung)
> Rechteck nach links unten aufziehen
> Endpunkt: Punkt (P2) frei ablegen
> *Taste: ESC*

> *Bemaßung* (5)
> Breite des Rechtecks: [8] mm (6)
> Höhe des Rechtecks: [6] mm (7)
> *Taste: ESC*

HINWEIS: Die zu projizierende Kante am Schutzblech (2) gehört zur Oberseite dieses Schutzbleches. Der Punkt (P1) stellt den Übergang zwischen linearer Kante und Rundung dar.

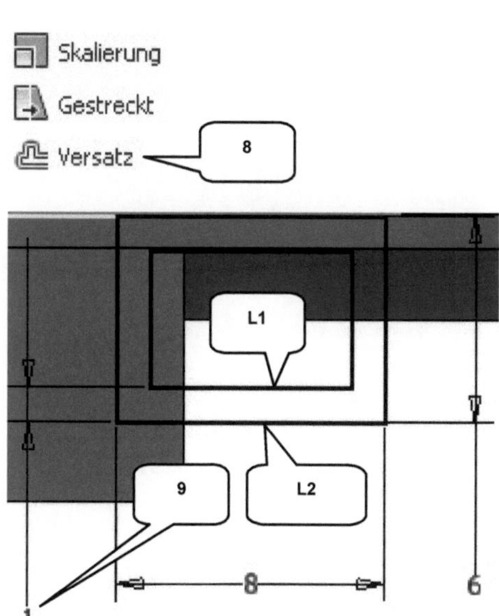

> ***Versatz*** (8)
> ➢ Untere Linie des Rechtecks wählen (L2)
> ➢ Kopie des Rechtecks innerhalb des Originals frei ablegen

> ***Bemaßung*** (5)
> ➢ Markierte Linie der Kopie wählen (L1)
> ➢ Markierte Linie des Originals wählen (L2)
> ➢ Maß ablegen (9)
> ➢ Wert: [1] mm
> ➢ ***Taste: ESC***

> ➢ ***Skizze fertig stellen***

7.34 Extrudieren des oberen Leiterbereiches

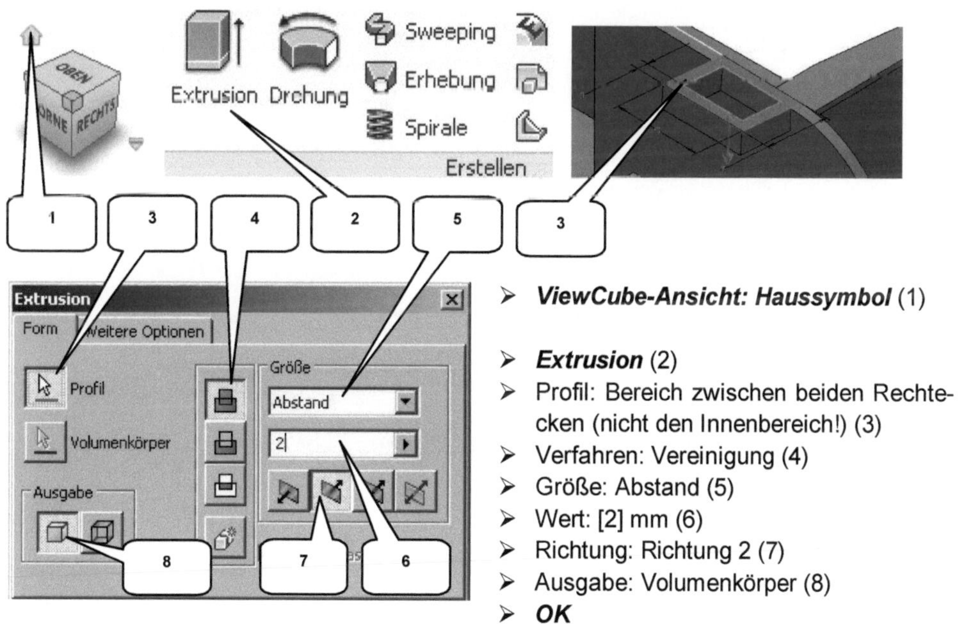

> ***ViewCube-Ansicht: Haussymbol*** (1)

> ***Extrusion*** (2)
> ➢ Profil: Bereich zwischen beiden Rechtecken (nicht den Innenbereich!) (3)
> ➢ Verfahren: Vereinigung (4)
> ➢ Größe: Abstand (5)
> ➢ Wert: [2] mm (6)
> ➢ Richtung: Richtung 2 (7)
> ➢ Ausgabe: Volumenkörper (8)
> ➢ ***OK***

7.35 Oberen Leiterbereich mittels rechteckiger Anordnung kopieren

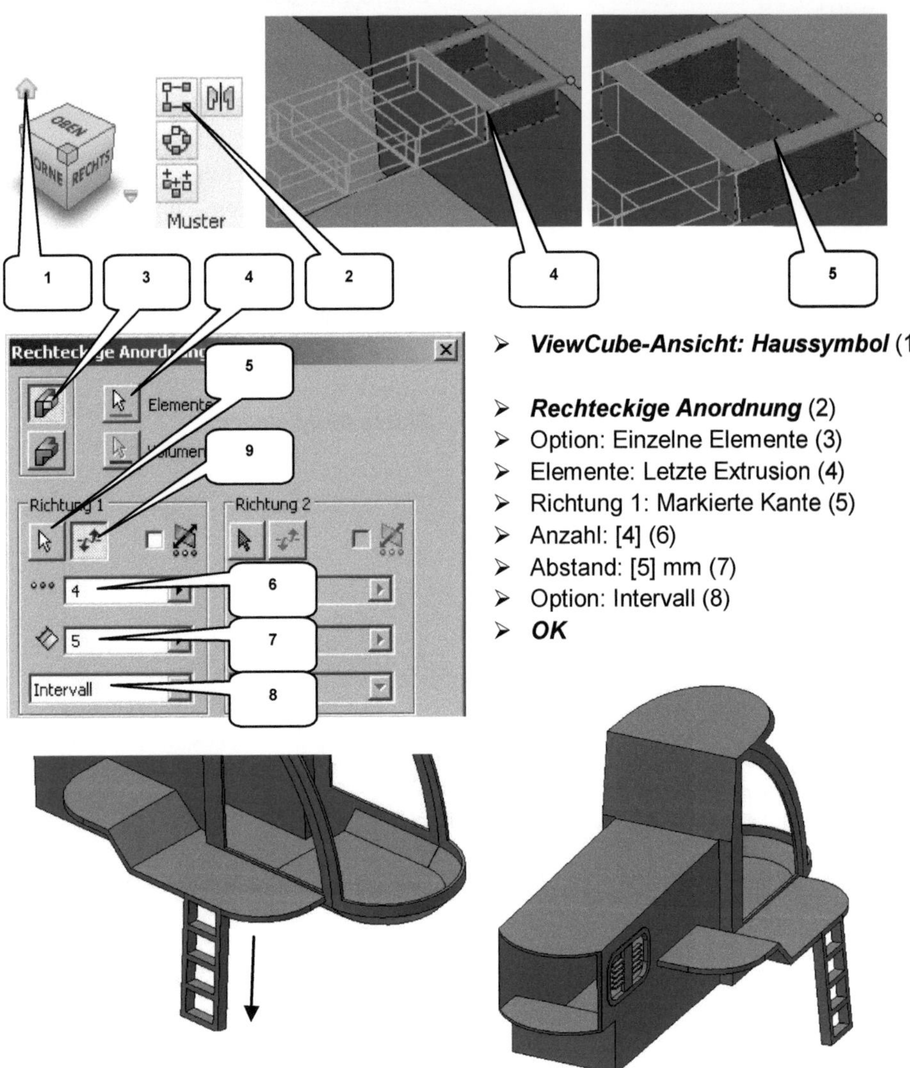

> **_ViewCube-Ansicht: Haussymbol_** (1)

> **_Rechteckige Anordnung_** (2)
> Option: Einzelne Elemente (3)
> Elemente: Letzte Extrusion (4)
> Richtung 1: Markierte Kante (5)
> Anzahl: [4] (6)
> Abstand: [5] mm (7)
> Option: Intervall (8)
> **_OK_**

HINWEIS: Die rechteckige Anordnung sollte, wie in der unteren Abb. dargestellt, nach unten zeigen. Sollte dies nicht der Fall sein, muss mit der Option **_Umschalten_** (9) korrigiert werden.

7.36 Trennen des Volumenkörpers

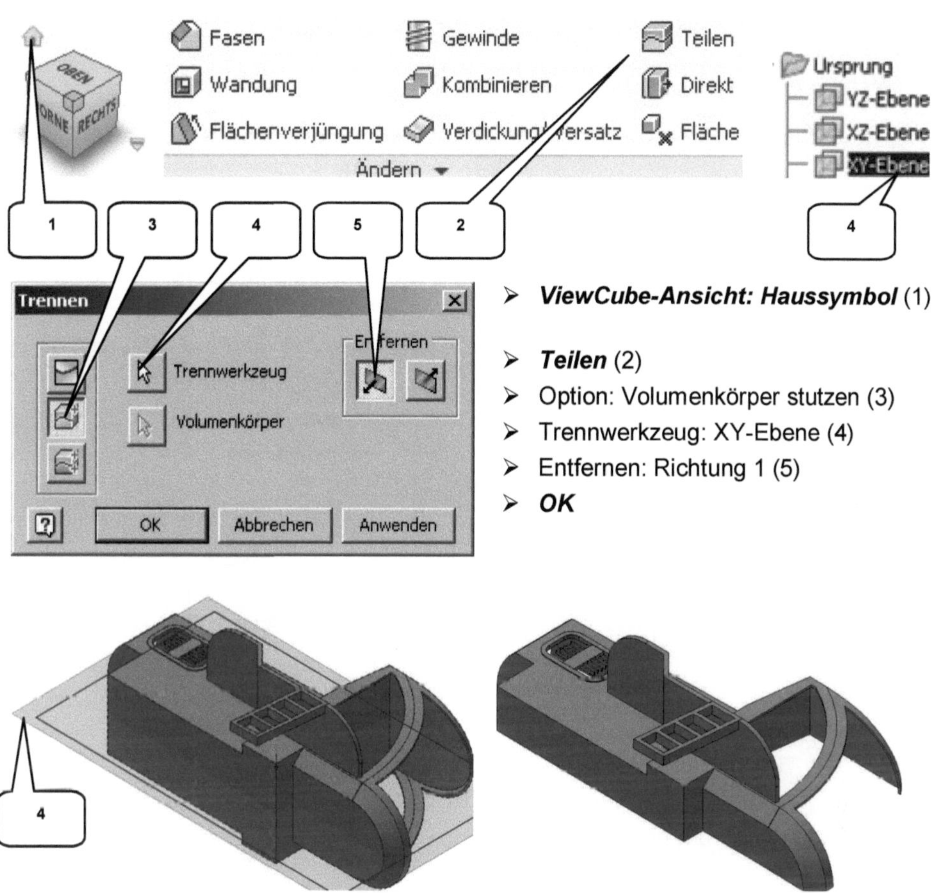

> **ViewCube-Ansicht: Haussymbol** (1)

> **Teilen** (2)
> Option: Volumenkörper stutzen (3)
> Trennwerkzeug: XY-Ebene (4)
> Entfernen: Richtung 1 (5)
> **OK**

HINWEIS: Für diese Übung wurde die Option **Volumenkörper stutzen** verwendet, da der hintere Teil des Volumenkörpers entfernt werden soll. Um einen Volumenkörper zu trennen, jedoch beide Hälften zu behalten, kann die Option **Volumenkörper teilen** genutzt werden.

7.37 Spiegeln des Volumenkörpers

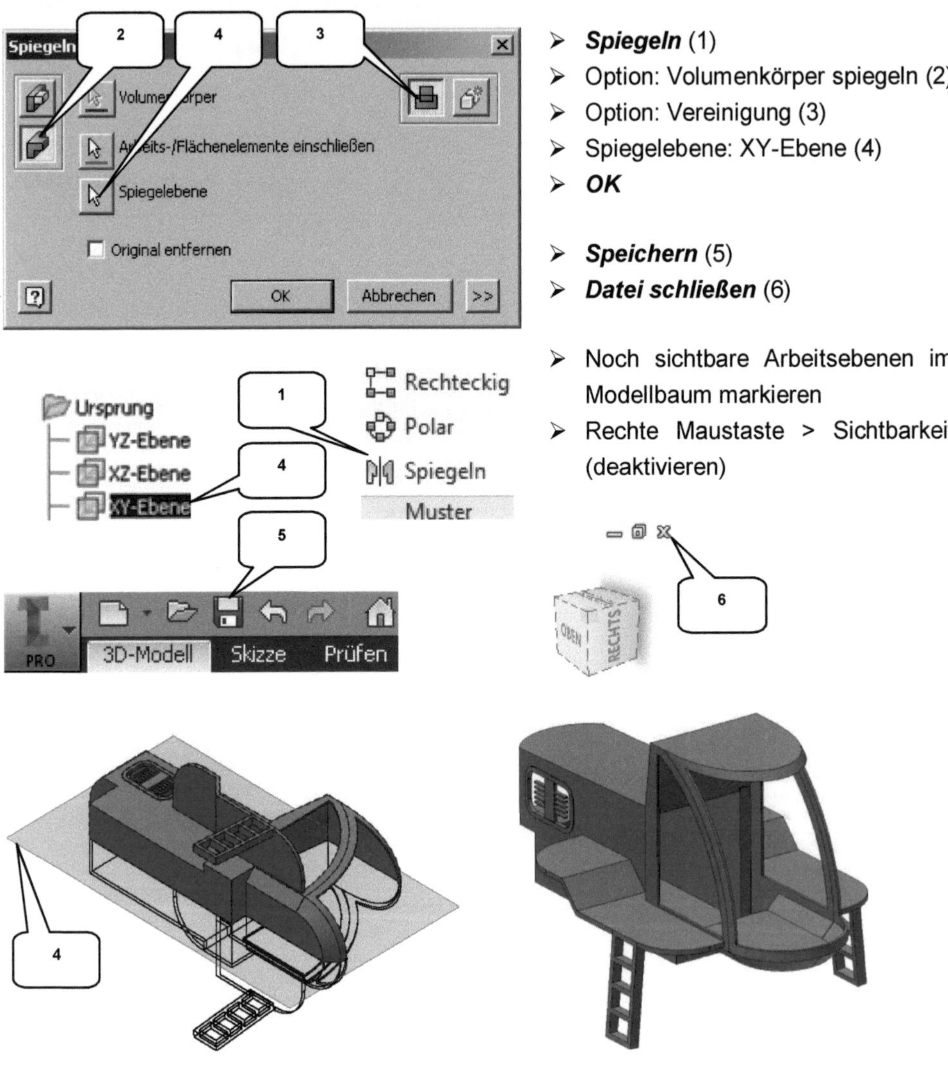

> *Spiegeln* (1)
> Option: Volumenkörper spiegeln (2)
> Option: Vereinigung (3)
> Spiegelebene: XY-Ebene (4)
> *OK*

> *Speichern* (5)
> *Datei schließen* (6)

> Noch sichtbare Arbeitsebenen im Modellbaum markieren
> Rechte Maustaste > Sichtbarkeit (deaktivieren)

HINWEIS: Der Volumenkörper wurde zuerst getrennt und anschließend wieder gespiegelt um alle Modellierungen der einen Seite (Leiter, Schutzblech, Lüftungsöffnung) auch auf die andere Seite zu übertragen. Leider bringt das reine Spiegeln der einzelnen Elemente von einer Seite auf die andere ab und an Probleme mit sich.

8 Bauteil: Unterwagen

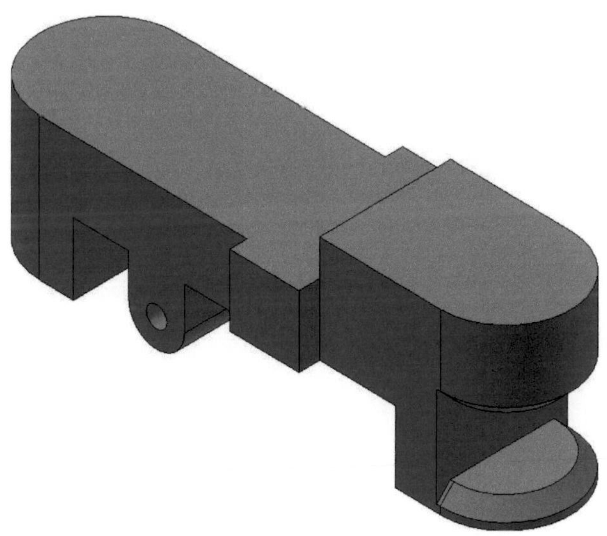

8.1 Bauteil „02-Unterwagen" erstellen

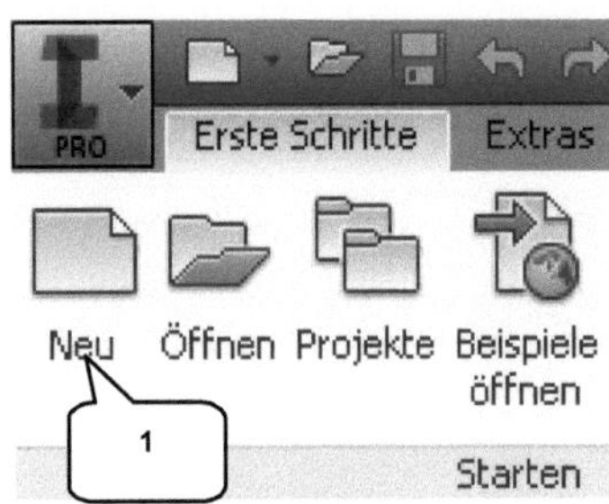

> ***Neu*** (1)
> Templates (2)
> Bauteil: Norm.ipt (3)
> ***Erstellen*** (4)

> ***Speichern*** (5)
> Dateiname: [02-Unterwagen] (6)
> ***Speichern*** (7)

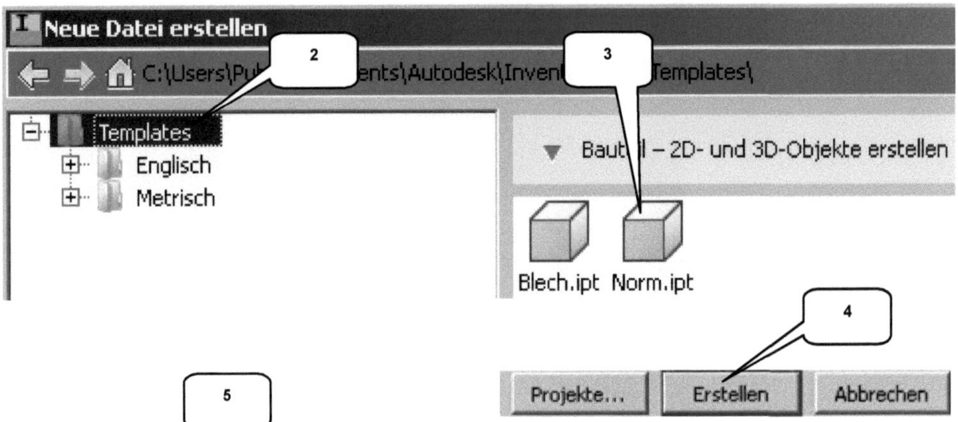

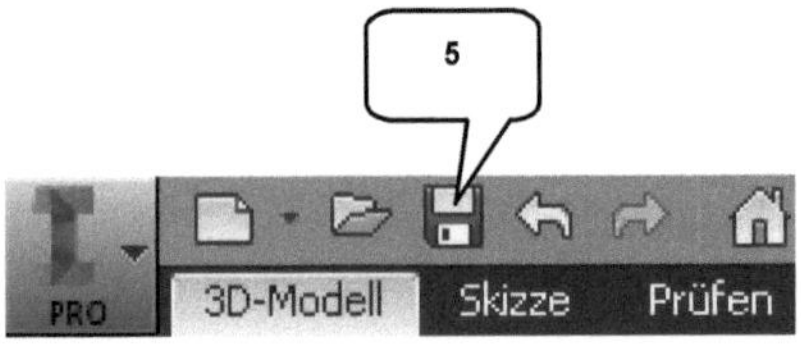

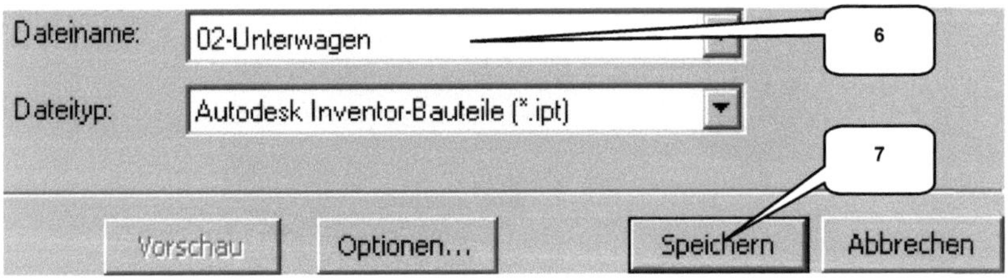

8.2 2D-Skizze auf XY-Ebene öffnen

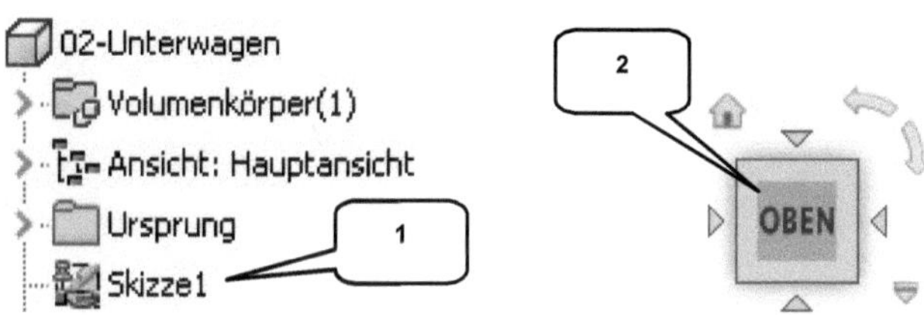

> „Skizze1" im Modellbaum doppelklicken (1)

> *ViewCube-Ansicht: OBEN* (2)

8.3 Achsen projizieren und als Konstruktionsobjekte definieren

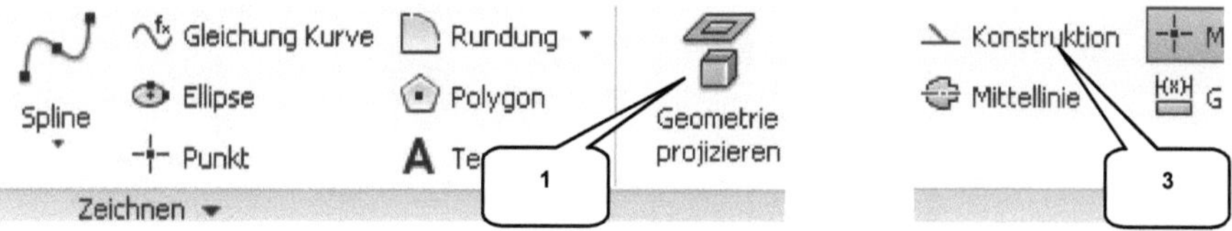

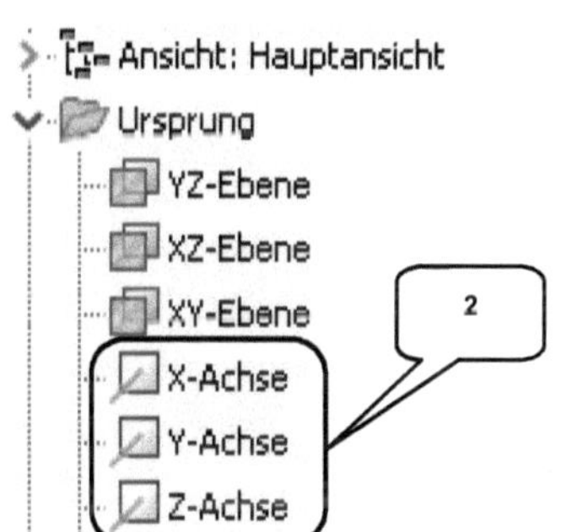

> *Geometrie projizieren* (1)
> Ordner *Ursprung* im Modellbaum aufklappen
> X-, Y-, Z-Achse nacheinander wählen (2)
> *Taste: ESC*
> Die projizierten Achsen markieren

> *Konstruktion* (3)
> *Taste: ESC*

8.4 Zeichnen der Basiskontur

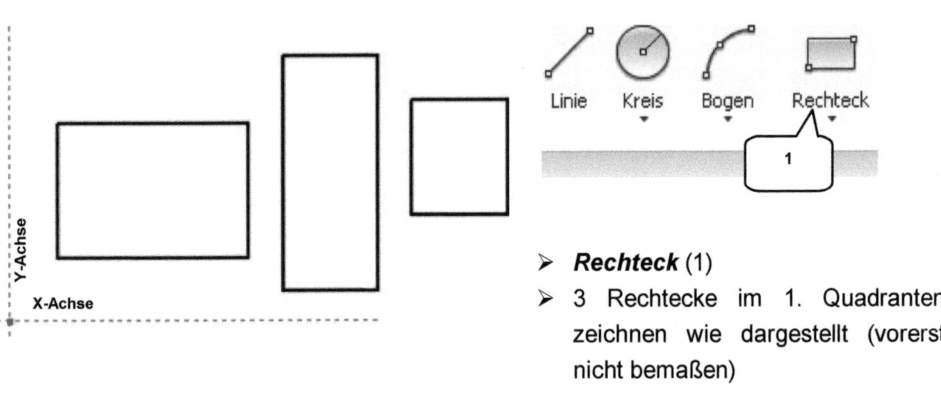

> ***Rechteck*** (1)
> 3 Rechtecke im 1. Quadranten zeichnen wie dargestellt (vorerst nicht bemaßen)
> ***Taste: ESC***

8.5 Setzen der Abhängigkeiten

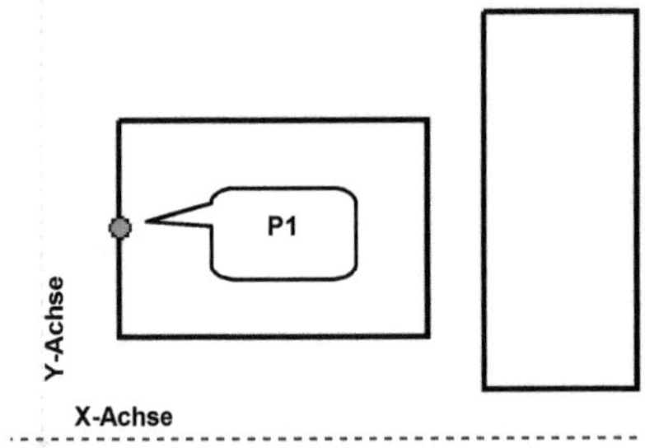

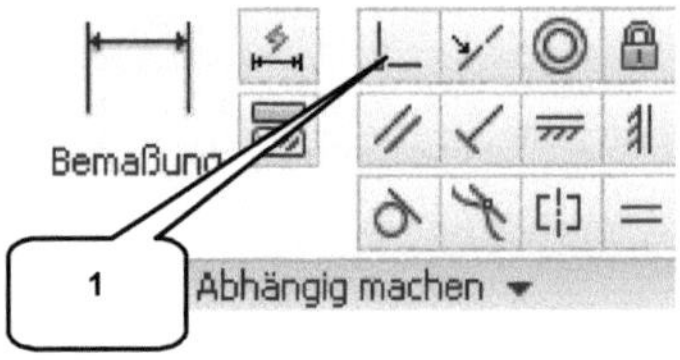

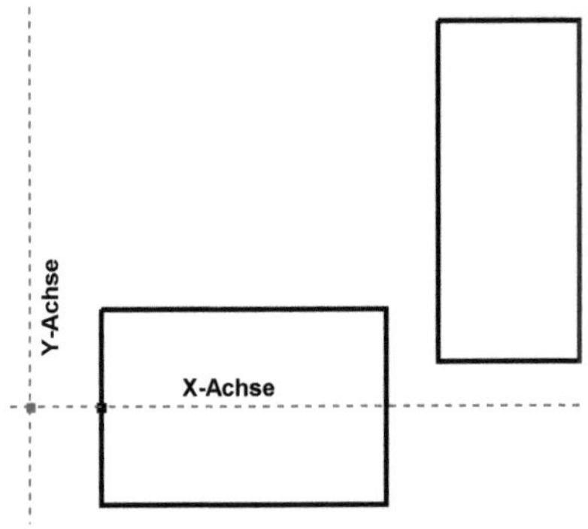

> ***Abhängigkeit Koinzident*** (1)
> Mit dem Mauspfeil über die Mitte der linken Senkrechten des ersten Rechtecks fahren, bis der Mittelpunkt (P1) der Linie als grüner Punkt angezeigt wird
> Diesen Mittelpunkt anklicken
> Projizierte X-Achse wählen
> Der Mittelpunkt der Linie (P1) wird jetzt von der X-Achse abhängig gemacht, das Rechteck verschiebt sich nach unten und ist jetzt symmetrisch zur X-Achse

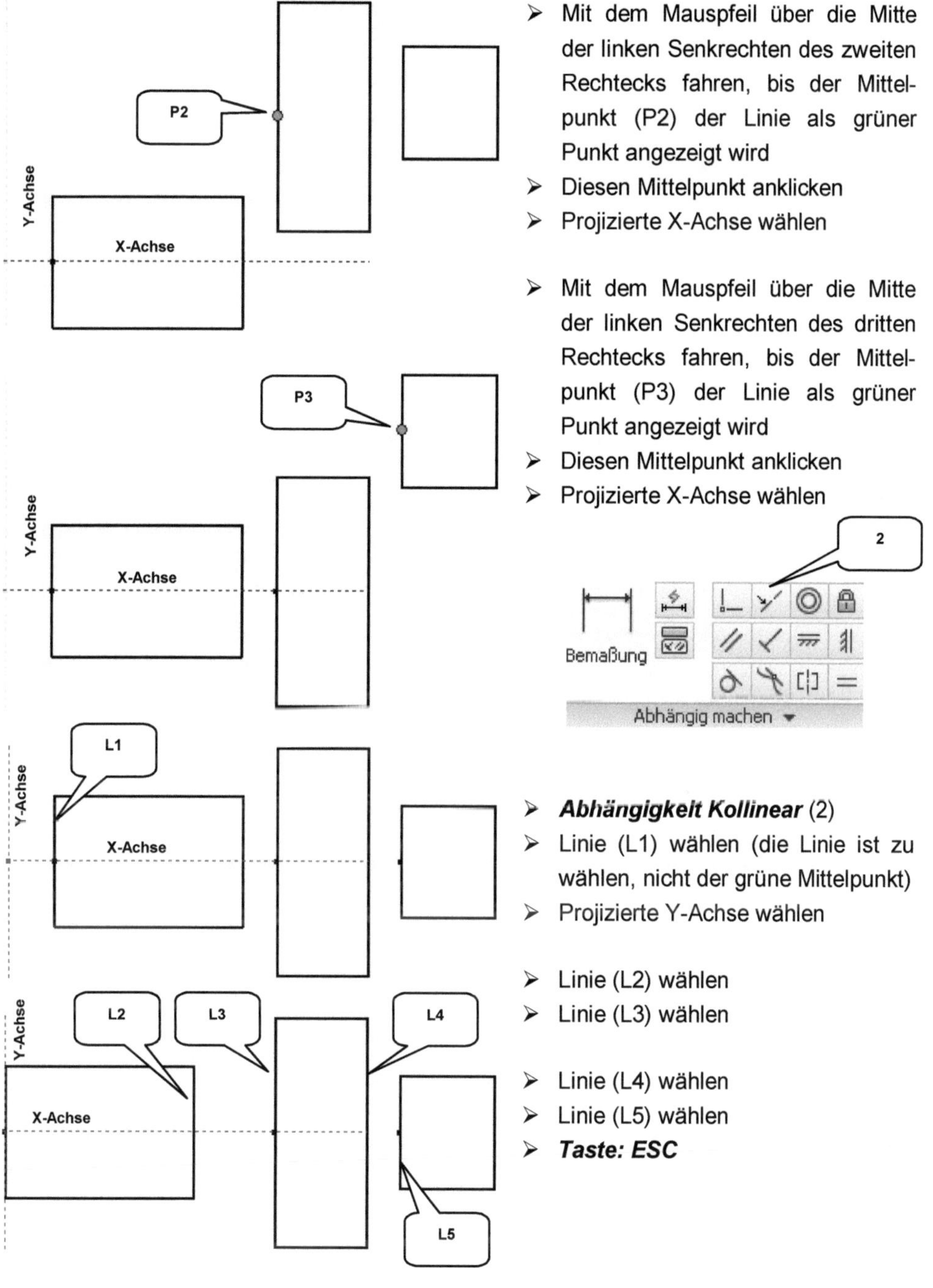

➢ Mit dem Mauspfeil über die Mitte der linken Senkrechten des zweiten Rechtecks fahren, bis der Mittelpunkt (P2) der Linie als grüner Punkt angezeigt wird

➢ Diesen Mittelpunkt anklicken

➢ Projizierte X-Achse wählen

➢ Mit dem Mauspfeil über die Mitte der linken Senkrechten des dritten Rechtecks fahren, bis der Mittelpunkt (P3) der Linie als grüner Punkt angezeigt wird

➢ Diesen Mittelpunkt anklicken

➢ Projizierte X-Achse wählen

➢ *Abhängigkeit Kollinear* (2)

➢ Linie (L1) wählen (die Linie ist zu wählen, nicht der grüne Mittelpunkt)

➢ Projizierte Y-Achse wählen

➢ Linie (L2) wählen

➢ Linie (L3) wählen

➢ Linie (L4) wählen

➢ Linie (L5) wählen

➢ *Taste: ESC*

8.6 Bemaßen der Linienabstände

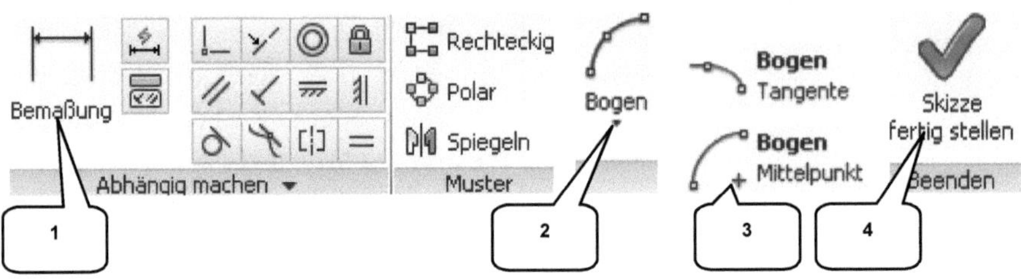

> ➤ **Bemaßung** (1)

➤ **1. Schritt:**
➤ Linie (L1) wählen
➤ Linie (L4) wählen
➤ Bemaßung ablegen
➤ Wert: [40] mm

➤ **2. Schritt:**
➤ Linie (L2) wählen
➤ Linie (L3) wählen
➤ Bemaßung ablegen
➤ Wert: [20] mm

➤ **3. Schritt:**
➤ Linie (L4) wählen
➤ Linie (L9) wählen
➤ Bemaßung ablegen
➤ Wert: [10] mm

➤ **4. Schritt:**
➤ Linie (L5) wählen
➤ Linie (L6) wählen
➤ Wert: [25] mm

➤ **5. Schritt:**
➤ Linie (L8) wählen
➤ Linie (L9) wählen
➤ Bemaßung ablegen
➤ Wert: [17,5] mm

➤ **6. Schritt:**
➤ Linie (L7) wählen
➤ Linie (L10) wählen
➤ Bemaßung ablegen
➤ Wert: [19] mm

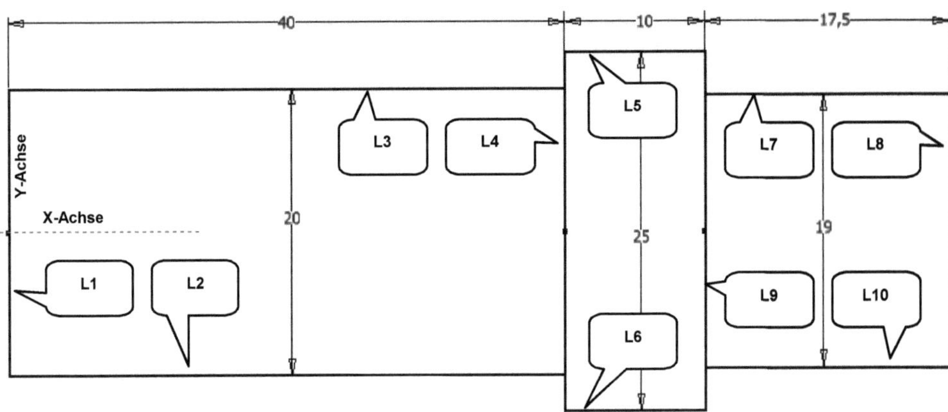

> ➤ **Taste: ESC**

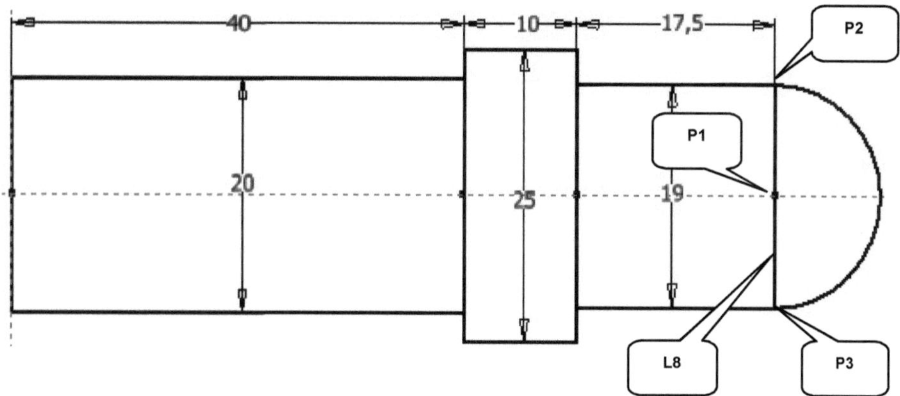

> Befehlsgruppe *Bogen* erweitern (2)

> *Bogen (Mittelpunkt)* (3)

> 1. Punkt: Mittelpunkt (P1) der Linie (L8) wählen

> 2. Punkt: Startpunkt (P2) der Linie (L8) wählen

> Kreisbogen mit der Maus im Uhrzeigersinn um den Mittelpunkt (P1) bis zum Punkt (P3) drehen

> 3. Punkt: Endpunkt (P3) der Linie (L8) wählen

> *Taste: ESC*

> *Skizze fertig stellen* (4)

HINWEIS: Beim Befehl *Bogen (Mittelpunkt)* kommt es darauf an, in welcher Drehrichtung der Mauspfeil um den Mittelpunkt (P1) herumgeführt wird. Nachdem der Startpunkt (P2) gesetzt wurde, kann die Maus entweder im Uhrzeigersinn um den Mittelpunkt (P1) gedreht werden oder umgekehrt. Das Programm zeigt eine Vorschau des aufgespannten Bogens, worauf geachtet werden sollte.

8.7 Extrudieren der Basiskontur

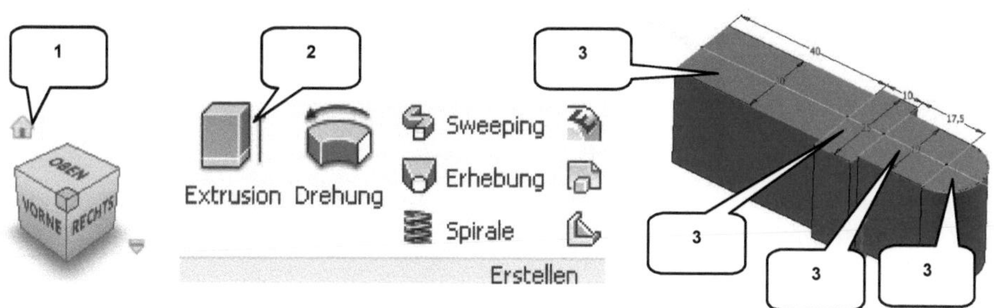

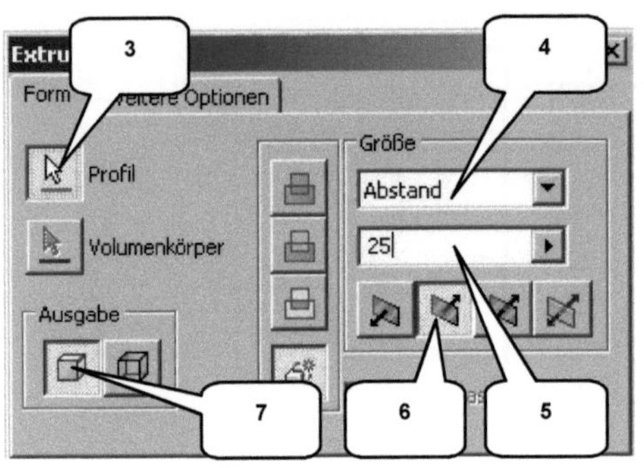

> ***ViewCube-Ansicht: Haussymbol*** (1)

> ***Extrusion*** (2)
> Profil: Alle vier Konturen wählen (3)
> Größe: Abstand (4)
> Wert: [25] mm (5)
> Richtung: Richtung 2 (6)
> Ausgabe: Volumenkörper (7)
> ***OK***

8.8 2D-Skizze auf XZ-Ebene erzeugen

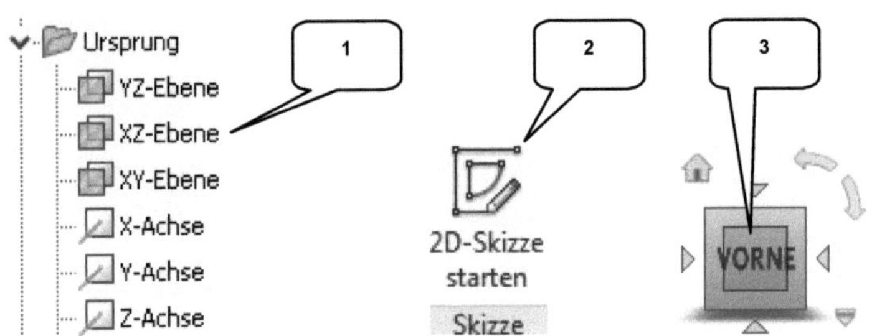

> Ordner ***Ursprung*** im Modellbaum erweitern
> „XZ-Ebene" im Modellbaum markieren (linke Maustaste) (1)

> ***2D-Skizze starten*** (2)
> ***ViewCube-Ansicht: VORNE*** (3)

8.9 Achsen projizieren und als Konstruktionsobjekte definieren

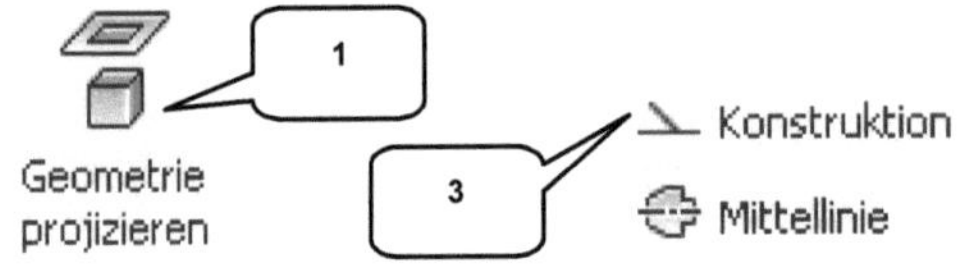

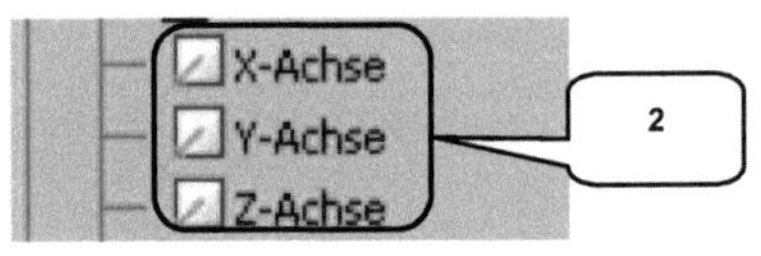

> ***Geometrie projizieren*** (1)
> X-, Y-, Z-Achse wählen (2)
> ***Taste: ESC***
> Die projizierten Achsen markieren

> ***Konstruktion*** (3)
> ***Taste: ESC***

> ***Taste: F7*** (Skizze freischneiden)

8.10 Zeichnen der Schnittmengenkontur

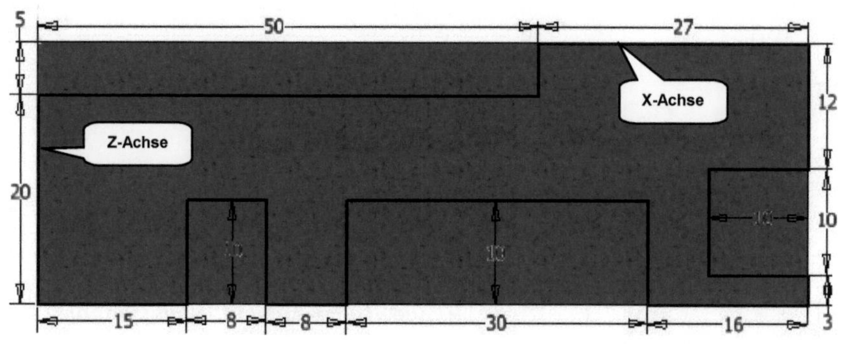

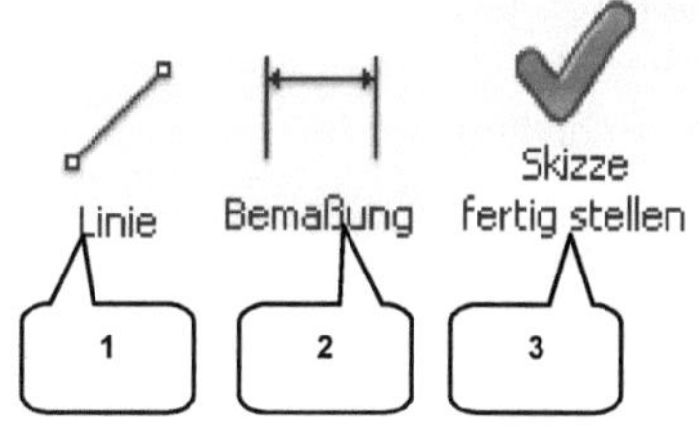

> **Linie** (1)
> Zeichnen der geschlossenen Kontur aus insgesamt 18 zusammenhängenden Linien
> **Taste: ESC**

> **Bemaßung** (2)
> Linienkontur bemaßen wie dargestellt
> **Taste: ESC**

> **Skizze fertig stellen** (3)

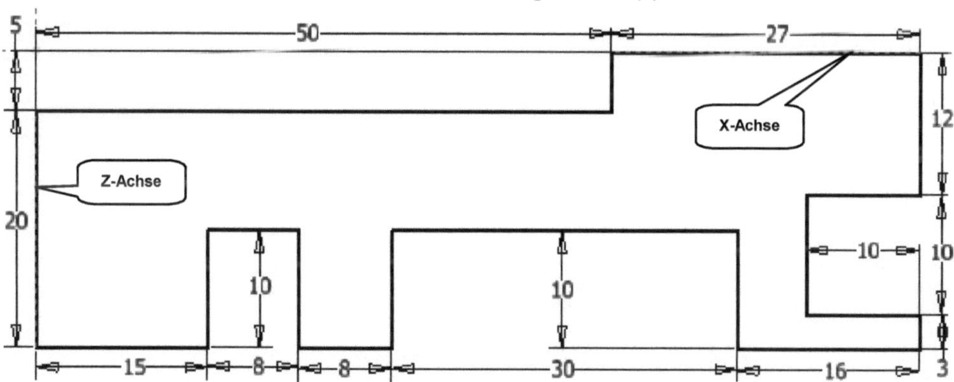

HINWEIS: Zur besseren Darstellung wurde der Volumenkörper in der unteren Abb. ausgeblendet. Die Kontur muss geschlossen sein.

8.11 Extrudieren der Schnittmengenkontur

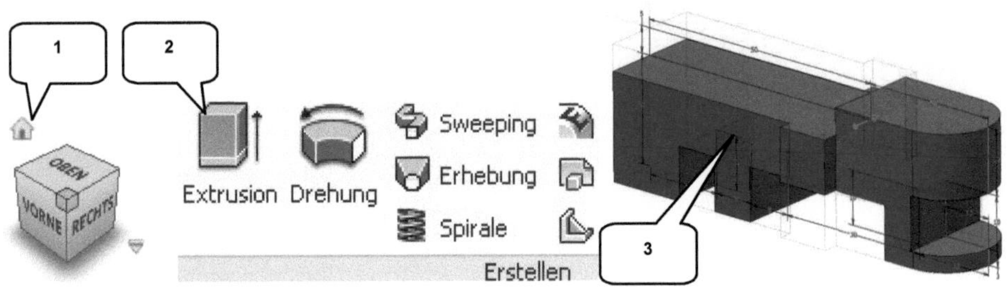

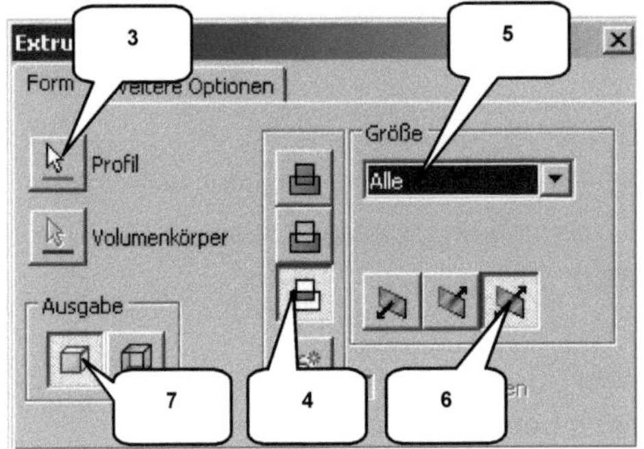

> ***ViewCube-Ansicht: Haussymbol*** (1)

> ***Extrusion*** (2)
> Profil: Kontur (3)
> Verfahren: Schnittmenge (4)
> Größe: Alle (5)
> Richtung: Symmetrisch (6)
> Ausgabe: Volumenkörper (7)
> ***OK***

8.12 Fasen des vorderen Bereiches

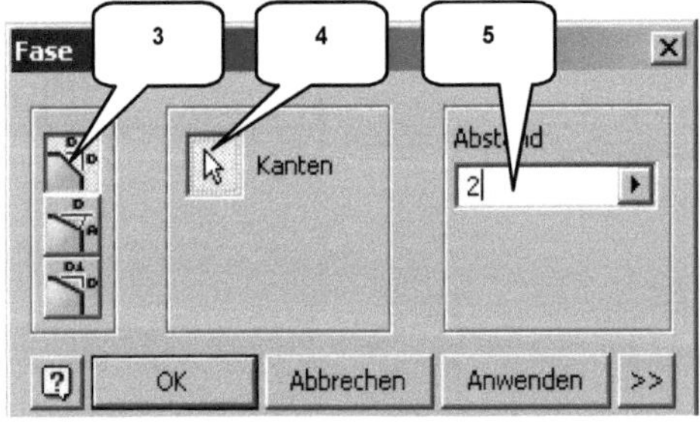

> ***ViewCube-Ansicht: Haussymbol*** (1)

> ***Fasen*** (2)
> Option: Abstand (3)
> Kanten: Beide markierte Kanten (4)
> Abstand: [2] mm (5)
> ***OK***

8.13 Runden des hinteren Bereiches

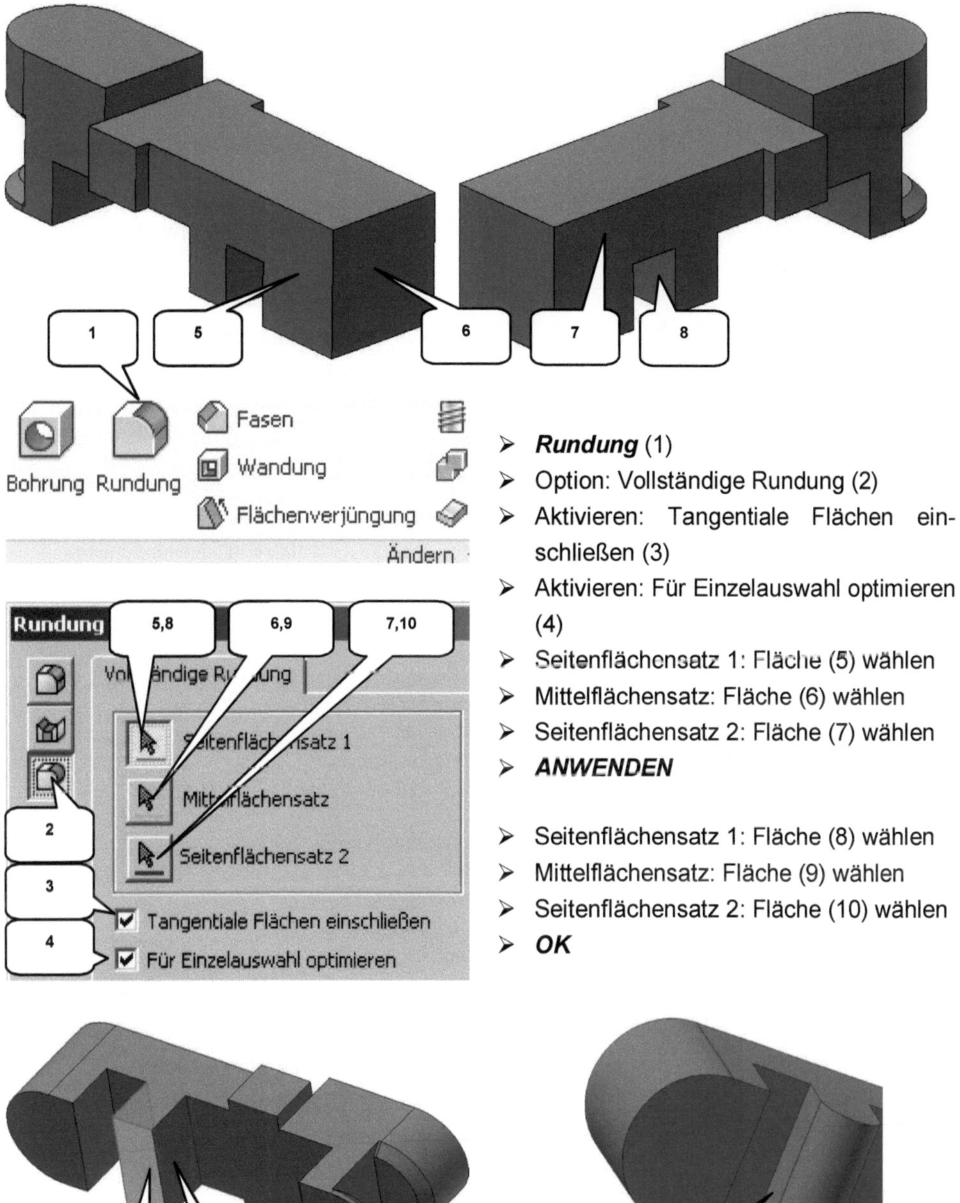

- ➤ *Rundung* (1)
- ➤ Option: Vollständige Rundung (2)
- ➤ Aktivieren: Tangentiale Flächen einschließen (3)
- ➤ Aktivieren: Für Einzelauswahl optimieren (4)
- ➤ Seitenflächensatz 1: Fläche (5) wählen
- ➤ Mittelflächensatz: Fläche (6) wählen
- ➤ Seitenflächensatz 2: Fläche (7) wählen
- ➤ *ANWENDEN*

- ➤ Seitenflächensatz 1: Fläche (8) wählen
- ➤ Mittelflächensatz: Fläche (9) wählen
- ➤ Seitenflächensatz 2: Fläche (10) wählen
- ➤ *OK*

8.14 Erzeugen einer Ebene mit Versatz

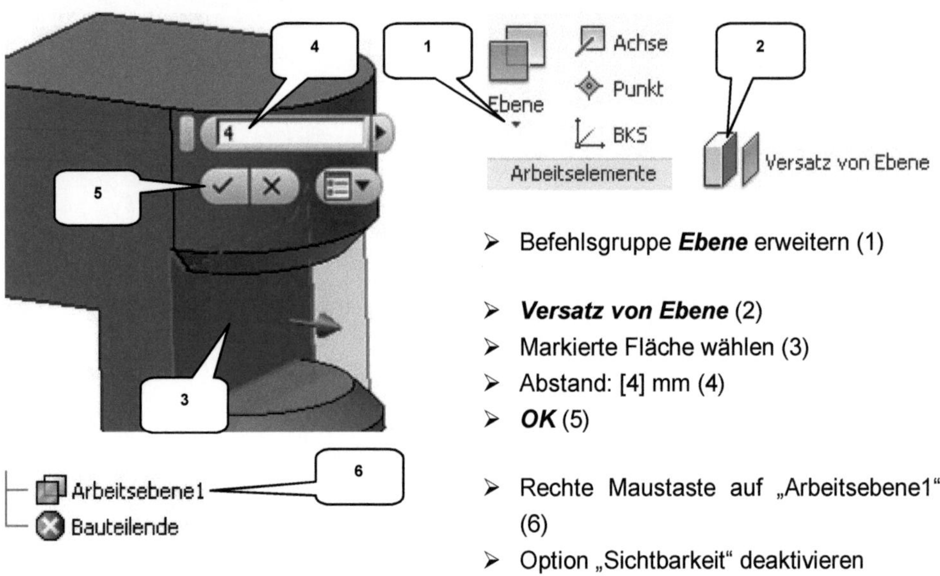

> Befehlsgruppe *Ebene* erweitern (1)

> *Versatz von Ebene* (2)
> Markierte Fläche wählen (3)
> Abstand: [4] mm (4)
> *OK* (5)

> Rechte Maustaste auf „Arbeitsebene1" (6)
> Option „Sichtbarkeit" deaktivieren

8.15 Erzeugen einer Achse als Schnittlinie zweier Ebenen

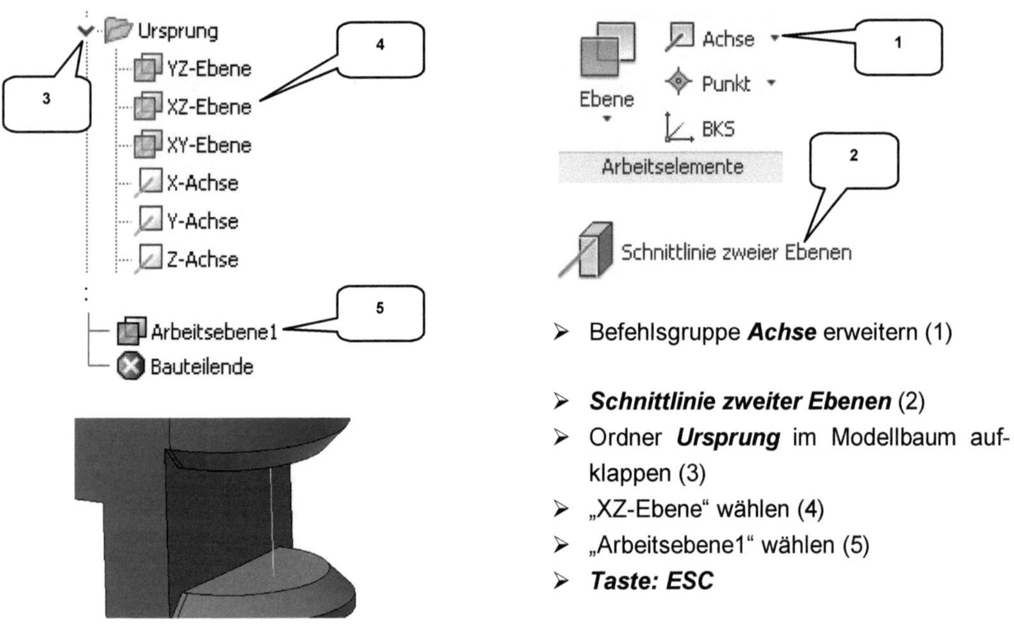

> Befehlsgruppe *Achse* erweitern (1)

> *Schnittlinie zweier Ebenen* (2)
> Ordner *Ursprung* im Modellbaum auf-klappen (3)
> „XZ-Ebene" wählen (4)
> „Arbeitsebene1" wählen (5)
> *Taste: ESC*

8.16 Bohren der hinteren Antriebswellenlagerung

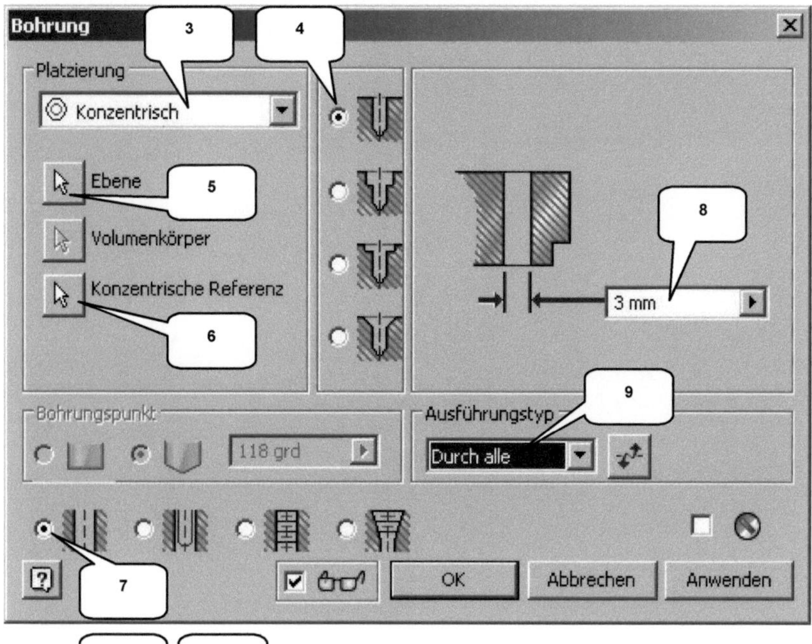

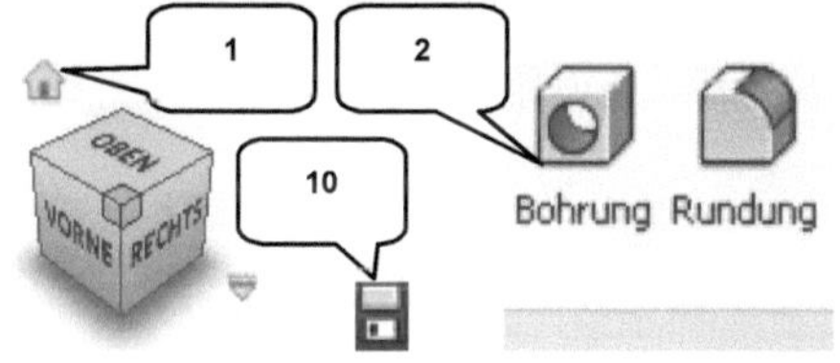

> ***ViewCube-Ansicht: Haussymbol*** (1)

> ***Bohrung*** (2)
> Platzierungstyp: Konzentrisch (3)
> Typ: Bohren (4)
> Ebene: Markierte Fläche (5)
> Konzentrische Referenz: Bogenkante (6)
> Bohrungstyp: Einfache Bohrung (7)
> Bohrungsdurchmesser: [3] mm (8)
> (Wert **nicht** durch ***ENTER*** bestätigen!)
> Ausführungstyp: Durch alle (9)
> ***OK***

> ***Speichern*** (10)
> ***Datei schließen***

9   Bauteil: Hubgestell

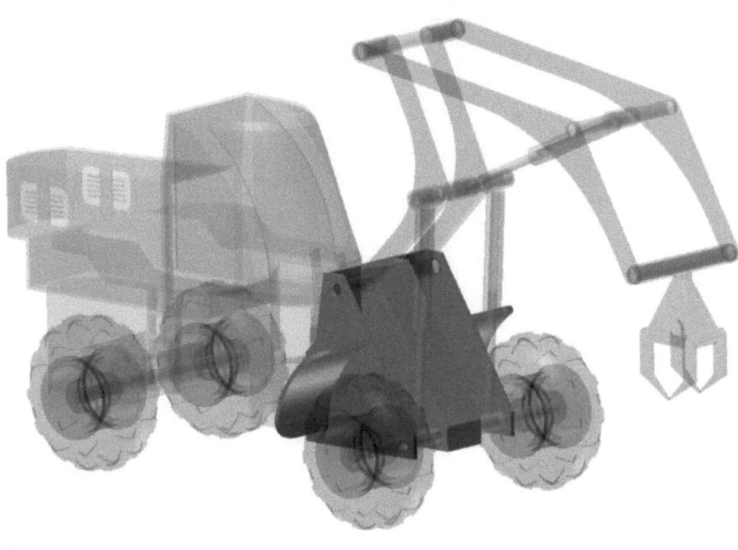

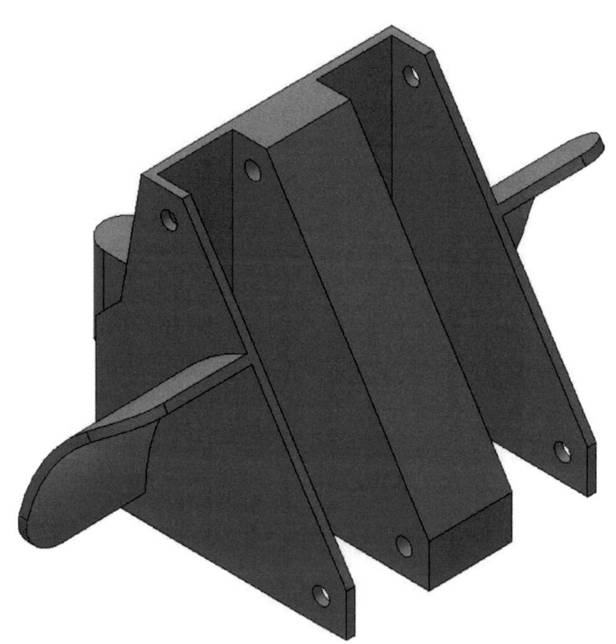

9.1 Bauteil „03-Hubgestell" erstellen

> *Neu* (1)
> Templates (2)
> Bauteil: Norm.ipt (3)
> *Erstellen* (4)

> *Speichern* (5)
> Dateiname: [03-Hubgestell] (6)
> *Speichern* (7)

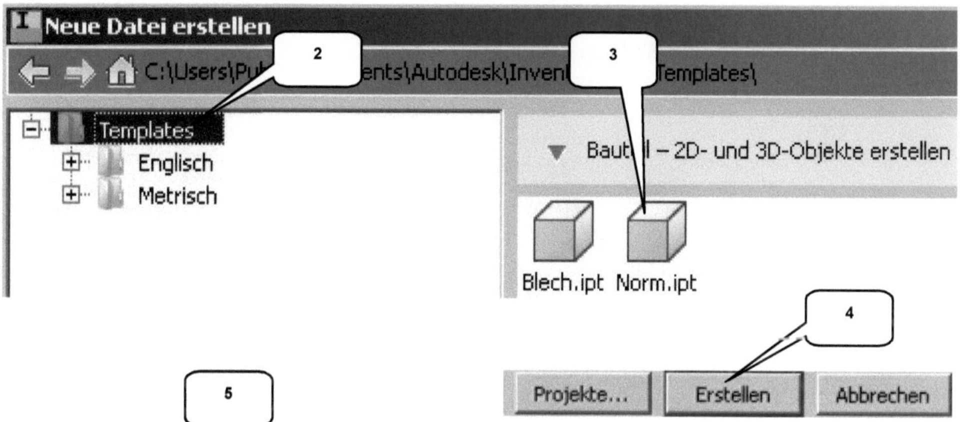

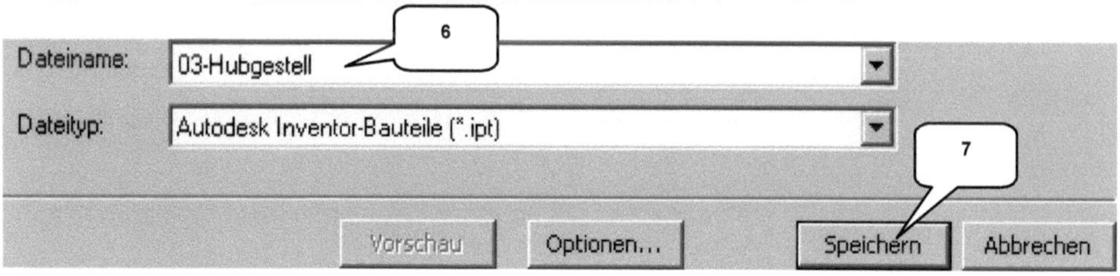

9.2 2D-Skizze auf XY-Ebene öffnen

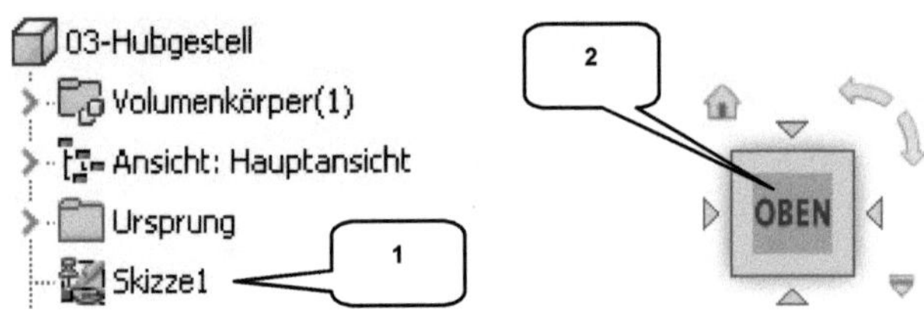

> „Skizze1" im Modellbaum doppelklicken (1)

> *ViewCube-Ansicht: OBEN* (2)

9.3 Achsen projizieren und als Konstruktionsobjekte definieren

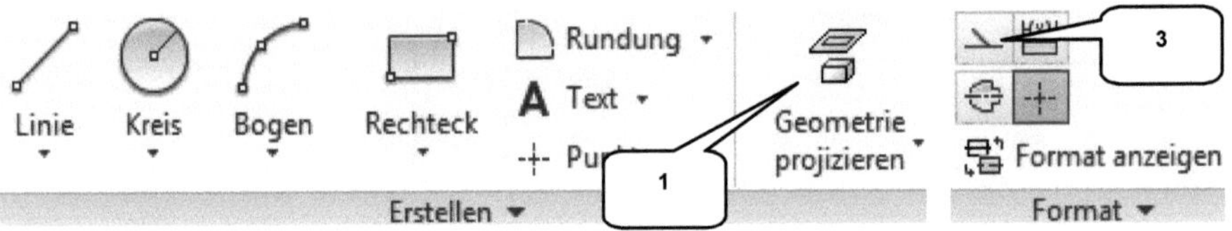

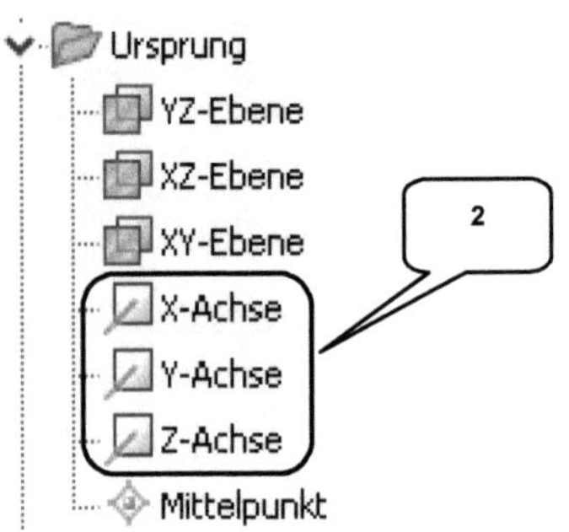

> *Geometrie projizieren* (1)
> Ordner *Ursprung* im Modellbaum erweitern
> X-, Y-, Z-Achse nacheinander wählen (2)
> *Taste: ESC*
> Die projizierten Achsen markieren

> *Konstruktion* (3)
> *Taste: ESC*

9.4 Zeichnen der Basiskontur

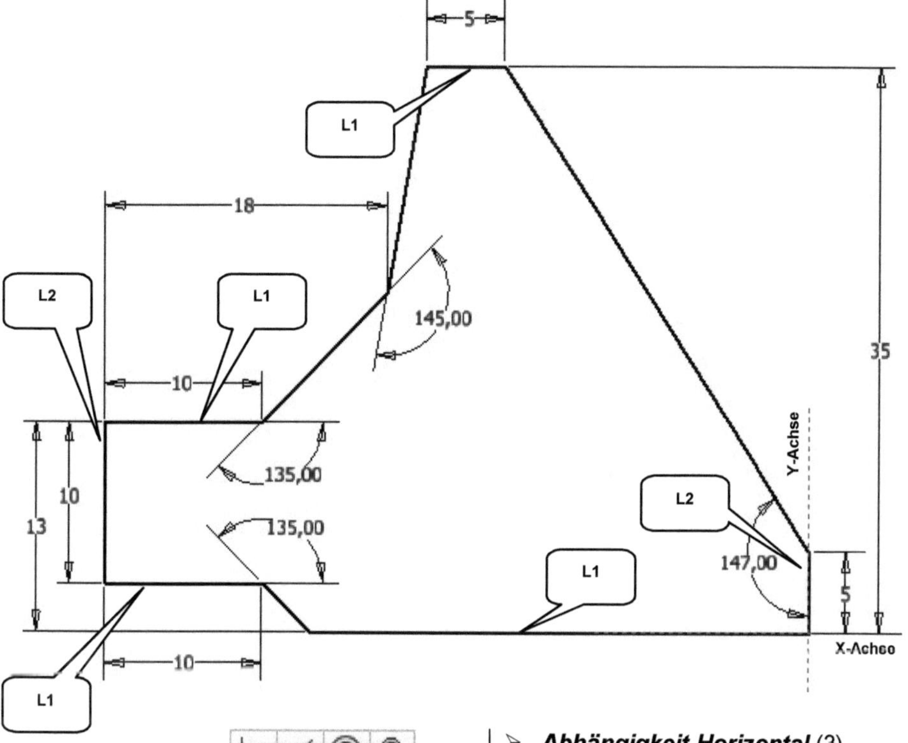

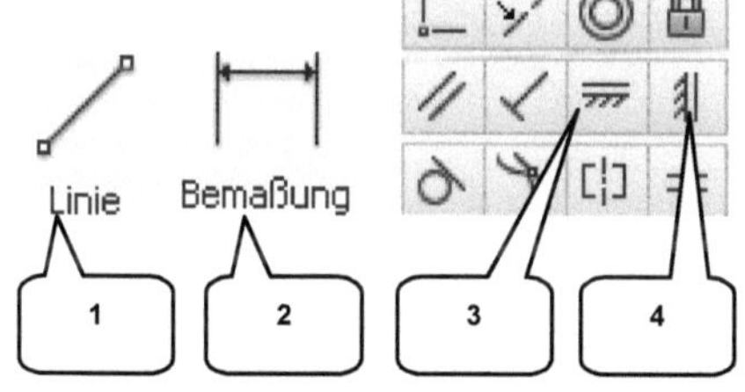

> **Linie** (1)
> Die dargestellte geschlossene Linien-
> kontur aus insgesamt 10 zusammen-
> hängenden Linien zeichnen
> Kontur oberhalb der X-Achse und links
> neben der Y-Achse zeichnen
> **Taste: ESC**

> **Abhängigkeit Horizontal** (3)
> Alle mit (L1) gekennzeichneten Linien
> nacheinander wählen
> **Taste: ESC**

> **Abhängigkeit Vertikal** (4)
> Alle mit (L2) gekennzeichneten Linien
> nacheinander wählen
> **Taste: ESC**

> **Bemaßung** (2)
> Alle Bemaßungen (Längen, Abstände,
> Winkel) wie dargestellt übernehmen
> **Taste: ESC**

> **Skizze fertig stellen**

9.5   Extrudieren der Basiskontur

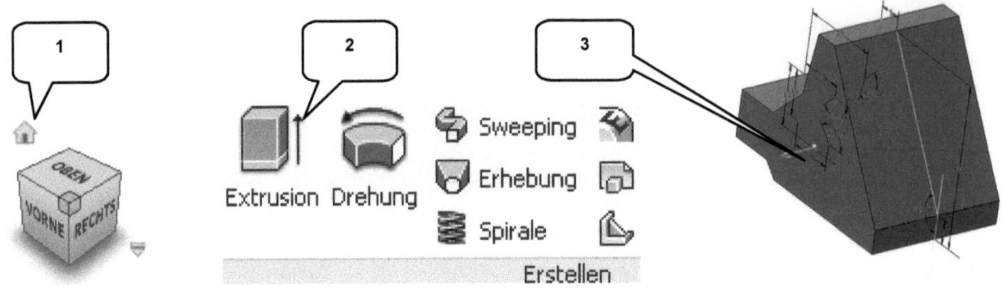

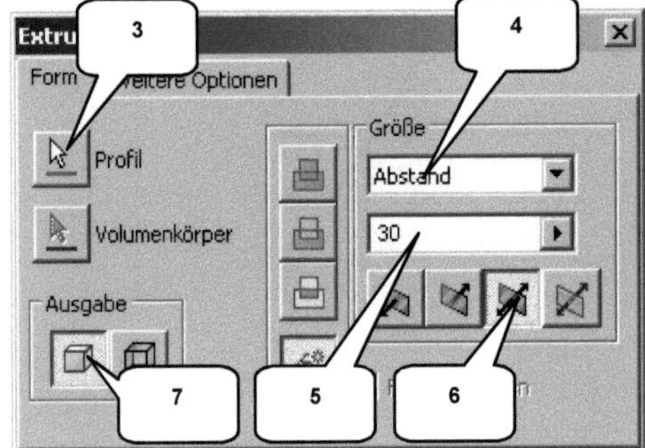

> ***ViewCube-Ansicht: Haussymbol*** (1)

> ***Extrusion*** (2)
> Profil: Kontur (3)
> Größe: Abstand (4)
> Wert: [30] mm (5)
> Richtung: Symmetrisch (6)
> Ausgabe: Volumenkörper (7)
> ***OK***

9.6   2D-Skizze auf XZ-Ebene erzeugen

> Ordner ***Ursprung*** im Modellbaum erweitern
> „XZ-Ebene" im Modellbaum markieren (linke Maustaste) (1)

> ***2D-Skizze starten*** (2)
> ***ViewCube-Ansicht: HINTEN*** (3)

9.7 Achsen projizieren und als Konstruktionsobjekte definieren

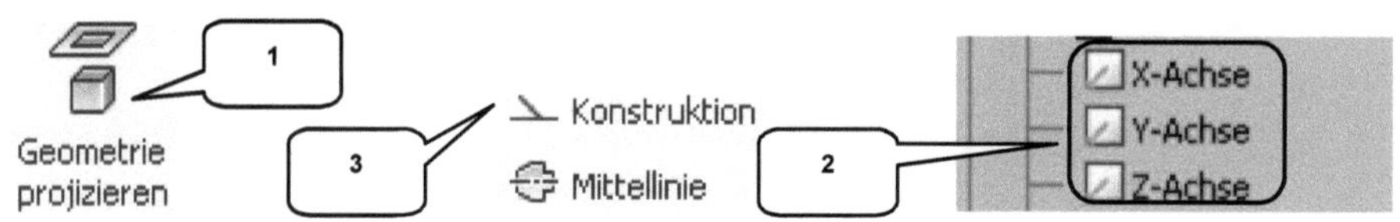

> ➢ **Geometrie projizieren** (1)
> ➢ X-, Y-, Z-Achse wählen (2)
> ➢ **Taste: ESC**
> ➢ Die projizierten Achsen markieren

> ➢ **Konstruktion** (3)
> ➢ **Taste: ESC**
>
> ➢ **Taste: F7** (Skizze freischneiden)

9.8 Zeichnen der Schnittmengengeometrie

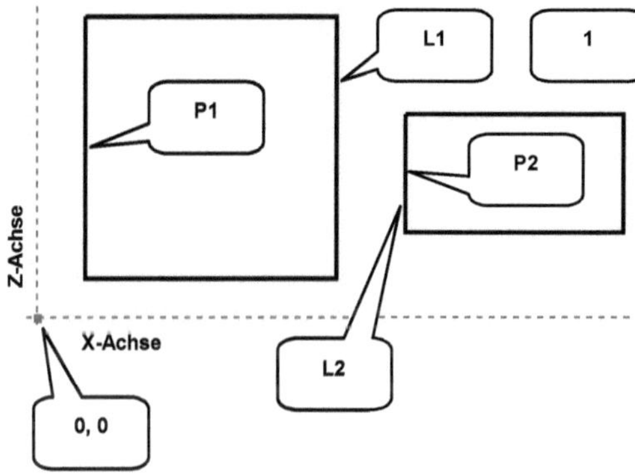

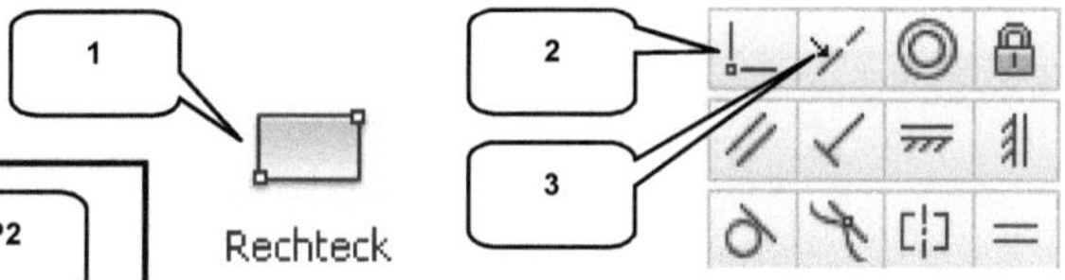

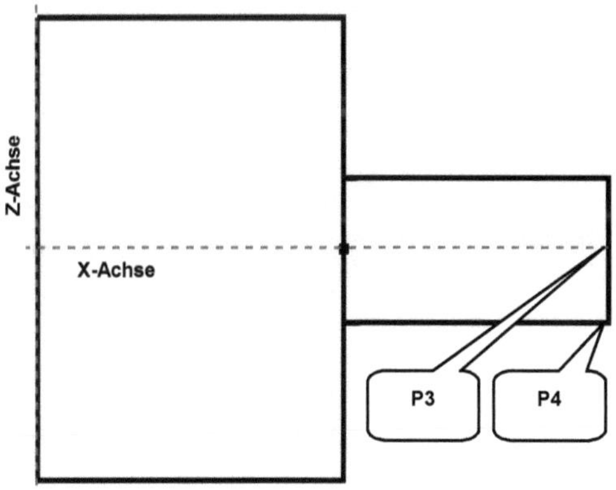

> ➢ **Rechteck** (1)
> ➢ 2 Rechtecke zeichnen wie dargestellt
>   (oberhalb der X-Achse, rechts neben der
>   Z-Achse)
> ➢ **Taste: ESC**

> ➢ **Abhängigkeit Koinzident** (2)
> ➢ Linienmittelpunkt (P1) wählen
> ➢ Koordinatenursprung (0, 0) wählen
> ➢ Linienmittelpunkt (P2) wählen
> ➢ Projizierte X-Achse wählen
> ➢ **Taste: ESC**

> ➢ **Abhängigkeit Kollinear** (3)
> ➢ Linie (L1) wählen
> ➢ Linie (L2) wählen
> ➢ **Taste: ESC**

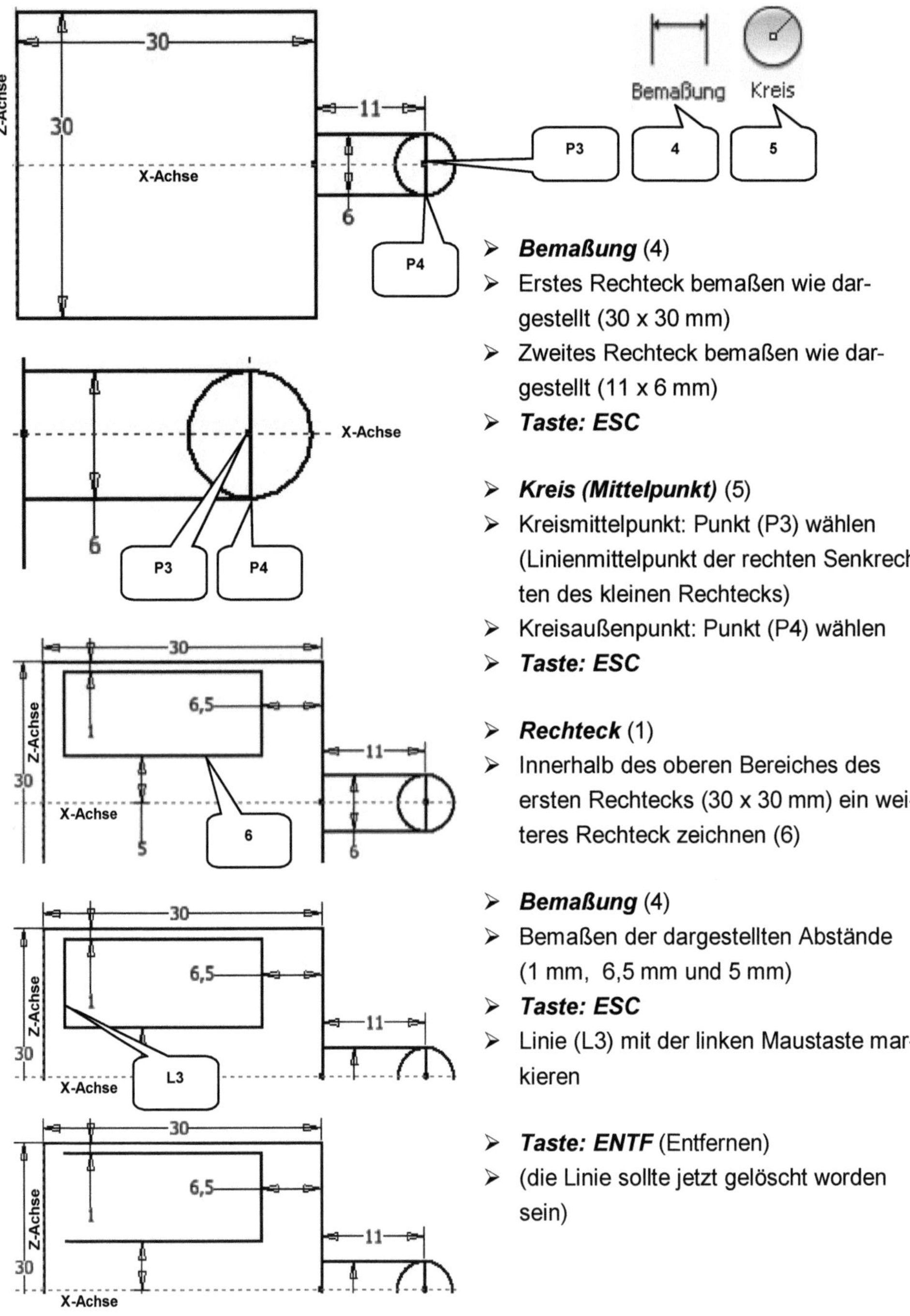

> **Bemaßung** (4)
> Erstes Rechteck bemaßen wie dargestellt (30 x 30 mm)
> Zweites Rechteck bemaßen wie dargestellt (11 x 6 mm)
> **Taste: ESC**

> **Kreis (Mittelpunkt)** (5)
> Kreismittelpunkt: Punkt (P3) wählen (Linienmittelpunkt der rechten Senkrechten des kleinen Rechtecks)
> Kreisaußenpunkt: Punkt (P4) wählen
> **Taste: ESC**

> **Rechteck** (1)
> Innerhalb des oberen Bereiches des ersten Rechtecks (30 x 30 mm) ein weiteres Rechteck zeichnen (6)

> **Bemaßung** (4)
> Bemaßen der dargestellten Abstände (1 mm, 6,5 mm und 5 mm)
> **Taste: ESC**
> Linie (L3) mit der linken Maustaste markieren

> **Taste: ENTF** (Entfernen)
> (die Linie sollte jetzt gelöscht worden sein)

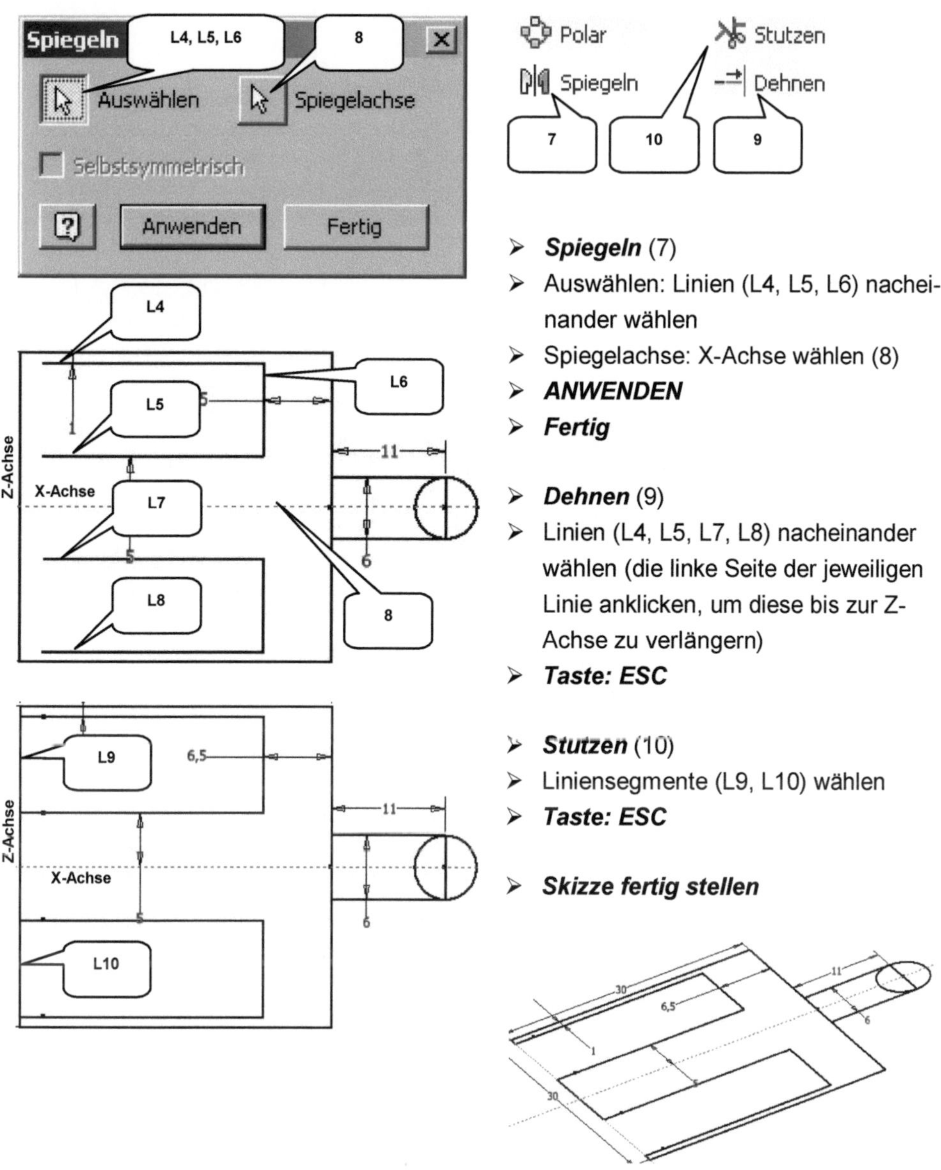

> *Spiegeln* (7)
> Auswählen: Linien (L4, L5, L6) nacheinander wählen
> Spiegelachse: X-Achse wählen (8)
> *ANWENDEN*
> *Fertig*

> *Dehnen* (9)
> Linien (L4, L5, L7, L8) nacheinander wählen (die linke Seite der jeweiligen Linie anklicken, um diese bis zur Z-Achse zu verlängern)
> *Taste: ESC*

> *Stutzen* (10)
> Liniensegmente (L9, L10) wählen
> *Taste: ESC*

> *Skizze fertig stellen*

HINWEIS: Der Befehl *Dehnen* verlängert eine Linie in eine Richtung bis zur nächsten Linie. Hierbei kommt es darauf an, die Linie an der richtigen Seite anzuwählen. Das Programm zeigt vor dem Verlängern eine Vorschau.

9.9 Extrudieren der Schnittmengenkontur

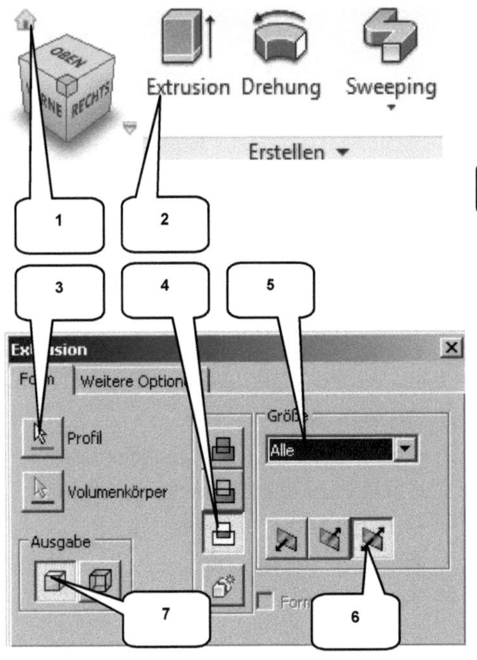

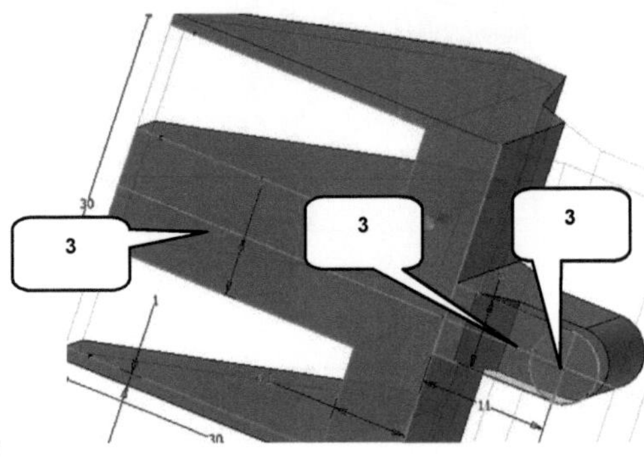

> ***ViewCube-Ansicht: Haussymbol*** (1)

> ***Extrusion*** (2)
> Profil: Kontur, Kreis und Rechteck (3)
> Verfahren: Schnittmenge (4)
> Größe: Alle (5)
> Richtung: Symmetrisch (6)
> Ausgabe: Volumenkörper (7)
> ***OK***

9.10 Befestigungsbohrungen für die Zylinderbolzen einfügen

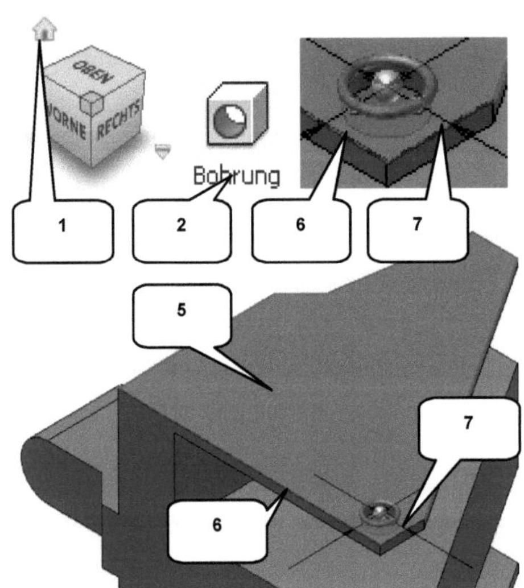

> ***ViewCube-Ansicht: Haussymbol*** (1)

> ***Bohrung*** (2)
> Platzierungstyp: Linear (3)
> Typ: Bohren (4)
> Ebene: Markierte Fläche (5)
> Referenz 1: Kante (6) (Abstand [3] mm)
> Referenz 2: Kante (7) (Abstand [3] mm)
> Bohrungstyp: Einfache Bohrung (8)
> Bohrungsdurchmesser: [3] mm (9)
> (Wert **nicht** durch ***ENTER*** bestätigen!)
> Ausführungstyp: Durch alle (10)
> ***ANWENDEN***

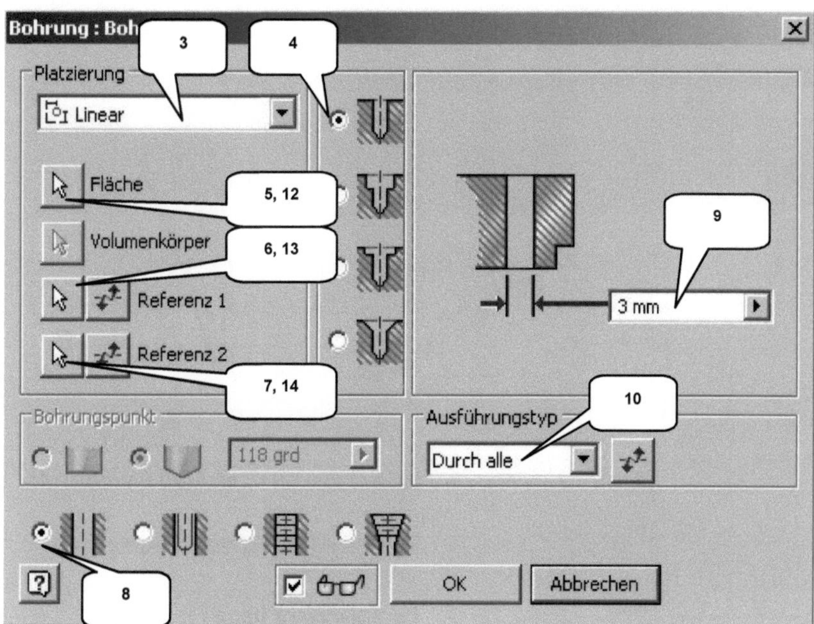

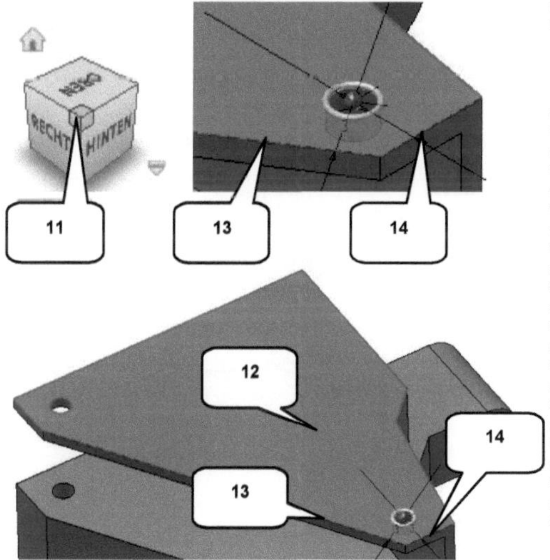

> **ViewCube-Ansicht: Ecke** zwischen den Flächen **OBEN, RECHTS, HINTEN** (11)

> **Bohrung** (2)
> Platzierungstyp: Linear (3)
> Typ: Bohren (4)
> Ebene: Markierte Fläche (12)
> Referenz 1: Kante (13) (Abstand [3] mm)
> Referenz 2: Kante (14) (Abstand [3] mm)
> Bohrungstyp: Einfache Bohrung (8)
> Bohrungsdurchmesser: [3] mm (9)
> (Wert **nicht** durch **ENTER** bestätigen!)
> Ausführungstyp: Durch alle (10)
> **OK**

9.11 Erzeugen einer versetzten Ebene

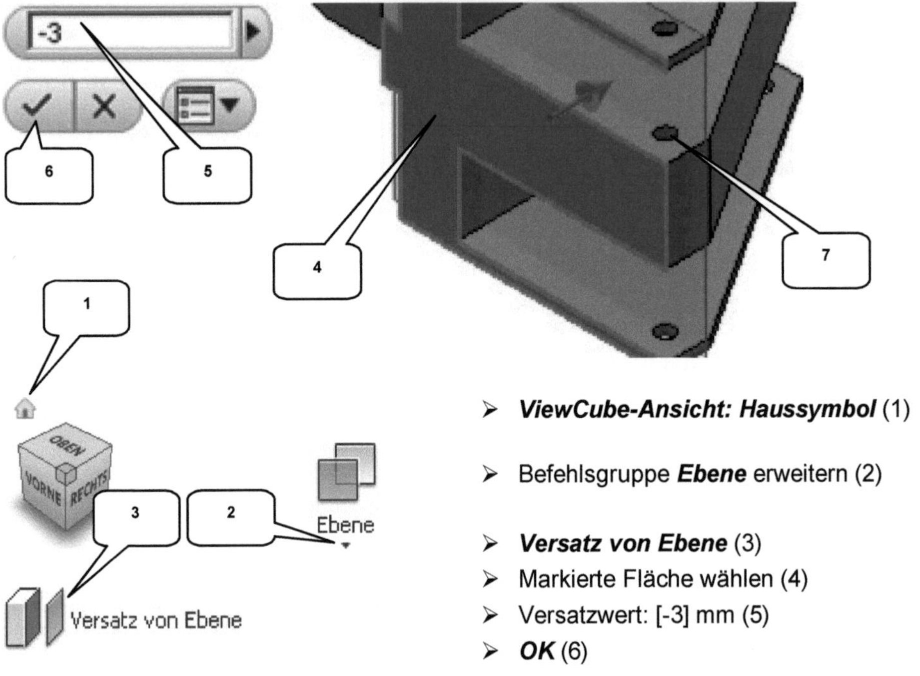

> **ViewCube-Ansicht: Haussymbol** (1)

> Befehlsgruppe **Ebene** erweitern (2)

> **Versatz von Ebene** (3)
> Markierte Fläche wählen (4)
> Versatzwert: [-3] mm (5)
> **OK** (6)

Die neue Ebene sollte in Richtung des Bauteils erzeugt worden sein und die im ersten Schritt erzeugte **Bohrung1** schneiden (7).

9.12 2D-Skizze auf neuer Ebene erstellen

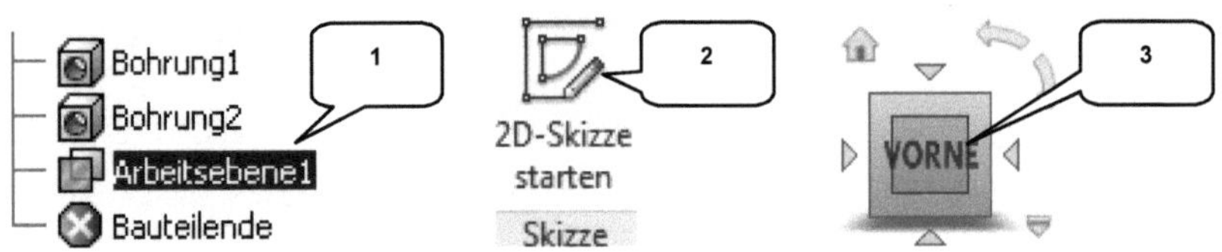

> „Arbeitsebene1" im Modellbaum markieren (linke Maustaste) (1)

> **2D-Skizze starten** (2)
> **ViewCube-Ansicht: VORNE** (3)

> **Taste: F7** (Skizze freischneiden)

9.13 Kanten projizieren, Basiskontur des Schutzblechs zeichnen

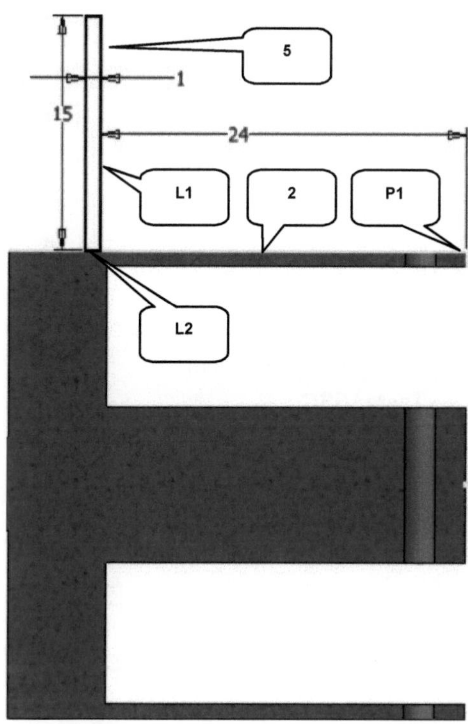

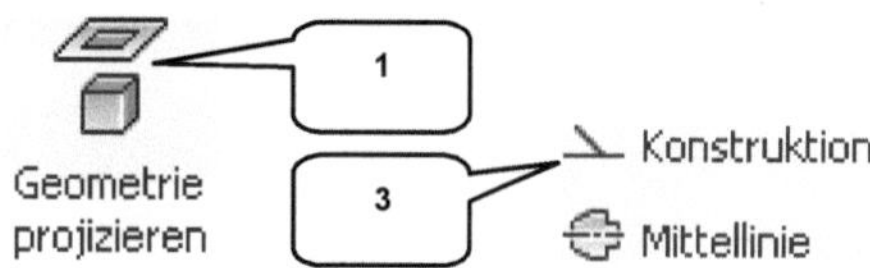

> ➢ **Geometrie projizieren** (1)
> ➢ Markierte Kante wählen (2)
> ➢ **Taste: ESC**
> ➢ Projizierte Kante markieren

> ➢ **Konstruktion** (3)
> ➢ **Taste: ESC**

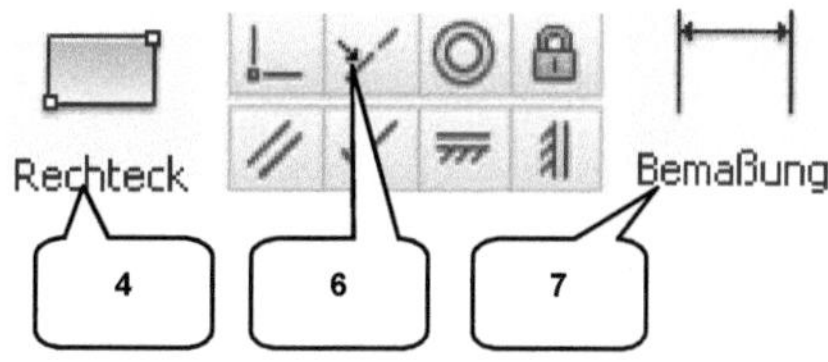

> ➢ **Rechteck** (4)
> ➢ Rechteck oberhalb der projizierten Kante zeichnen (5)
> ➢ **Taste: ESC**

> ➢ **Abhängigkeit Kollinear** (6)
> ➢ Projizierte Linie wählen (2)
> ➢ Untere waagerechte Linie des Rechtecks wählen (L2)
> ➢ **Taste: ESC**

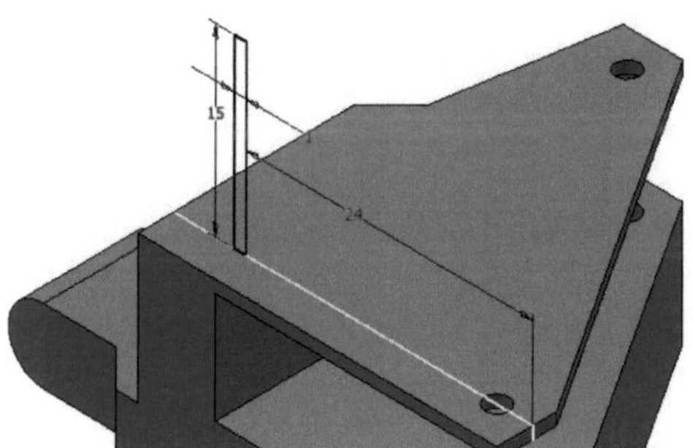

> ➢ **Bemaßung** (7)
> ➢ Rechteck bemaßen (1 x 15 mm)
> ➢ Abstand der Linie (L1) zum Endpunkt der projizierten Linie (P1) bemaßen (24 mm)
> ➢ **Taste: ESC**

> ➢ **Skizze fertig stellen**

9.14 Erzeugen einer Arbeitsachse

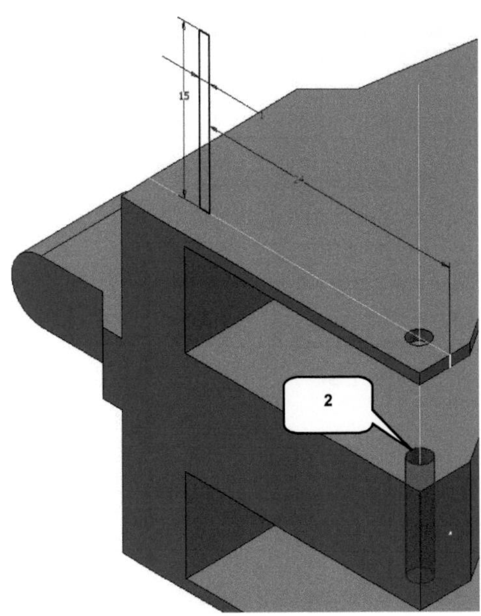

- ➢ **Arbeitsachse** (1)
- ➢ Zylindrische Fläche der „Bohrung1" wählen (2)
- ➢ (Hierfür sollte ausreichend nah herangezoomt werden)
- ➢ **Taste: ESC**

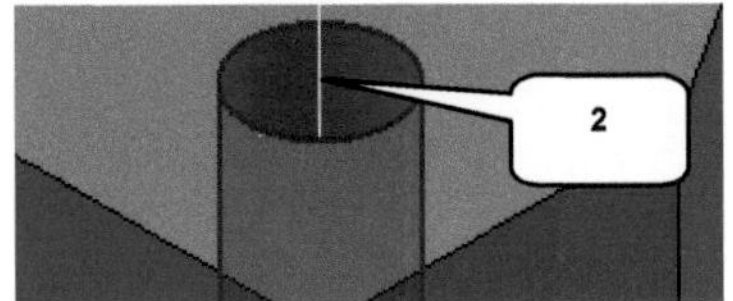

9.15 Drehen der Skizzenkontur um die neu erzeugte Arbeitsachse

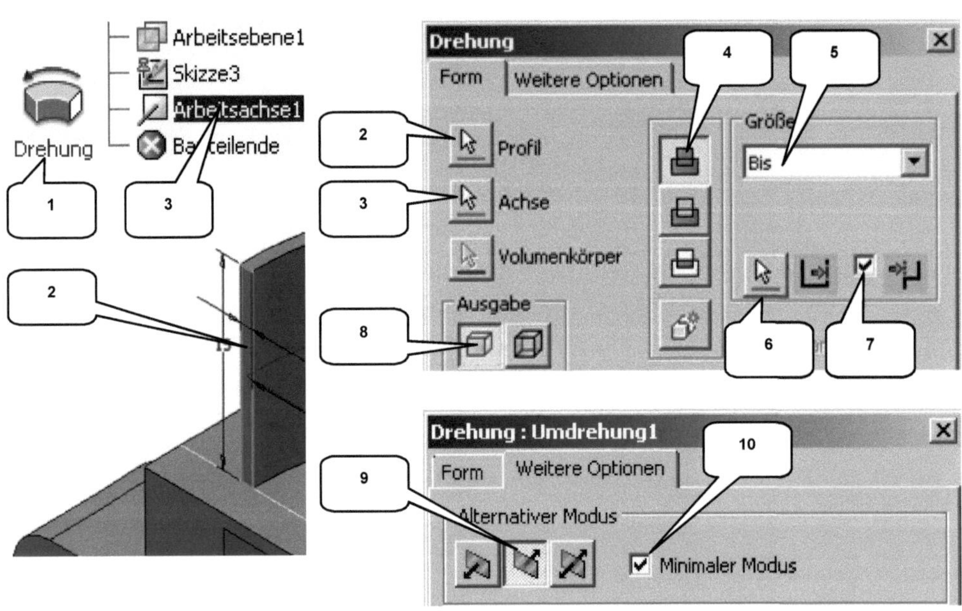

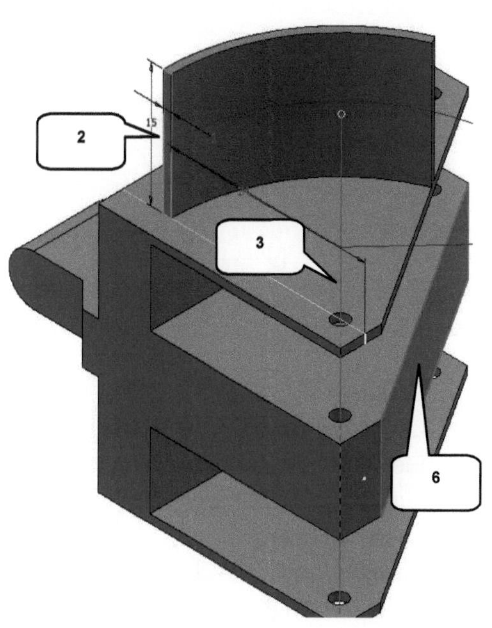

> ***Drehung*** (1)

> <u>Reiter: Form</u>
> Profil: Rechteck (2) wählen
> Achse: „Arbeitsachse1" im Modellbaum wählen (3)
> Verfahren: Vereinigung (4)
> Größe: Bis (5)
> Referenz: Markierte Fläche (6)
> Aktivieren: Drehelement endet ... (7)
> Ausgabe: Volumenkörper (8)

> <u>Reiter: Weitere Optionen</u>
> Richtung: Richtung 2 (9)
> Aktivieren: Minimaler Modus (10)

> ***OK***

9.16 Runden des Schutzblechs

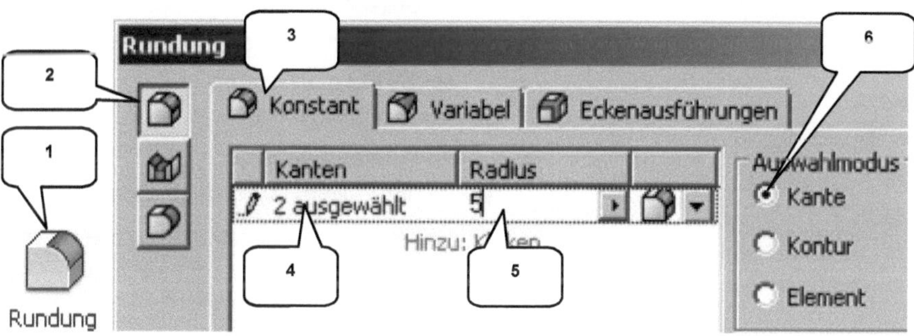

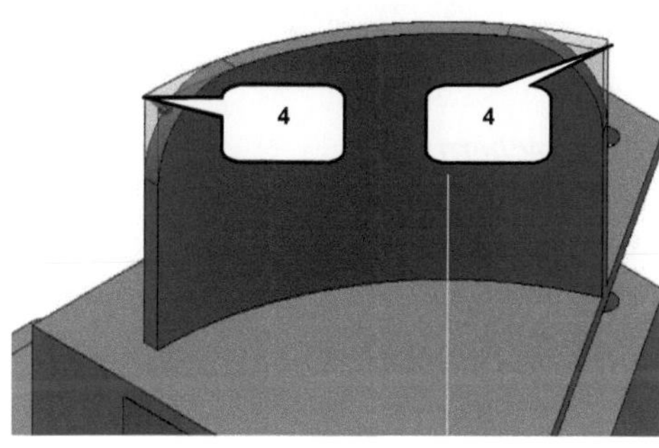

> ***Rundung*** (1)
> Option: Kantenabrundung (2)
> Reiter: Konstant (3)
> Kanten: 2 markierte Kanten wählen (4)
> Radius: [5] mm (5)
> Auswahlmodus: Kante (6)
> ***OK***

9.17 Schutzblech spiegeln

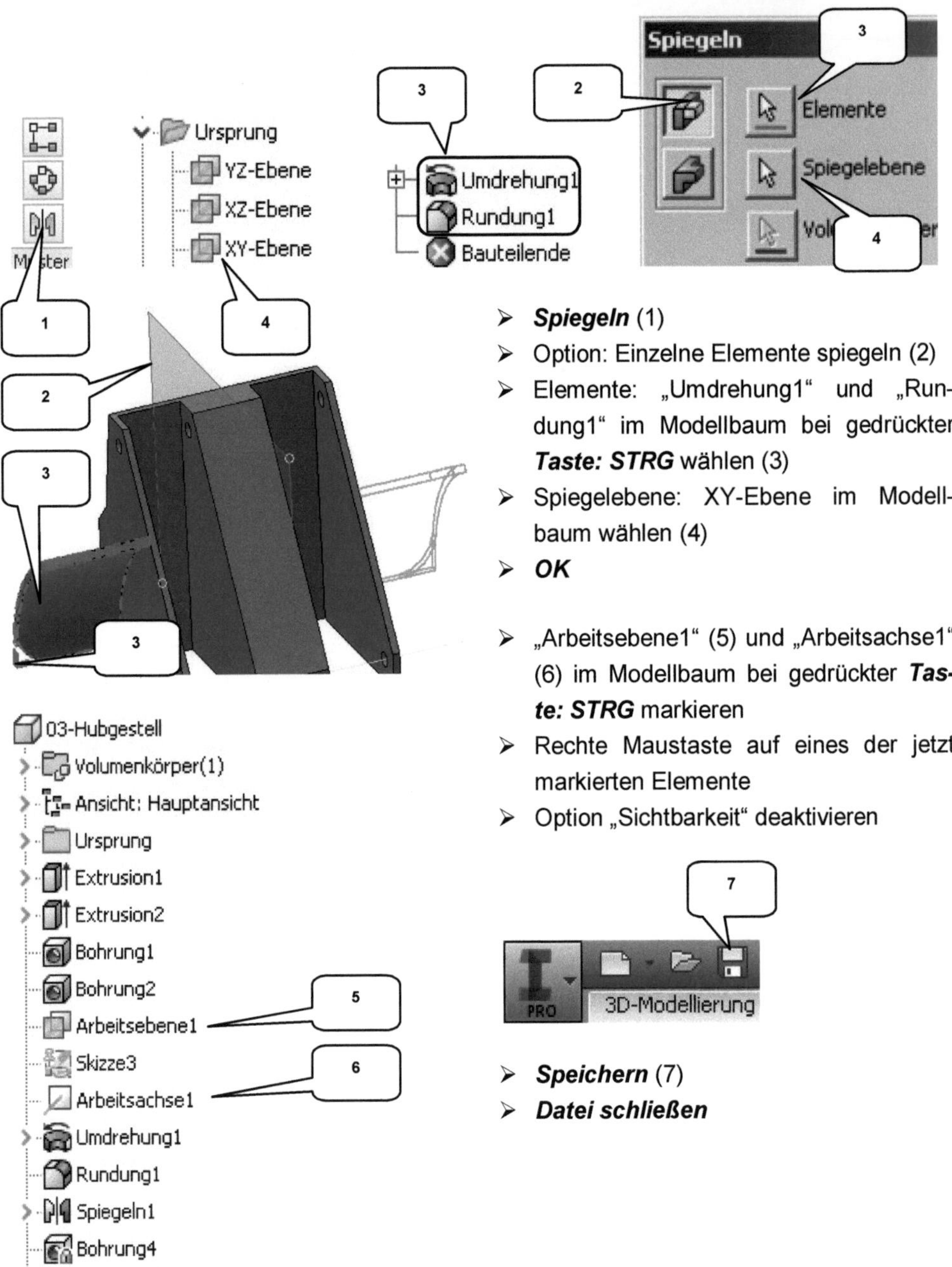

> ➢ **Spiegeln** (1)
> ➢ Option: Einzelne Elemente spiegeln (2)
> ➢ Elemente: „Umdrehung1" und „Rundung1" im Modellbaum bei gedrückter **Taste: STRG** wählen (3)
> ➢ Spiegelebene: XY-Ebene im Modellbaum wählen (4)
> ➢ **OK**

> ➢ „Arbeitsebene1" (5) und „Arbeitsachse1" (6) im Modellbaum bei gedrückter **Taste: STRG** markieren
> ➢ Rechte Maustaste auf eines der jetzt markierten Elemente
> ➢ Option „Sichtbarkeit" deaktivieren

> ➢ **Speichern** (7)
> ➢ **Datei schließen**

10 Bauteil: Ausleger

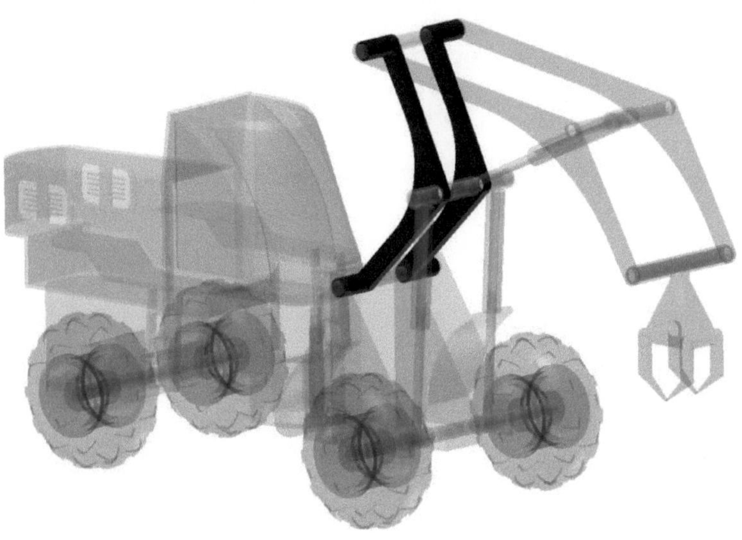

10.1 Bauteil „04-Ausleger" erstellen

> ***Neu*** (1)
> Templates (2)
> Bauteil: Norm.ipt (3)
> ***Erstellen*** (4)

> ***Speichern*** (5)
> Dateiname: [04-Ausleger] (6)
> ***Speichern*** (7)

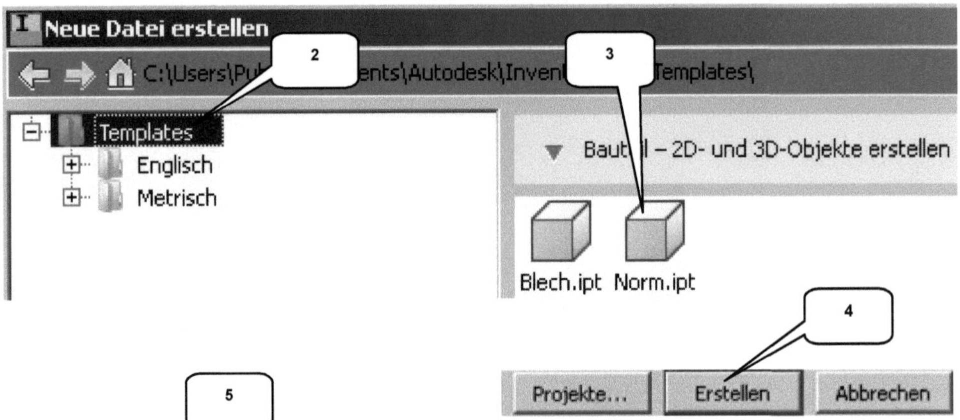

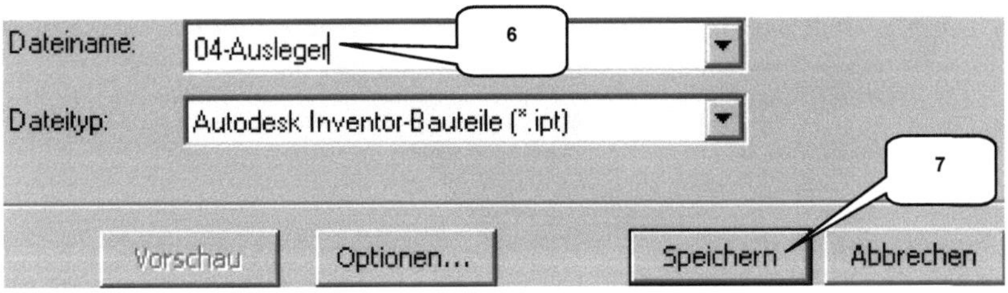

10.2 2D-Skizze auf XY-Ebene öffnen

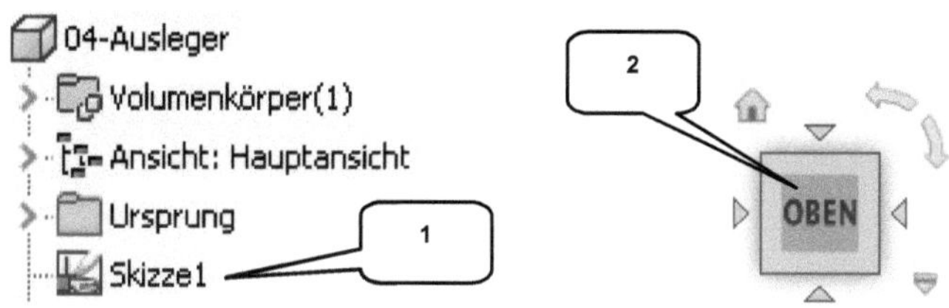

> „Skizze1" im Modellbaum doppelklicken (1)

> *ViewCube-Ansicht: OBEN* (2)

10.3 Achsen projizieren und als Konstruktionsobjekte definieren

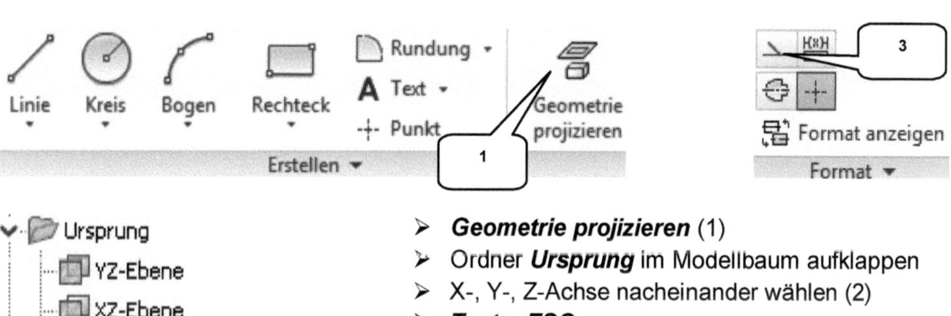

> *Geometrie projizieren* (1)
> Ordner *Ursprung* im Modellbaum aufklappen
> X-, Y-, Z-Achse nacheinander wählen (2)
> *Taste: ESC*
> Die projizierten Achsen markieren

> *Konstruktion* (3)
> *Taste: ESC*

10.4 Zeichnen der Basiskontur

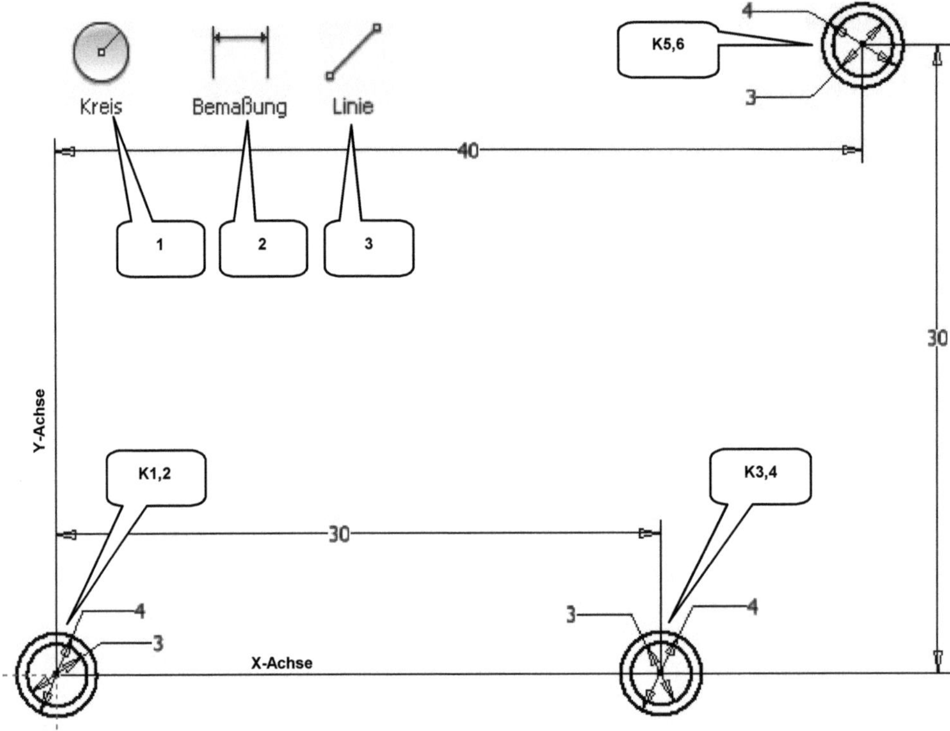

> ***Kreis durch Mittelpunkt*** (1)
> 6 Kreise zeichnen wie dargestellt
> (D1= [3] mm, D2= [4] mm) (K1...6)
> ***Taste: ESC***

> ***Bemaßung*** (2)
> Bemaßen wie dargestellt
> ***Taste: ESC***

> ***Linie*** (3)
> Linie (L1) zeichnen (Zw. den Kreis-
> außenpunkten P1 und P2)
> Linie (L2) zeichnen (Zw. den Kreis-
> außenpunkten P3 und P4)

> Linie (L3) zeichnen (Zw. den Kreis-
> außenpunkten P2 und P5)
> Linie (L4) zeichnen (rechts neben der
> Kontur wie dargestellt)
> ***Taste: ESC***

> ***Abhängigkeit Tangential*** (4)
> Linie (L4) und Kreis (K4) nachein-
> ander wählen (Kreis mit D= 4mm)
> Linie (L4) und Kreis (K6) nachein-
> ander wählen (Kreis mit D= 4mm)
> ***Taste: ESC***

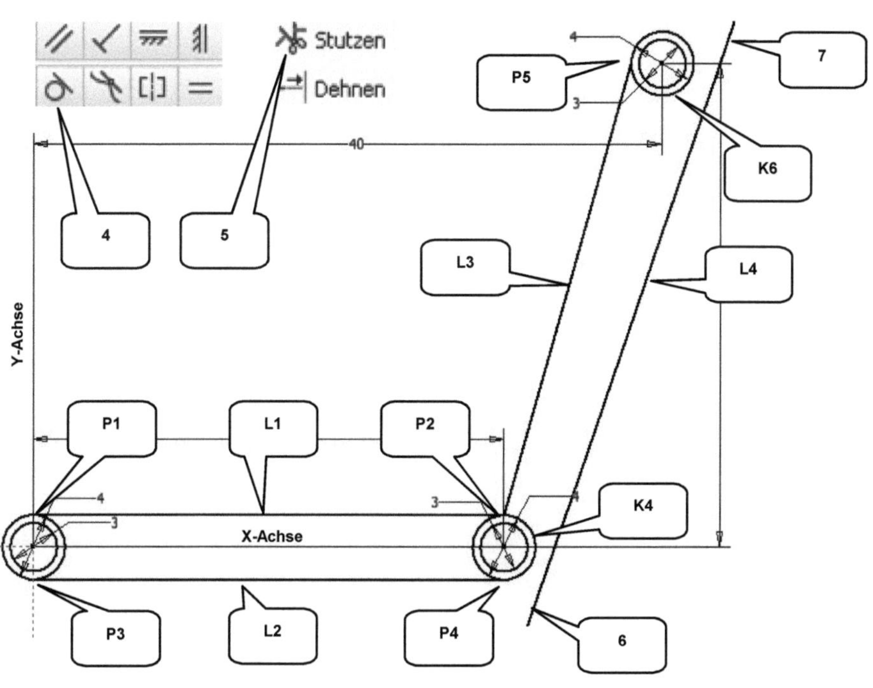

- ➢ **Stutzen** (5)
- ➢ Linienende (6) wählen
- ➢ Linienende (7) wählen

- ➢ **Taste: ESC**

- ➢ **Skizze fertig stellen**

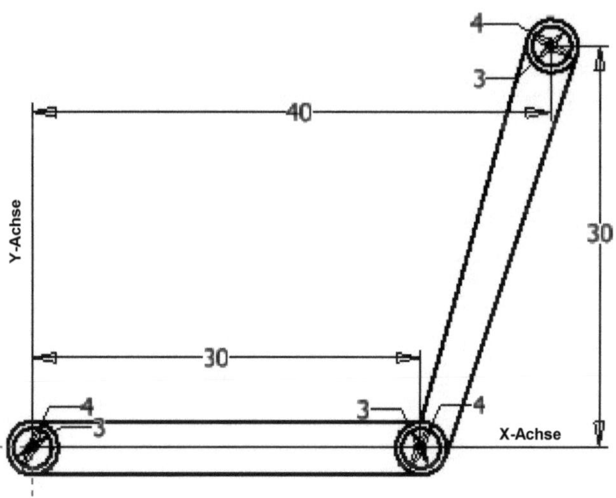

10.5 Extrudieren der beiden äußeren Kreisringe

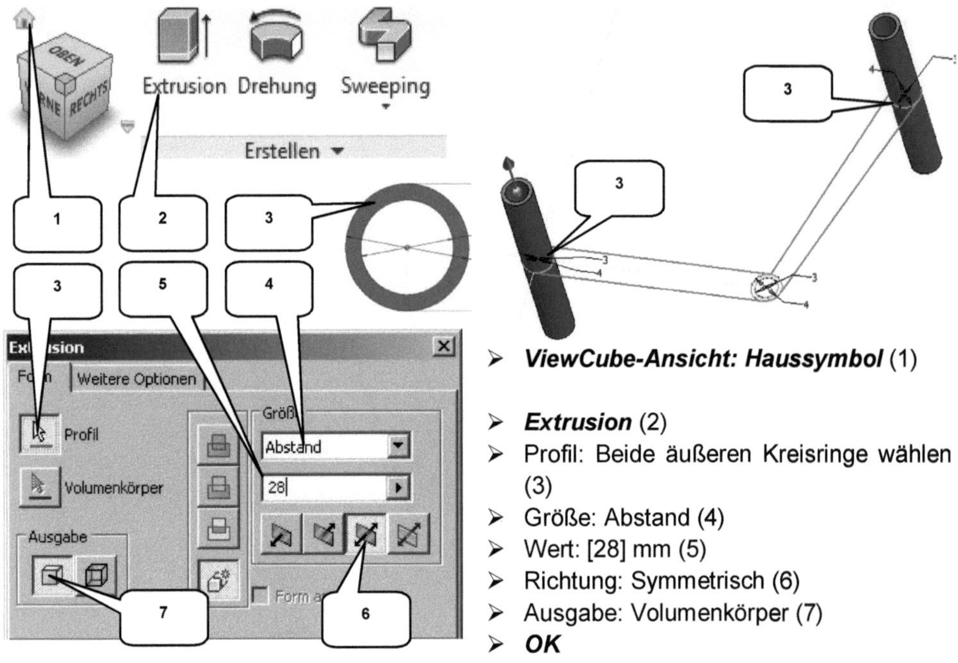

> **ViewCube-Ansicht: Haussymbol** (1)

> **Extrusion** (2)
> Profil: Beide äußeren Kreisringe wählen (3)
> Größe: Abstand (4)
> Wert: [28] mm (5)
> Richtung: Symmetrisch (6)
> Ausgabe: Volumenkörper (7)
> **OK**

Nur die beiden äußeren Kreisringe sollen extrudiert werden (Bereich zwischen den Kreisen D=3 mm und D=4 mm). Das Ergebnis sollten zwei Rohre der Länge 28 mm sein.

10.6 Skizze wieder verwenden

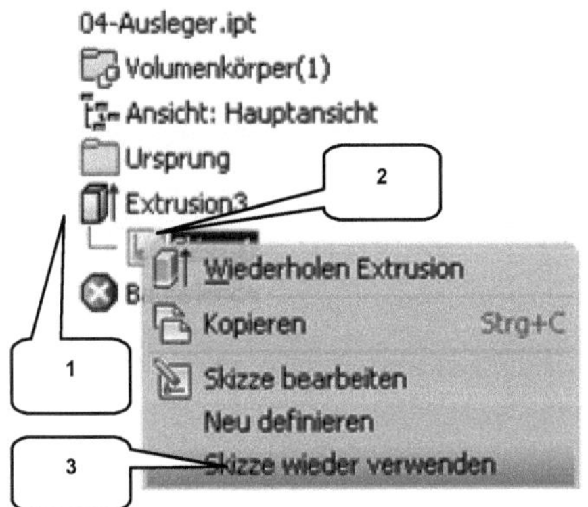

> Extrusion im Modellbaum erweitern (1)
> Rechte Maustaste auf die darin enthaltene Skizze (2)
> Option: Skizze wieder verwenden (3)

Bereits in einem 3D-Befehl verwendete Skizzen können mit diesem Befehl reaktiviert werden.

10.7 Extrudieren der Zwischenbereiche

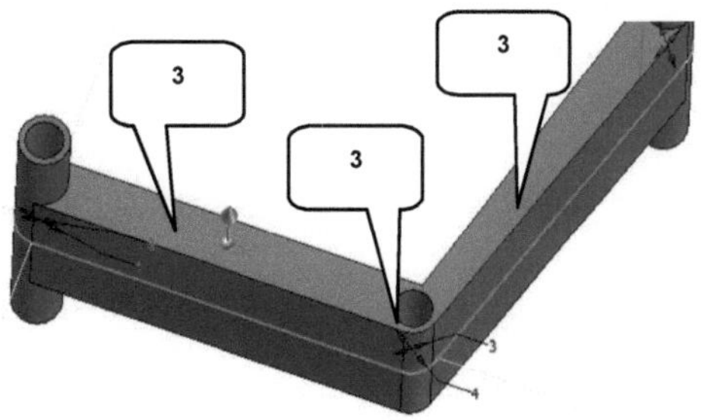

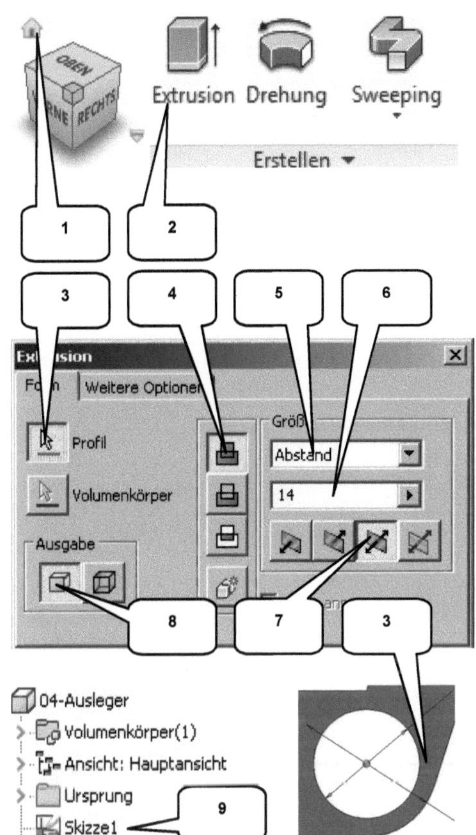

> **ViewCube-Ansicht: Haussymbol** (1)

> **Extrusion** (2)
> Profil: Mittlerer Kreisring und beide Zwischenbereiche (3)
> Verfahren: Vereinigung (4)
> Größe: Abstand (5)
> Wert: [14] mm (6)
> Richtung: Symmetrisch (7)
> Ausgabe: Volumenkörper (8)
> **OK**

> Rechte Maustaste auf die reaktivierte Skizze im Modellbaum (9)
> Option „Sichtbarkeit" deaktivieren

10.8 Runden der inneren Kante

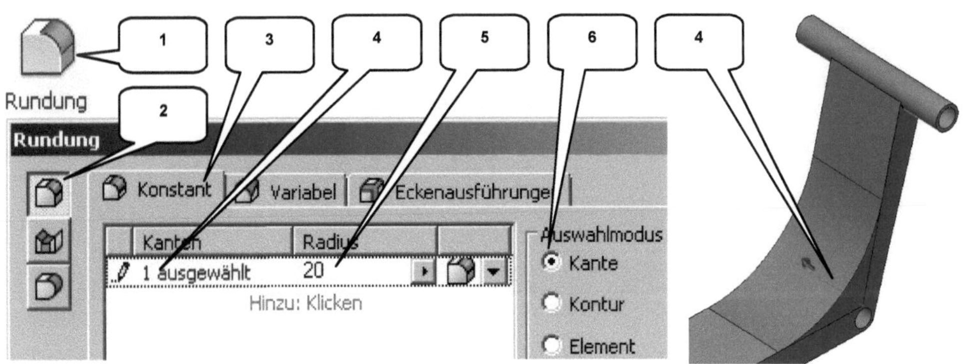

- > ***Rundung*** (1)
- > Option: Kantenabrundung (2)
- > Reiter: Konstant (3)
- > Kanten: Markierte Kante wählen (4)

- > Radius: [20] mm (5)
- > Auswahlmodus: Kante (6)
- > ***OK***

10.9 2D-Skizze auf der XZ-Ebene erzeugen

- > Ordner ***Ursprung*** im Modellbaum erweitern (1)
- > „XZ-Ebene" im Modellbaum markieren (linke Maustaste) (2)

- > ***2D-Skizze starten*** (3)
- > ***ViewCube-Ansicht: HINTEN*** (4)

10.10 Achsen projizieren und als Konstruktionsobjekte definieren

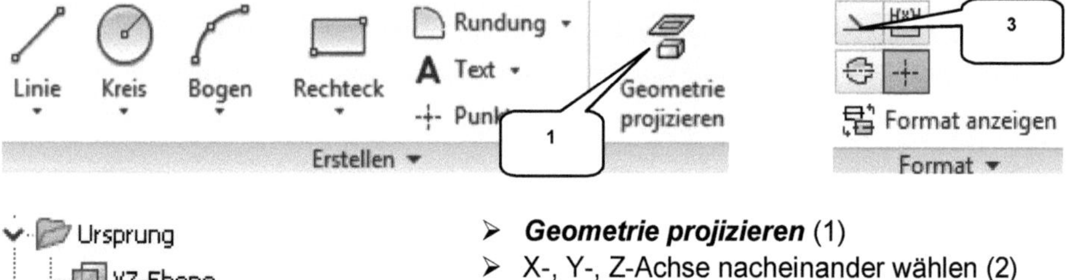

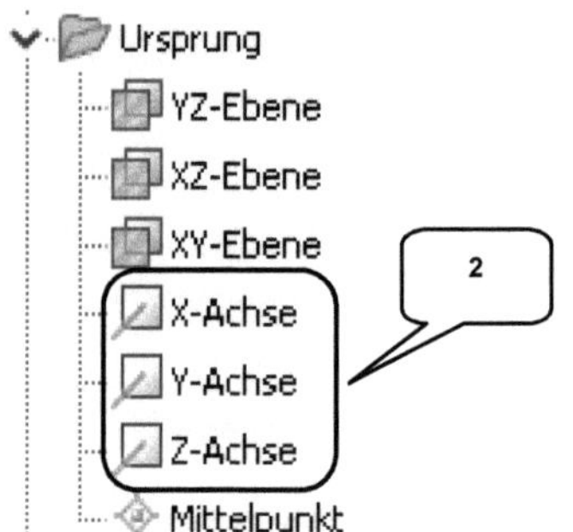

- > ***Geometrie projizieren*** (1)
- > X-, Y-, Z-Achse nacheinander wählen (2)
- > ***Taste: ESC***
- > Die projizierten Achsen markieren

- > ***Konstruktion*** (3)
- > ***Taste: ESC***

- > ***Taste: F7*** (Skizze freischneiden)

10.11 Zeichnen der Subtraktionsgeometrie

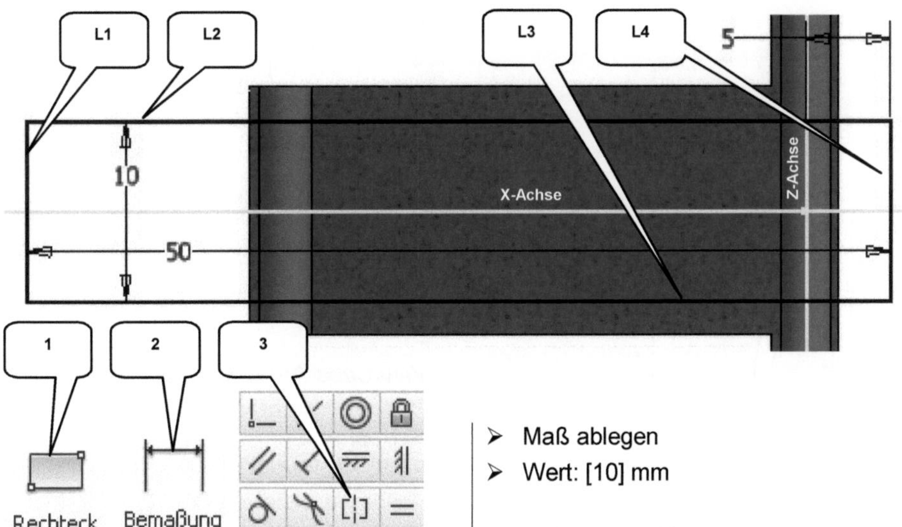

> **Rechteck** (1)
> Rechteck zeichnen wie dargestellt
> **Taste: ESC**

> **Bemaßung** (2)
> Linie (L1) wählen
> Linie (L4) wählen
> Maß ablegen
> Wert: [50] mm

> Linie (L2) wählen
> Linie (L3) wählen

> Maß ablegen
> Wert: [10] mm

> Linie (L4) wählen
> Z-Achse wählen
> Maß ablegen
> Wert: [5] mm
> **Taste: ESC**

> **Abhängigkeit Symmetrisch** (3)
> Linie (L2) wählen
> Linie (L3) wählen
> Projizierte X-Achse wählen
> **Taste: ESC**

> **Skizze fertig stellen**

*Beim Bemaßen des Abstandes zwischen Linie (L4) und der Z-Achse ist darauf zu achten, dass die Linie (L4) **rechts** neben der **Z-Achse** liegt.*

10.12 Extrudieren der Differenzkontur

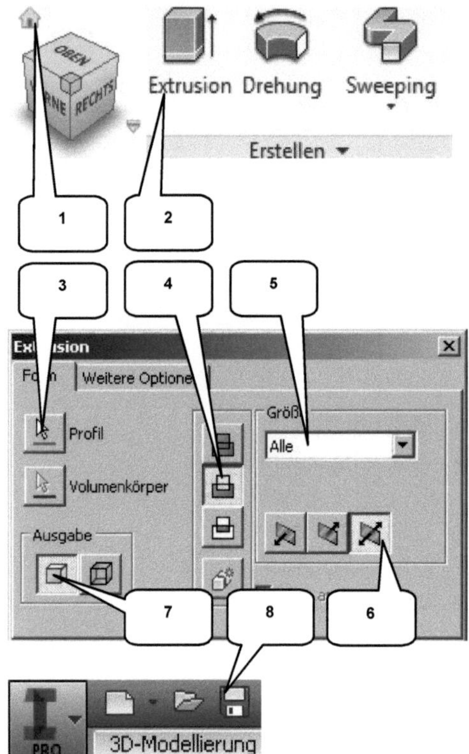

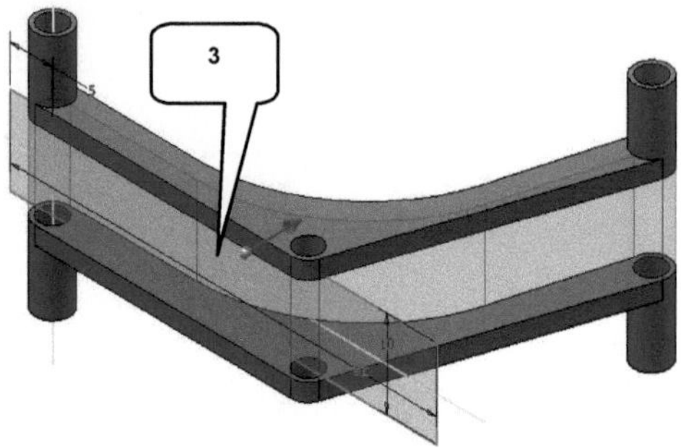

> **ViewCube-Ansicht: Haussymbol** (1)

> **Extrusion** (2)
> Profil: Rechteck (3)
> Verfahren: Differenz (4)
> Größe: Alle (5)
> Richtung: Symmetrisch (6)
> Ausgabe: Volumenkörper (7)
> **OK**

> **Speichern** (8)
> **Datei schließen**

11 Bauteil: Greiferstiel

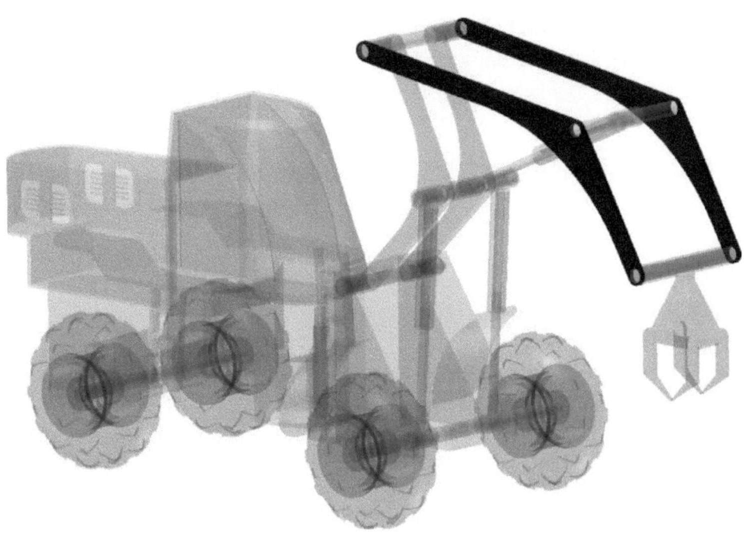

11.1 Bauteil „05-Greiferstiel" erstellen

> *Neu* (1)
> Templates (2)
> Bauteil: Norm.ipt (3)
> *Erstellen* (4)

> *Speichern* (5)
> Dateiname: [05-Greiferstiel] (6)
> *Speichern* (7)

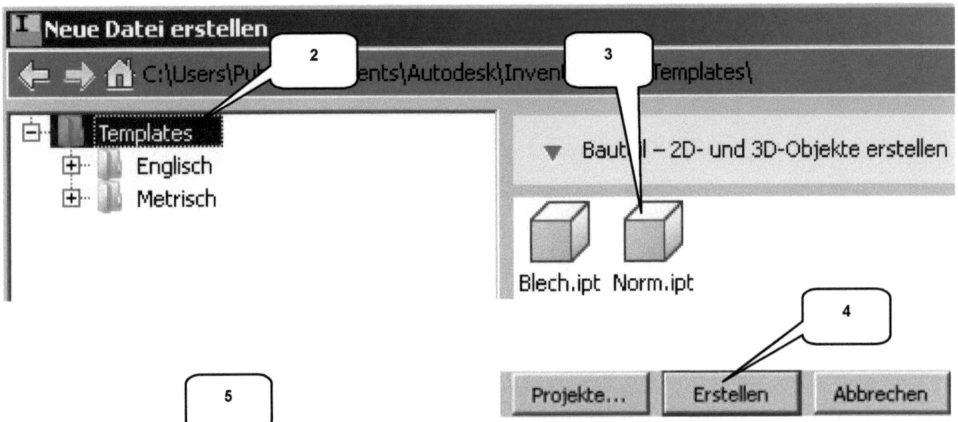

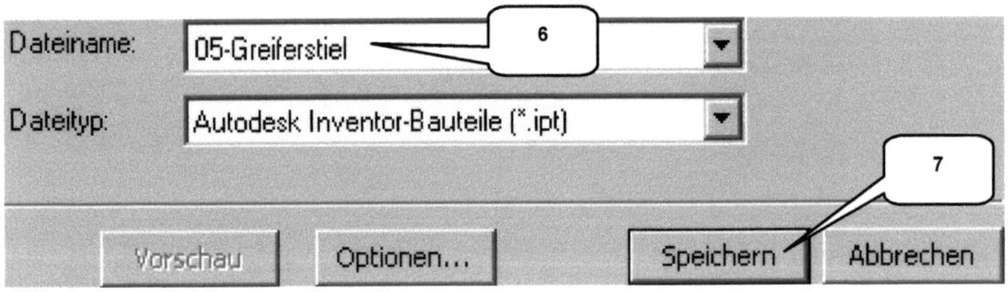

11.2 2D-Skizze auf XY-Ebene öffnen

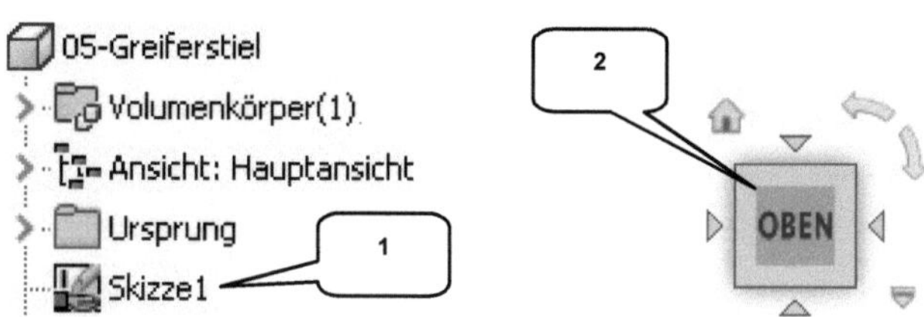

> „Skizze1" im Modellbaum doppelklicken (linke Maustaste) (1)

> *ViewCube-Ansicht: OBEN* (2)

11.3 Achsen projizieren und als Konstruktionsobjekte definieren

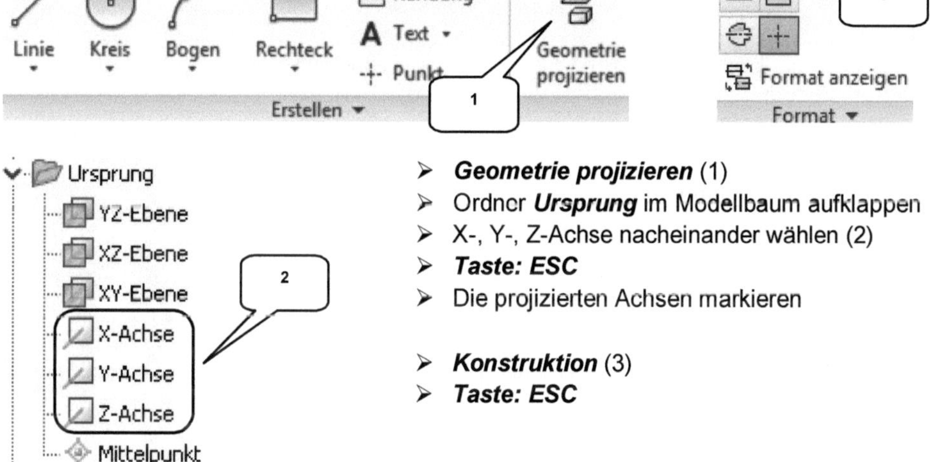

> *Geometrie projizieren* (1)
> Ordner *Ursprung* im Modellbaum aufklappen
> X-, Y-, Z-Achse nacheinander wählen (2)
> *Taste: ESC*
> Die projizierten Achsen markieren

> *Konstruktion* (3)
> *Taste: ESC*

11.4 Zeichnen der Basiskontur

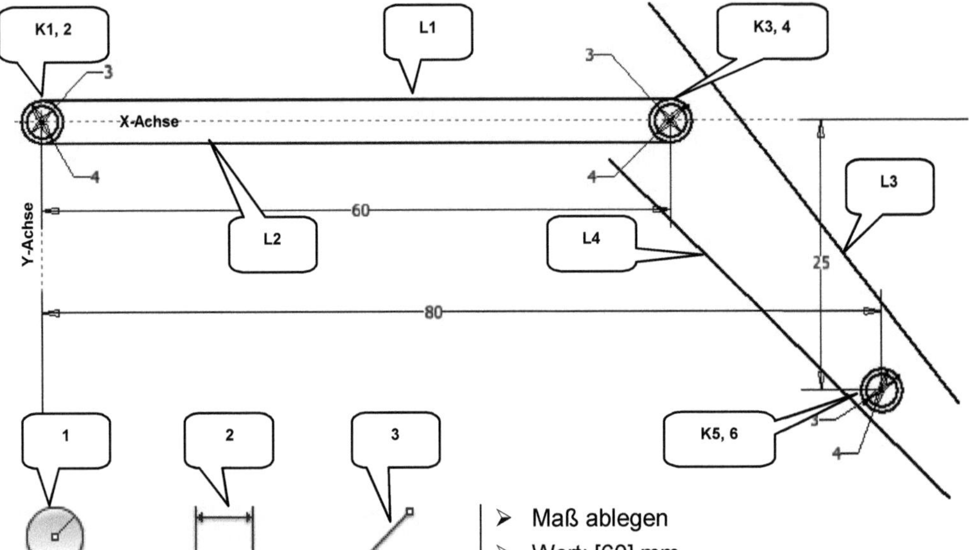

- ➤ **Kreis durch Mittelpunkt** (1)
- ➤ Zwei konzentrische Kreise im Koordinatenursprung zeichnen (D1= [3] mm, D2= [4] mm) (K1,2)
- ➤ Zwei konzentrische Kreise (D1= [3] mm, D2= [4] mm) auf der X-Achse und rechts neben der Y-Achse zeichnen (K3,4)
- ➤ Zwei konzentrische Kreise (D1= [3] mm, D2= [4] mm) unterhalb der X-Achse und rechts neben der Y-Achse zeichnen (K5,6)
- ➤ **Taste: ESC**

- ➤ **Bemaßung** (2)
- ➤ Mittelpunkte der Kreise (K3,4) wählen
- ➤ Projizierte Y-Achse wählen

- ➤ Maß ablegen
- ➤ Wert: [60] mm
- ➤ Mittelpunkte der Kreise (K5,6) wählen
- ➤ Projizierte Y-Achse wählen
- ➤ Maß ablegen
- ➤ Wert: [80] mm
- ➤ Mittelpunkte der Kreise (K5,6) wählen
- ➤ Projizierte X-Achse wählen
- ➤ Maß ablegen
- ➤ Wert: [25] mm
- ➤ **Taste: ESC**

- ➤ **Linie** (3)
- ➤ Linie (L1) zeichnen (Linie verbindet die oberen Kreispunkte von K1,2 und K3,4)
- ➤ Linie (L2) zeichnen (Linie verbindet die unteren Kreispunkte von K1,2 und K3,4)
- ➤ Eine freiliegende Linie (L3) zeichnen
- ➤ Eine freiliegende Linie (L4) zeichnen
- ➤ **Taste: ESC**

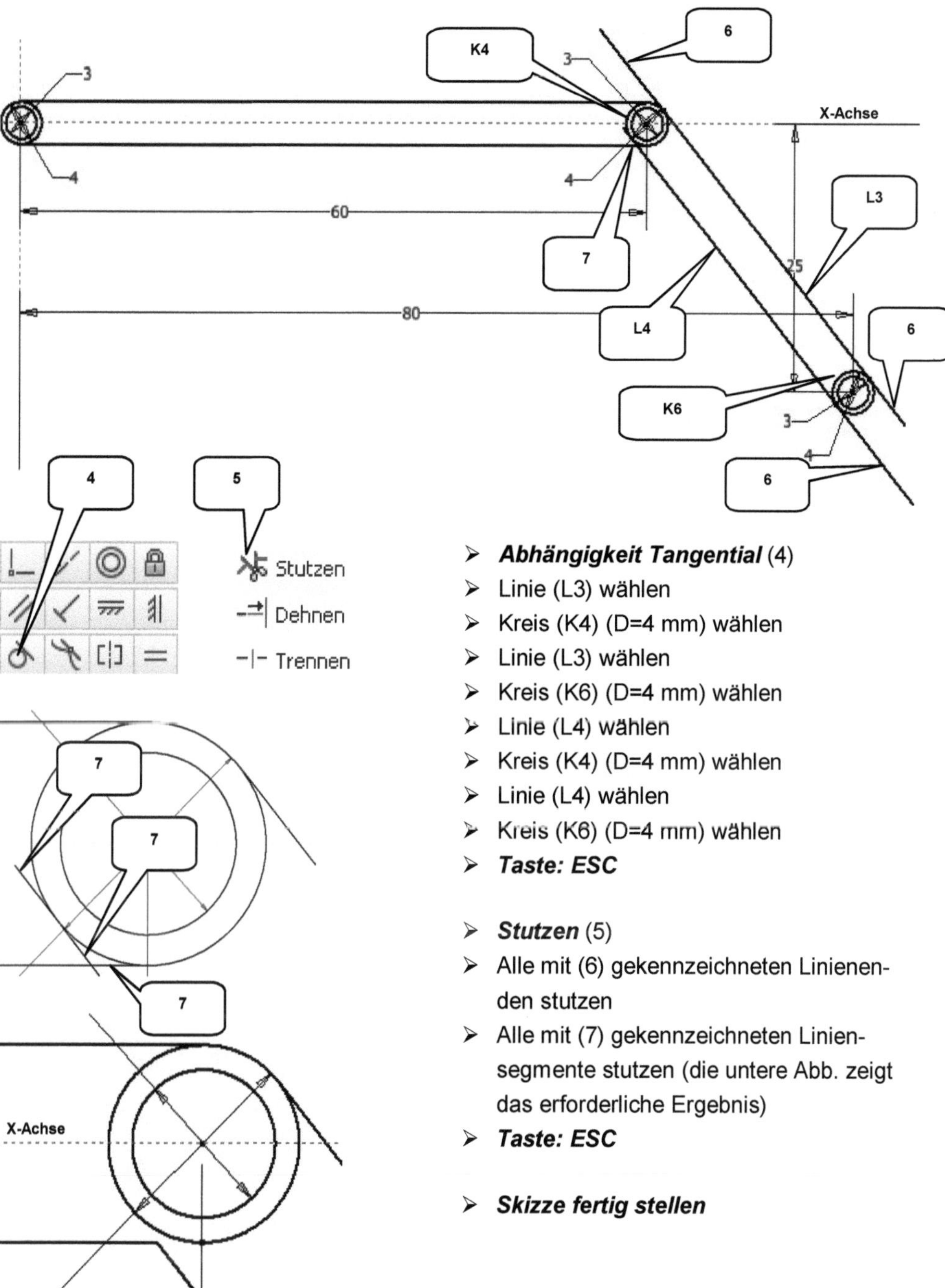

- ➤ *Abhängigkeit Tangential* (4)
- ➤ Linie (L3) wählen
- ➤ Kreis (K4) (D=4 mm) wählen
- ➤ Linie (L3) wählen
- ➤ Kreis (K6) (D=4 mm) wählen
- ➤ Linie (L4) wählen
- ➤ Kreis (K4) (D=4 mm) wählen
- ➤ Linie (L4) wählen
- ➤ Kreis (K6) (D=4 mm) wählen
- ➤ *Taste: ESC*

- ➤ *Stutzen* (5)
- ➤ Alle mit (6) gekennzeichneten Linienen-
  den stutzen
- ➤ Alle mit (7) gekennzeichneten Linien-
  segmente stutzen (die untere Abb. zeigt
  das erforderliche Ergebnis)
- ➤ *Taste: ESC*

- ➤ *Skizze fertig stellen*

11.5 Extrudieren der Basiskontur

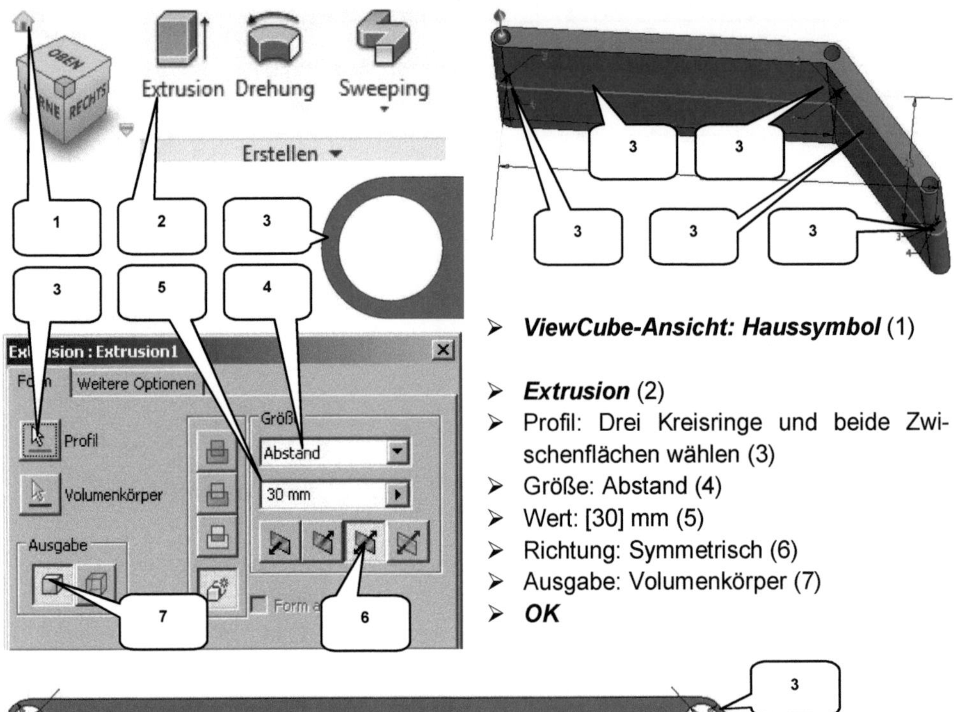

> **ViewCube-Ansicht: Haussymbol** (1)

> **Extrusion** (2)
> Profil: Drei Kreisringe und beide Zwischenflächen wählen (3)
> Größe: Abstand (4)
> Wert: [30] mm (5)
> Richtung: Symmetrisch (6)
> Ausgabe: Volumenkörper (7)
> **OK**

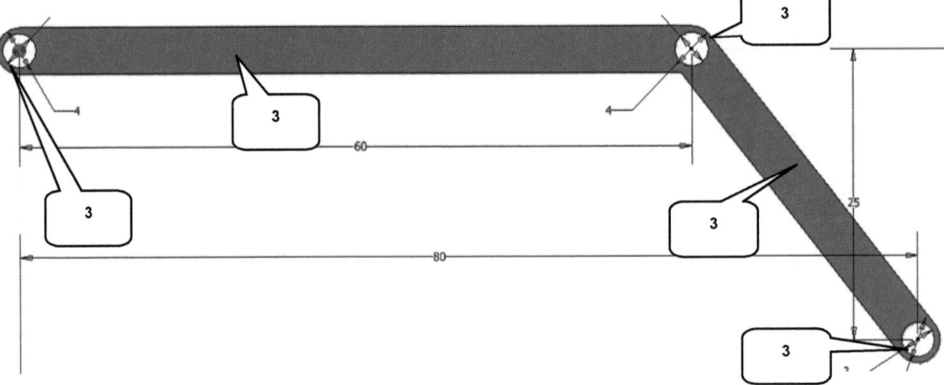

Neben den beiden großflächigen Konturen sind die 3 Kreisflächen (Bereiche zwischen den Durchmessern 3 und 4 mm) zu extrudieren. Die Bohrungen (D=3 mm) sollen nicht extrudiert werden.

11.6 Runden der inneren Kante

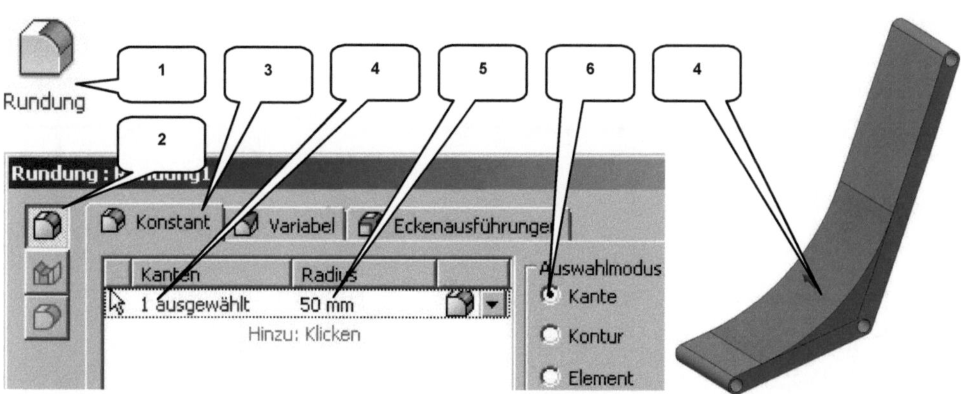

- ➤ **Rundung** (1)
- ➤ Option: Kantenabrundung (2)
- ➤ Reiter: Konstant (3)
- ➤ Kanten: Markierte Kante wählen (4)

- ➤ Radius: [50] mm (5)
- ➤ Auswahlmodus: Kante wählen (5)
- ➤ **OK**

11.7 2D-Skizze auf der XZ-Ebene erzeugen

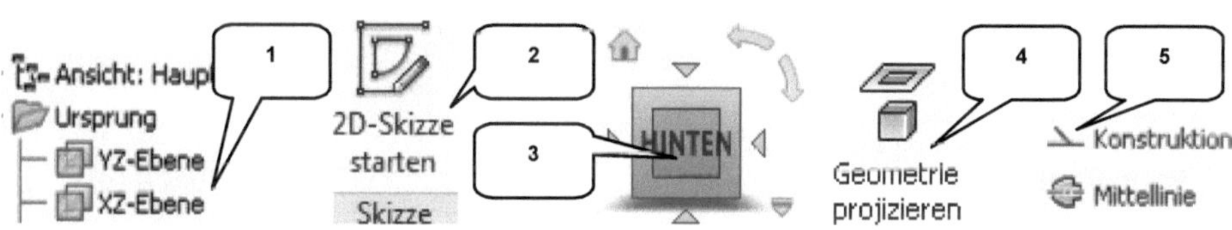

- ➤ „XZ-Ebene" im Modellbaum markieren (linke Maustaste) (1)

- ➤ **2D-Skizze starten** (2)
- ➤ **ViewCube-Ansicht: HINTEN** (3)

- ➤ **Taste: F7** (Skizze freischneiden)

- ➤ **Geometrie projizieren** (4)
- ➤ X-, Y-, Z-Achse nacheinander wählen
- ➤ **Taste: ESC**
- ➤ Die projizierten Achsen markieren

- ➤ **Konstruktion** (5)
- ➤ **Taste: ESC**

11.8 Zeichnen der Subtraktionsgeometrie

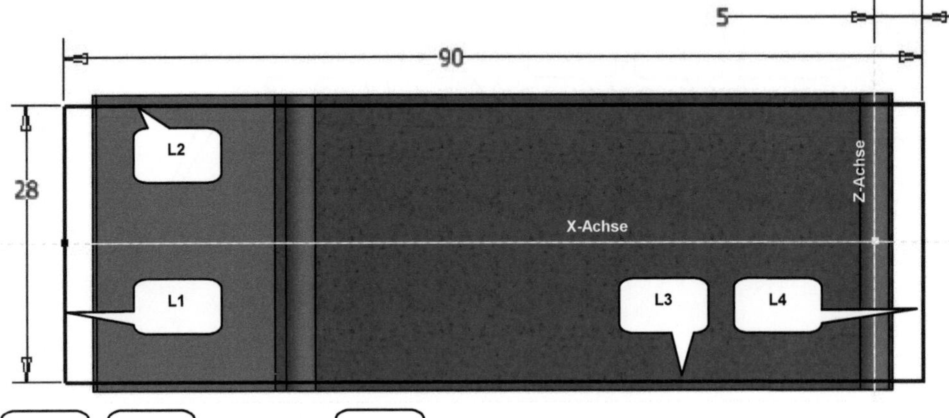

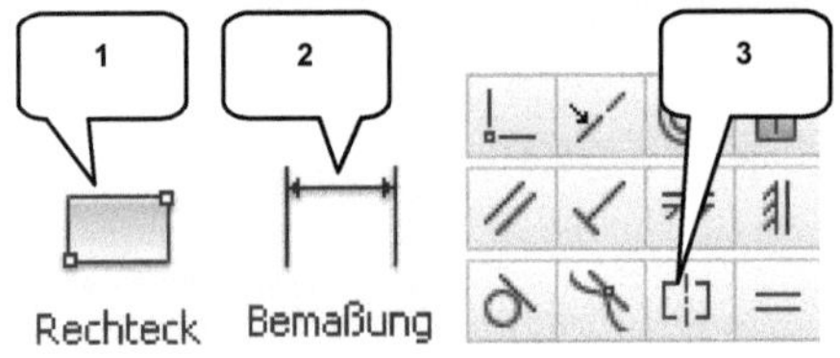

> **Rechteck** (1)
> Rechteck zeichnen wie dargestellt
> **Taste: ESC**

> **Bemaßung** (2)

> Linie (L1) wählen
> Linie (L4) wählen
> Maß ablegen
> Wert: [90] mm

> Linie (L2) wählen
> Linie (L3) wählen

> Maß ablegen
> Wert: [28] mm

> Linie (L4) wählen
> Projizierte Z-Achse wählen
> Maß ablegen
> Wert: [5] mm
> **Taste: ESC**

> **Abhängigkeit Symmetrisch** (3)
> Linie (L2) wählen
> Linie (L3) wählen
> Projizierte X-Achse wählen
> **Taste: ESC**

> **Skizze fertig stellen**

Auch bei diesem Rechteck muss die rechte Senkrechte 5 mm rechts neben der Z-Achse liegen.

11.9 Extrudieren der Subtraktionsgeometrie

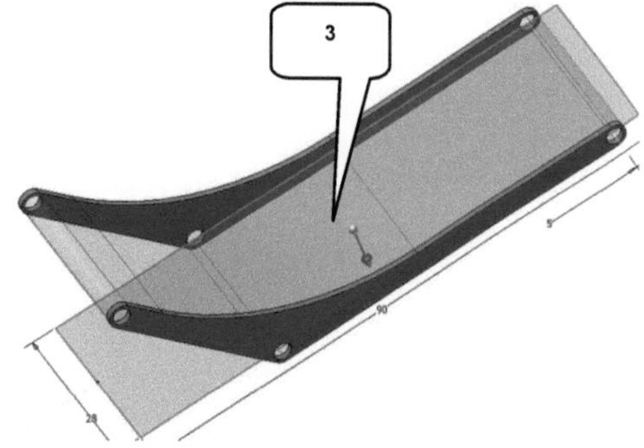

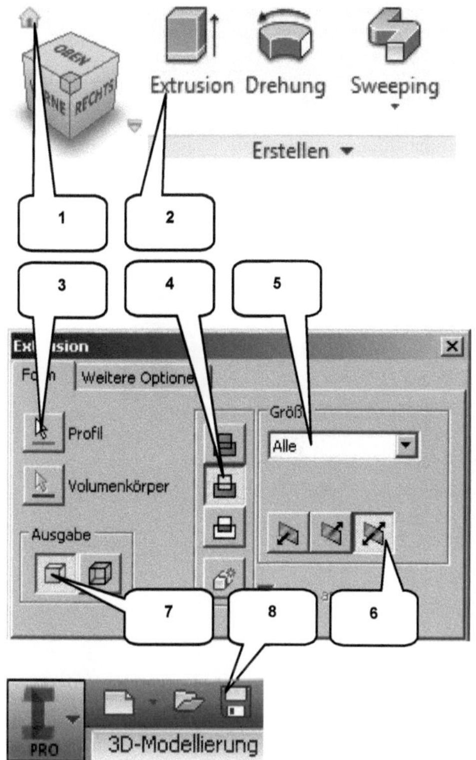

> **ViewCube-Ansicht: Haussymbol** (1)

> **Extrusion** (2)
> Profil: Rechteck (3)
> Verfahren: Differenz (4)
> Größe: Alle (5)
> Richtung: Symmetrisch (6)
> Ausgabe: Volumenkörper (7)
> **OK**

> **Speichern** (8)
> **Datei schließen**

12 Bauteil: Greifer

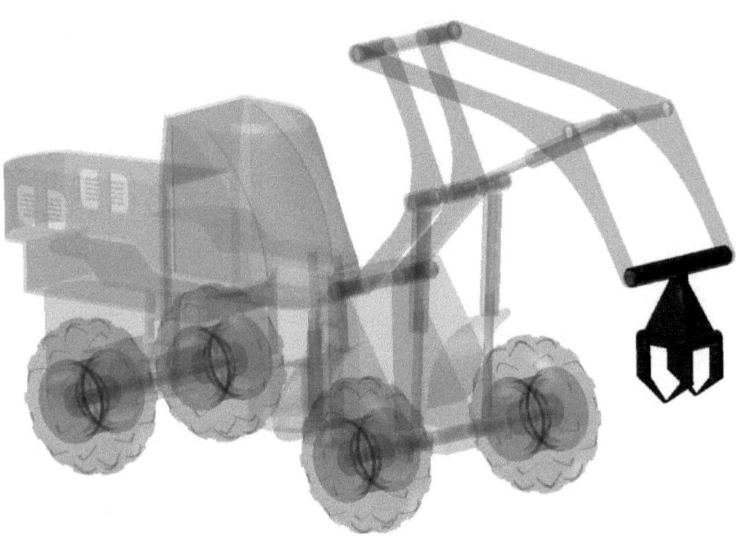

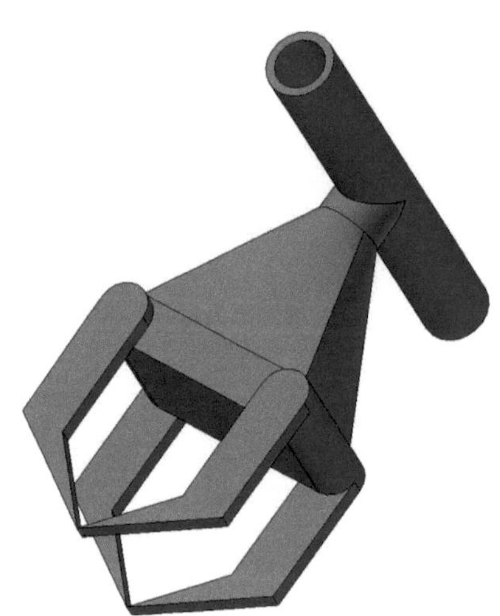

12.1 Bauteil „06-Greifer" erstellen

> **Neu** (1)
> Templates (2)
> Bauteil: Norm.ipt (3)
> **Erstellen** (4)

> **Speichern** (5)
> Dateiname: [06-Greifer] (6)
> **Speichern** (7)

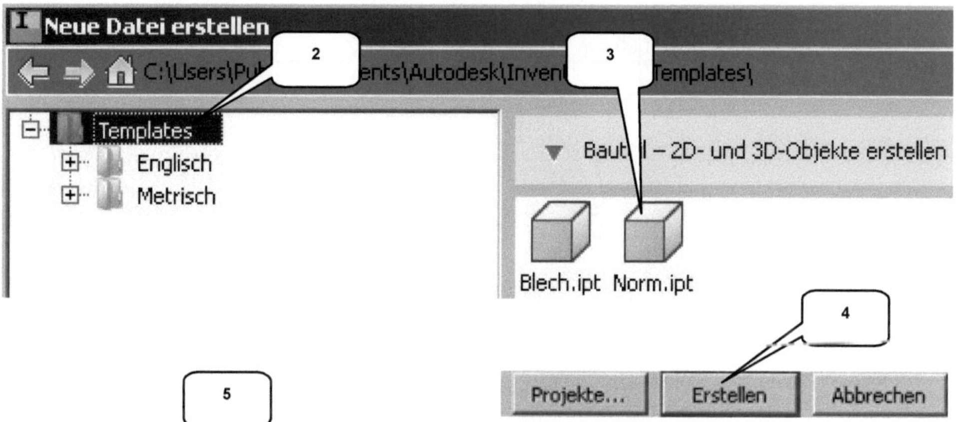

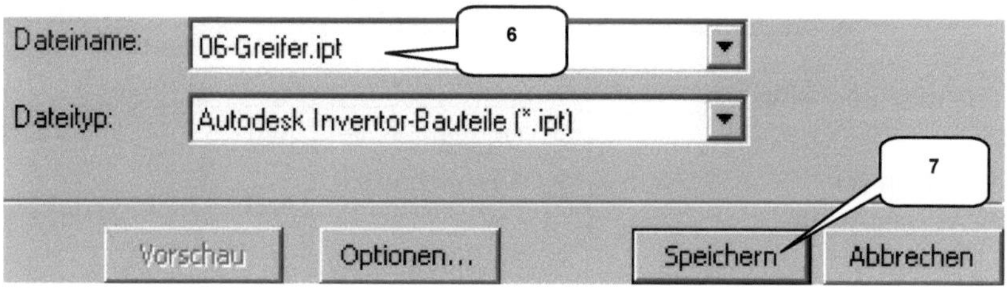

12.2 Basiskontur mittels Zylinder erzeugen

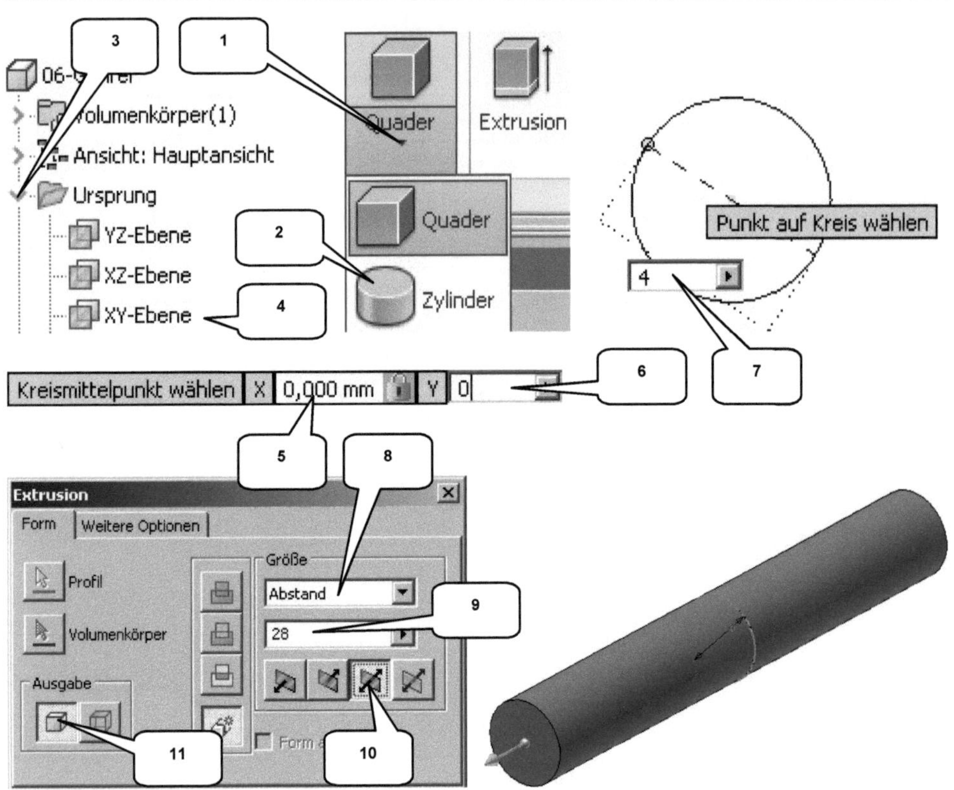

> Gruppe „Grundkörper" aufklappen (1)

> **Zylinder** (2)
> Ordner **Ursprung** im Modellbaum auf-
klappen (3)
> „XY-Ebene" wählen (4)
> Mauspfeil in den Zeichenbereich ziehen

> Koordinaten für Kreismittelpunkt:
> **Taste: TAB**
> X-Wert: [0] (5)
> **Taste: TAB**

> Y-Wert: [0] (6)
> **Taste: ENTER**

> Wert für Durchmesser des Kreises:
> Durchmesser: [4] mm (7)
> **Taste: ENTER**

> Im Befehl Extrusion:
> Größe: Abstand (8)
> Wert: [28] mm (9)
> Richtung: Symmetrisch (10)
> Ausgabe: Volumenkörper (11)
> **OK**

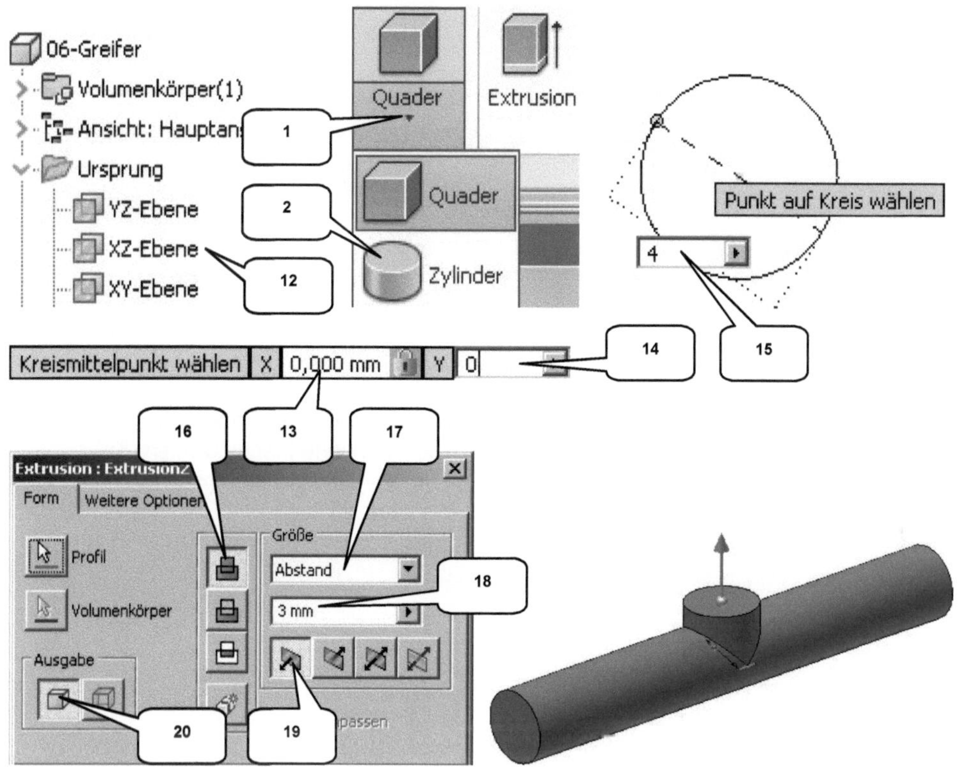

> Gruppe „Grundkörper" aufklappen (1)

> *Zylinder* (2)
> „XZ-Ebene" im Modellbaum wählen (12)
> Mauspfeil in den Zeichenbereich ziehen

> Koordinaten für Kreismittelpunkt:
> *Taste: TAB*
> X-Wert: [0] (13)
> *Taste: TAB*
> Y-Wert: [0] (14)
> *Taste: ENTER*

> Wert für Durchmesser des Kreises:
> Durchmesser: [4] mm (15)
> *Taste: ENTER*

> Im Befehl Extrusion:
> Verfahren: Vereinigung (16)
> Größe: Abstand (17)
> Wert: [3] mm (18)
> Richtung: Richtung 1 (19)
> Ausgabe: Volumenkörper (20)
> *OK*

12.3 Erzeugen einer Ebene mit Versatz

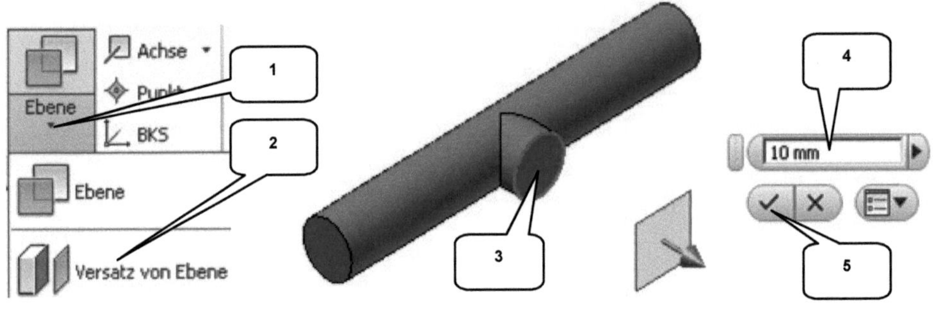

> Befehlsgruppe *Ebene* erweitern (1)

> *Versatz von Ebene* (2)
> Markierte Fläche wählen (3)
> Versatz: [10] mm (4)
> *OK* (5)

12.4 2D-Skizze auf neuer Ebene erzeugen

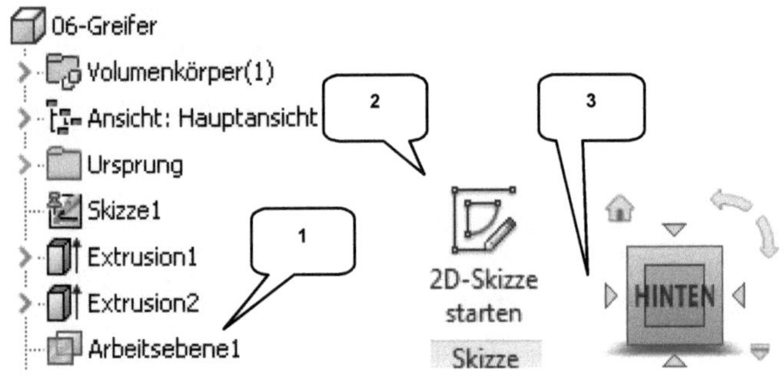

> Neue Arbeitsebene mit linker Maustaste im Modellbaum markieren (1)

> *2D-Skizze starten* (2)
> *ViewCube-Ansicht: HINTEN* (3)

12.5 Achsen projizieren und als Konstruktionsobjekte definieren

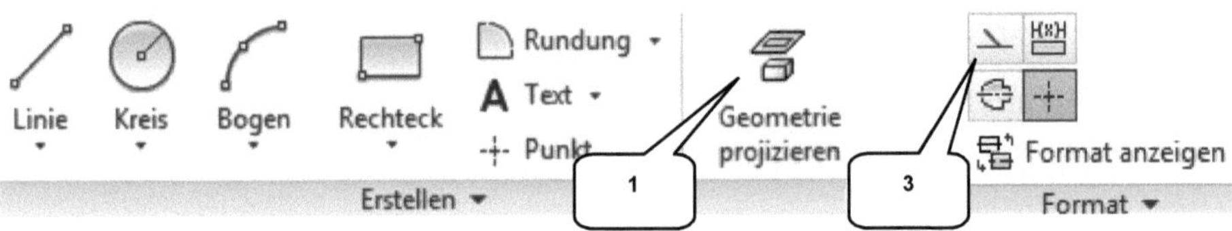

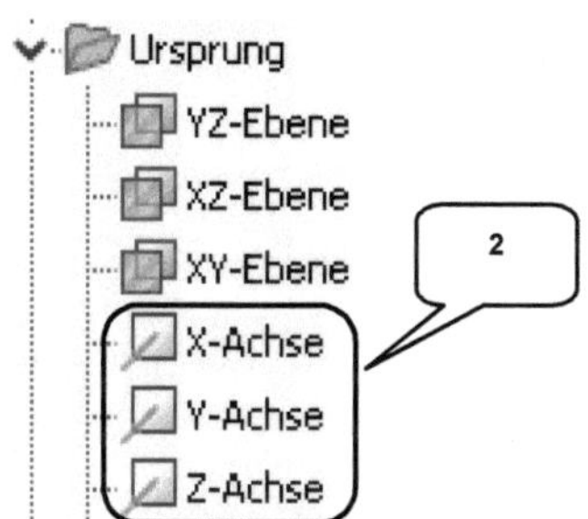

> ***Geometrie projizieren*** (1)
> X-, Y-, Z-Achse nacheinander wählen (2)
> ***Taste: ESC***
> Die projizierten Achsen markieren

> ***Konstruktion*** (3)
> ***Taste: ESC***

12.6 Zeichnen der Basiskontur

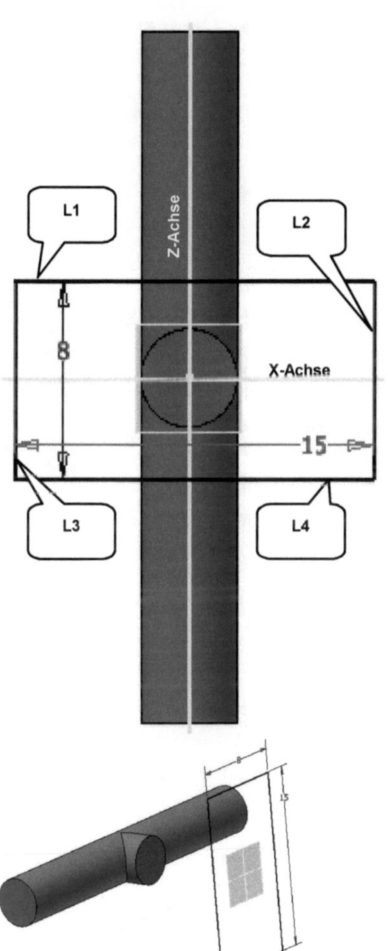

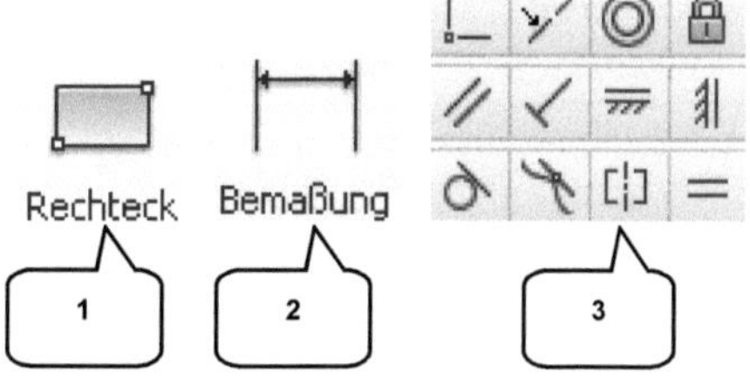

> ***Rechteck*** (1)
> Rechteck zeichnen wie dargestellt
> ***Taste: ESC***

> ***Bemaßung*** (2)
> Linie (L1) wählen
> Linie (L4) wählen
> Maß ablegen
> Wert: [8] mm
> Linie (L2) wählen
> Linie (L3) wählen
> Maß ablegen
> Wert: [15] mm
> ***Taste: ESC***

➢ **Abhängigkeit Symmetrisch** (3)
➢ Linie (L1) wählen
➢ Linie (L4) wählen
➢ Projizierte X-Achse wählen
➢ **Taste: ESC**

➢ **Abhängigkeit Symmetrisch** (3)
➢ Linie (L3) wählen
➢ Linie (L2) wählen
➢ Projizierte Z-Achse wählen
➢ **Taste: ESC**
➢ **Skizze fertig stellen**

12.7 Extrudieren der Skizzengeometrie

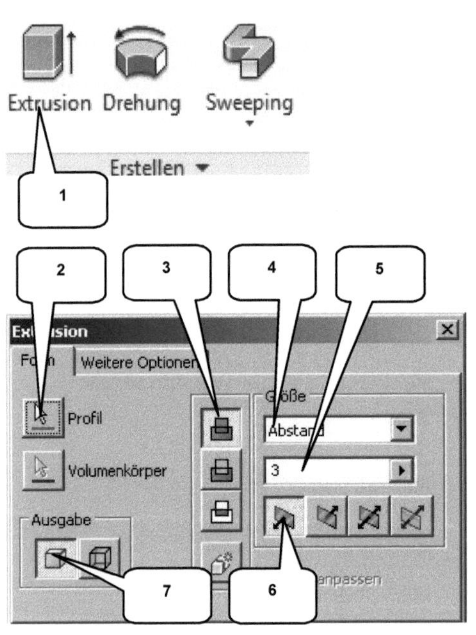

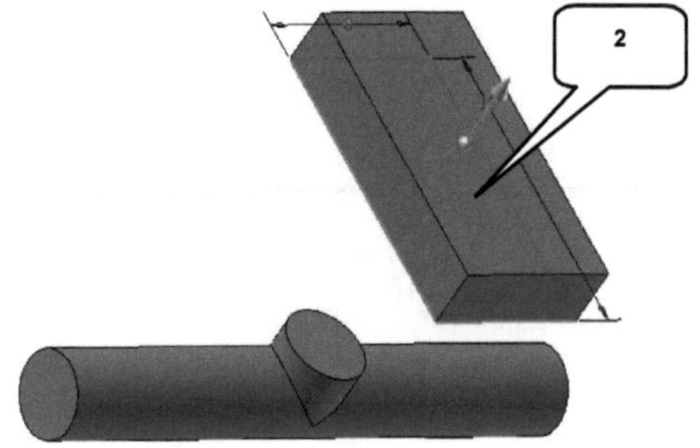

➢ **Extrusion** (1)
➢ Profil: Rechteck (2)
➢ Verfahren: Vereinigung (3)
➢ Größe: Abstand (4)
➢ Wert: [3] mm (5)
➢ Richtung: Richtung 1 (6)
➢ Ausgabe: Volumenkörper (7)
➢ **OK**

12.8 Deaktivieren der Arbeitsebene

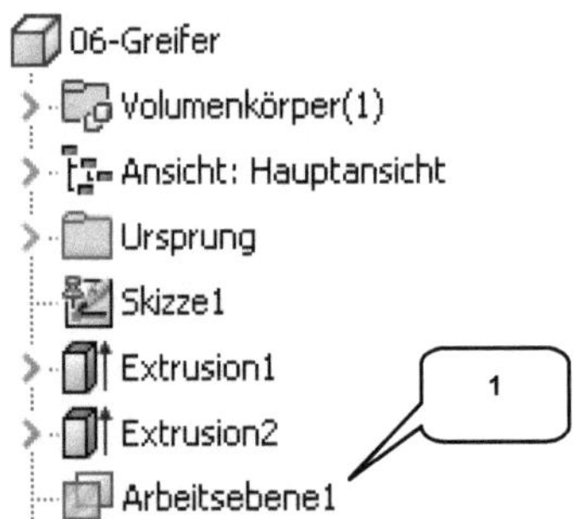

➢ Rechte Maustaste auf die Arbeitsebene im Modellbaum (1)
➢ Option „Sichtbarkeit" deaktivieren

12.9 Runden der letzten Extrusion

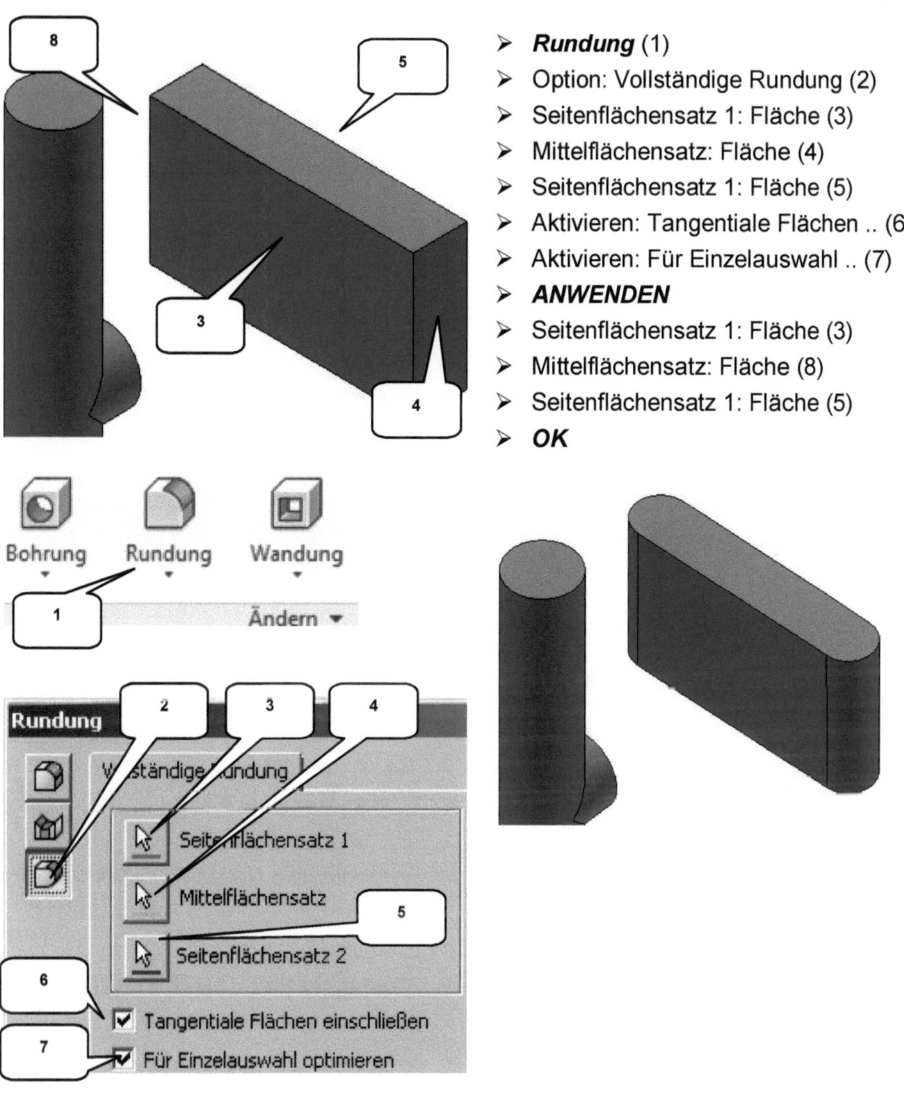

> ➢ **Rundung** (1)
> ➢ Option: Vollständige Rundung (2)
> ➢ Seitenflächensatz 1: Fläche (3)
> ➢ Mittelflächensatz: Fläche (4)
> ➢ Seitenflächensatz 1: Fläche (5)
> ➢ Aktivieren: Tangentiale Flächen .. (6)
> ➢ Aktivieren: Für Einzelauswahl .. (7)
> ➢ **ANWENDEN**
> ➢ Seitenflächensatz 1: Fläche (3)
> ➢ Mittelflächensatz: Fläche (8)
> ➢ Seitenflächensatz 1: Fläche (5)
> ➢ **OK**

Die Flächen (5) und (8) sind zwei in der oberen Abbildung nicht sichtbare (verdeckte) Flächen. Die untere Abbildung zeigt das gewünschte Ergebnis.

12.10 Bohren der Greiferführung

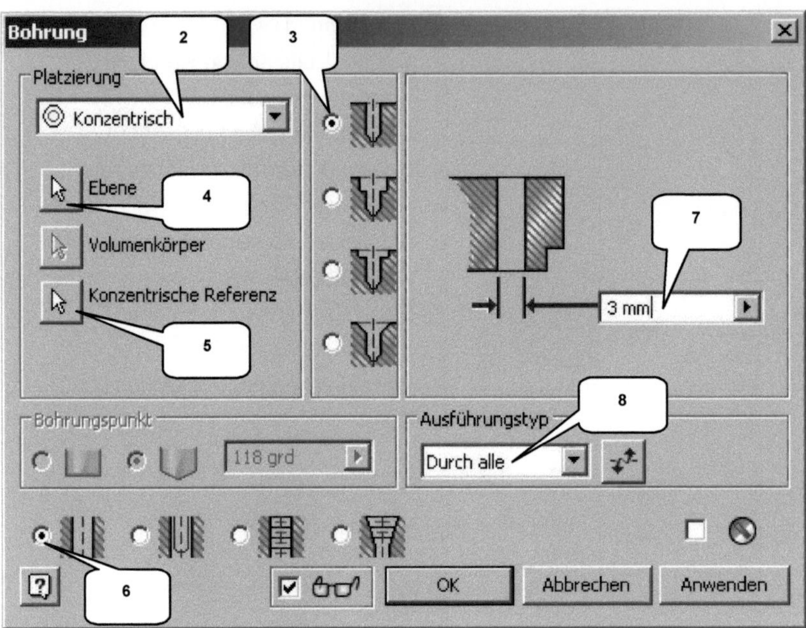

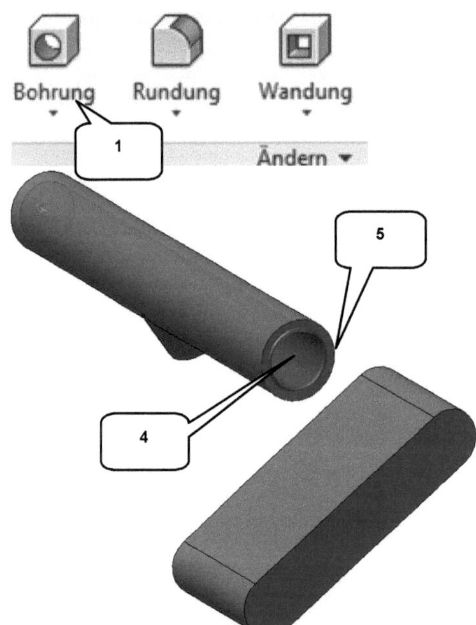

- ➢ **Bohrung** (1)
- ➢ Platzierungstyp: Konzentrisch (2)
- ➢ Typ: Bohren (3)
- ➢ Ebene: Markierte Fläche (4) (Stirnfläche des langen Zylinders)
- ➢ Konzentrische Referenz: Kreiskante (5)
- ➢ Bohrungstyp: Einfache Bohrung (6)
- ➢ Bohrungsdurchmesser: [3] mm (7)
- ➢ (Wert **nicht** durch **ENTER** bestätigen!)
- ➢ Ausführungstyp: Durch alle (8)
- ➢ **OK**

12.11 Erzeugen einer Erhebung

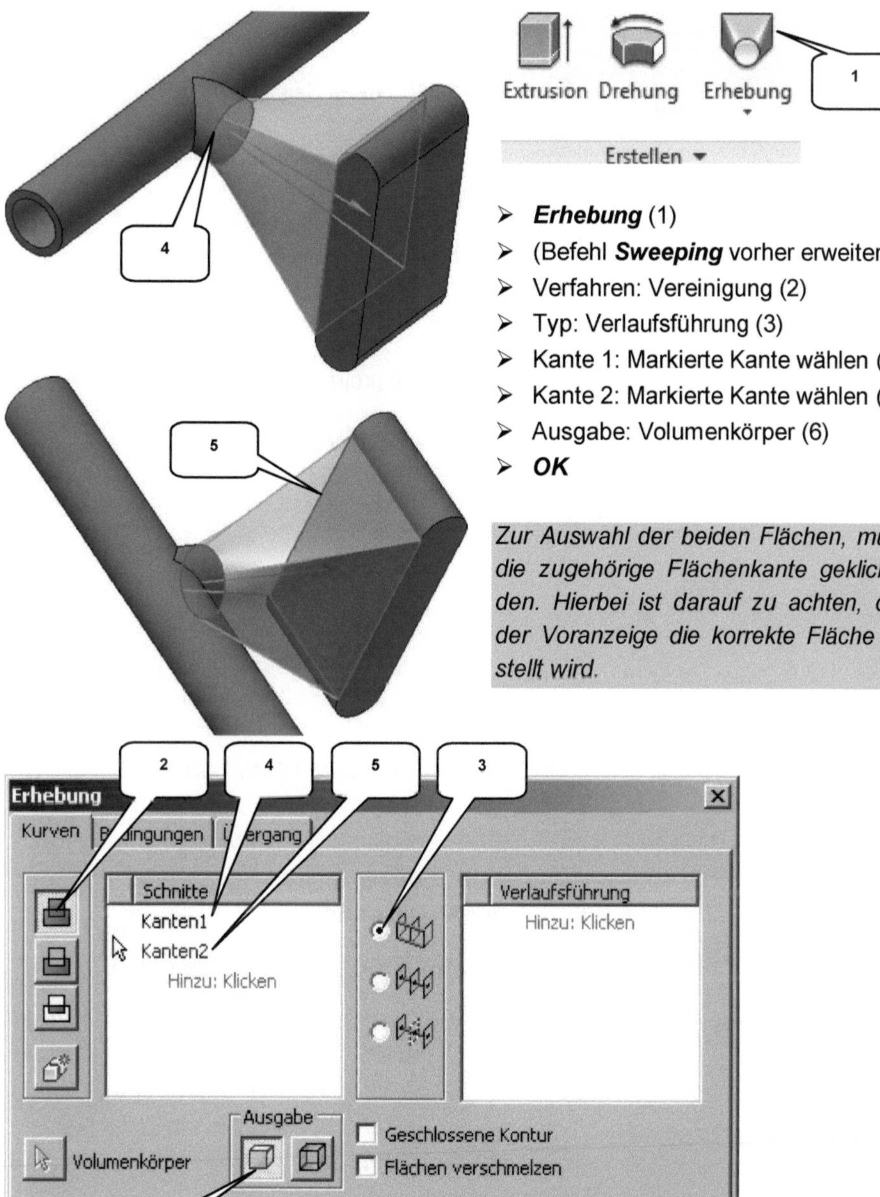

> **Erhebung** (1)
> (Befehl **Sweeping** vorher erweitern)
> Verfahren: Vereinigung (2)
> Typ: Verlaufsführung (3)
> Kante 1: Markierte Kante wählen (4)
> Kante 2: Markierte Kante wählen (5)
> Ausgabe: Volumenkörper (6)
> **OK**

Zur Auswahl der beiden Flächen, muss auf die zugehörige Flächenkante geklickt werden. Hierbei ist darauf zu achten, dass in der Voranzeige die korrekte Fläche dargestellt wird.

12.12 Erstellen einer weiteren 2D-Skizze

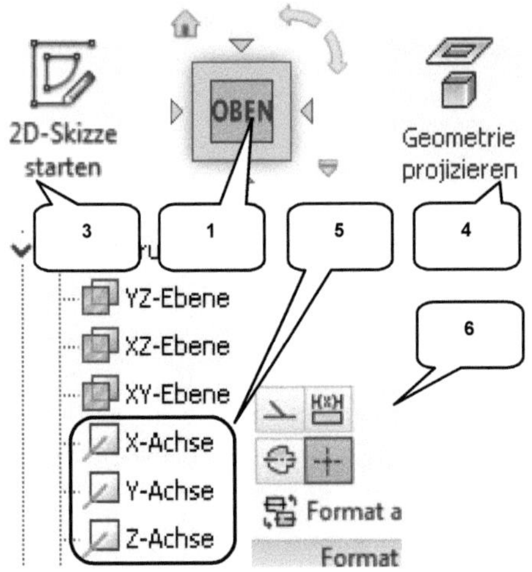

> ***ViewCube-Ansicht: OBEN*** (1)

> Markierte Seitenfläche wählen (2)

> ***2D-Skizze starten*** (3)

> ***Geometrie projizieren*** (4)
> X-, Y-, Z-Achse wählen (5)
> Markierte Fläche erneut wählen (2)
> ***Taste: ESC***

> Die projizierten Achsen markieren

> ***Konstruktion*** (6)
> ***Taste: ESC***

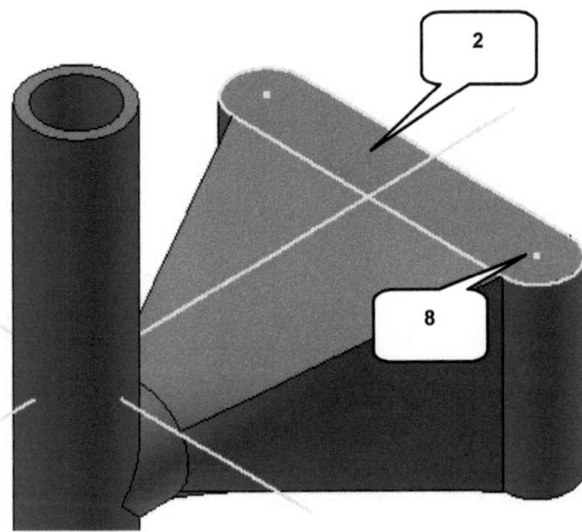

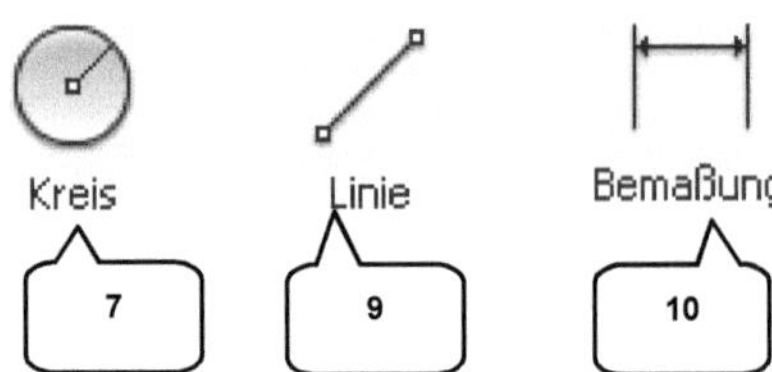

> ***Kreis durch Mittelpunkt*** (7)
> Kreis (D = 3mm) zeichnen (Kreismittel-
> punkt (8) liegt im Mittelpunkt der proji-
> zierten Kreiskante)
> ***Taste: ESC***

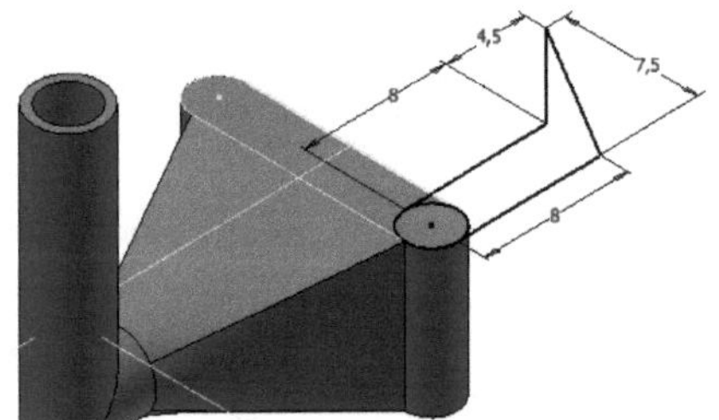

> ***Linie*** (9)
> Kontur aus 5 Linien zeichnen wie darge-
> stellt
> Senkrechte Linien sind tangential an die
> äußeren Kreispunkte anzuschließen
> ***Taste: ESC***

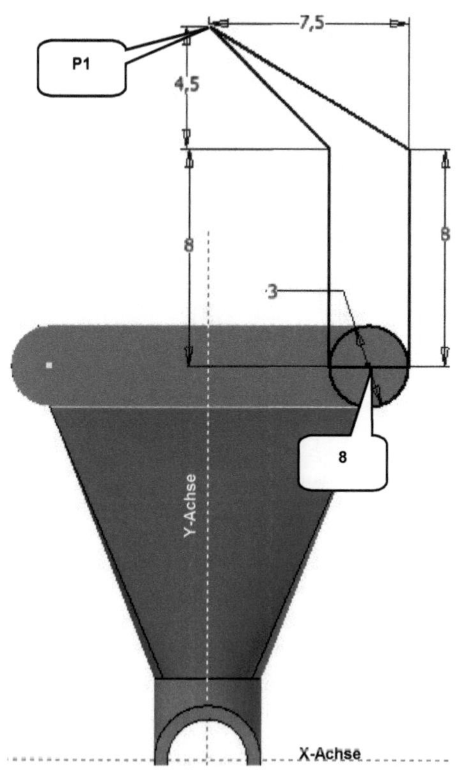

> **Bemaßung** (10)
> Linien bemaßen wie dargestellt
> **Taste: ESC**

> **Skizze fertig stellen**

> Die beiden senkrechten Linien starten jeweils an den äußeren Punkten des Kreises. An deren oberen Endpunkte schließen die beiden schrägen Linien an, welche sich dann im Punkt (P1) treffen.

12.13 Extrudieren des ersten Greiferfingers

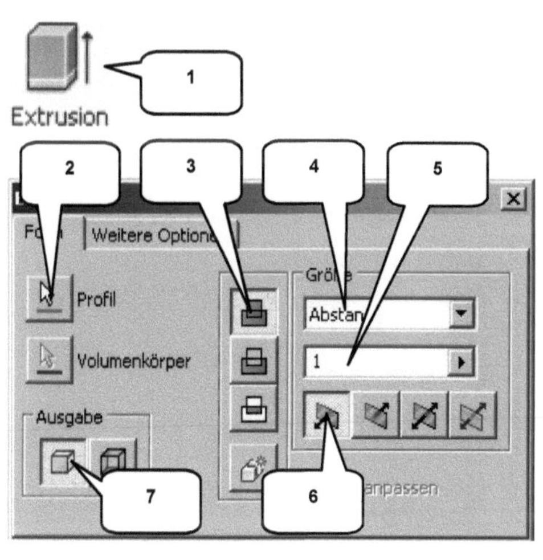

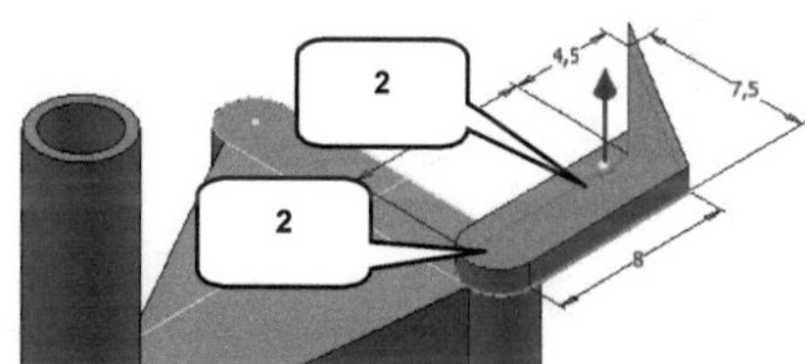

> **Extrusion** (1)
> Profil: Linienkontur und Kreis (2)
> Verfahren: Vereinigung (3)
> Größe: Abstand (4)
> Wert: [1] mm (5)
> Richtung: Richtung 1 (6)
> Ausgabe: Volumenkörper (7)
> **OK**

12.14 Spiegeln des ersten Greiferfingers

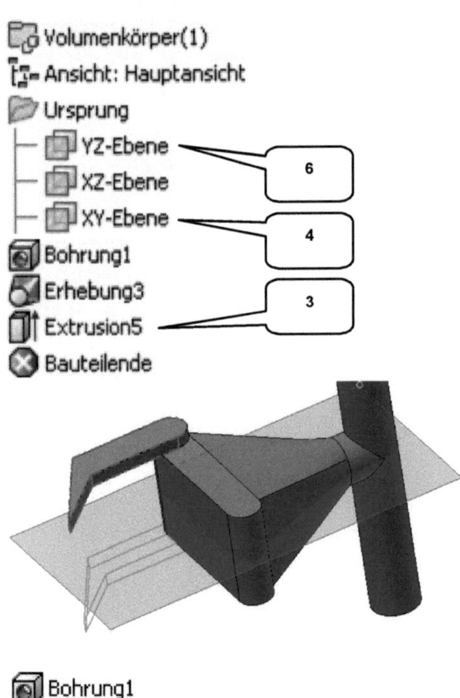

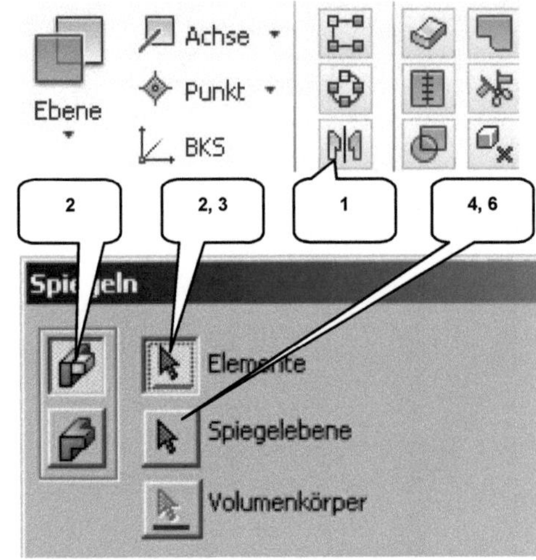

> **Spiegeln** (1)
> Option: Einzelne Elemente ... (2)
> Elemente: Letzte Extrusion (erster Greiferfinger) im Modellbaum wählen (3)
> Spiegelebene: XY-Ebene im Modellbaum wählen (4)
> *OK*

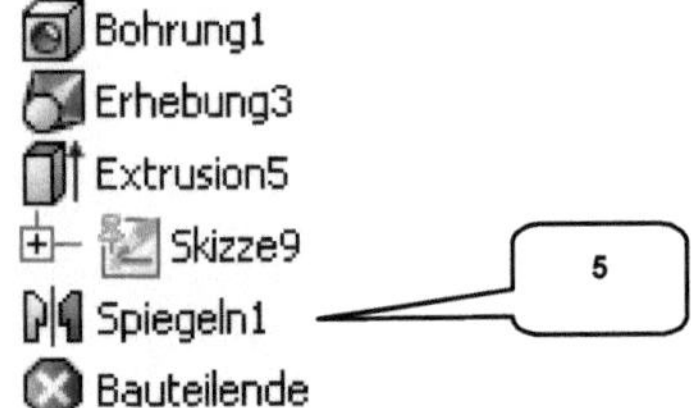

> **Spiegeln** (1)
> Option: Einzelne Elemente ... (2)
> Elemente: Zuletzt erzeugtes Spiegelelement im Modellbaum wählen (5)
> Spiegelebene: YZ-Ebene im Modellbaum wählen (6)
> *OK*

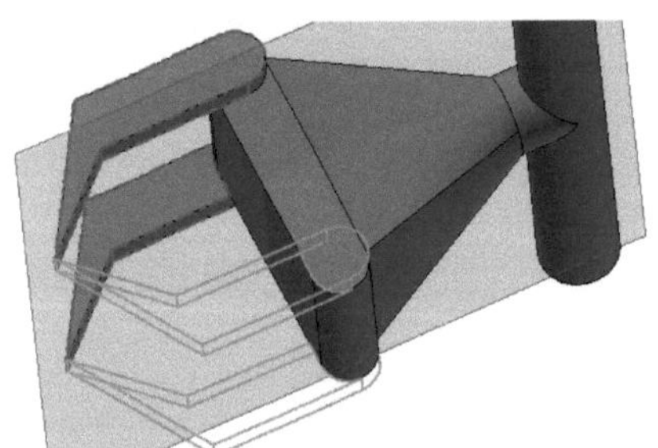

> *Speichern* (7)
> *Datei schließen*

13 Unterbaugruppe: Rad

13.1 Bauteil „07-1-Rad-Basisskizze" erstellen

> **Neu** (1)
> Templates (2)
> Bauteil: Norm.ipt (3)
> **Erstellen** (4)

> **Speichern** (5)
> Dateiname: [07-01-Rad-Basisskizze] (6)
> **Speichern** (7)

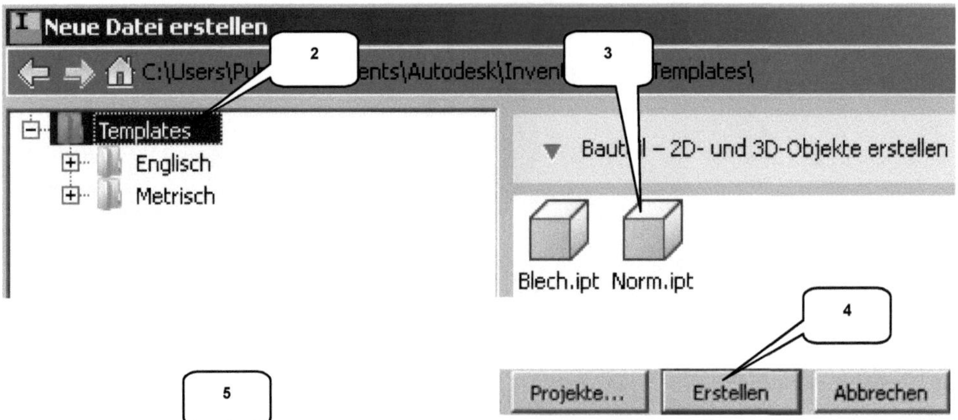

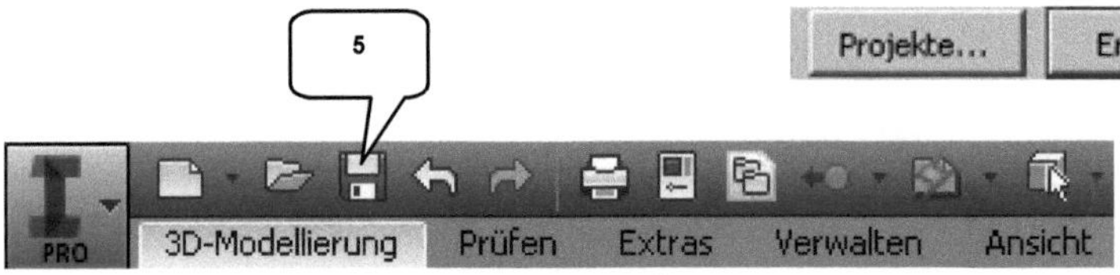

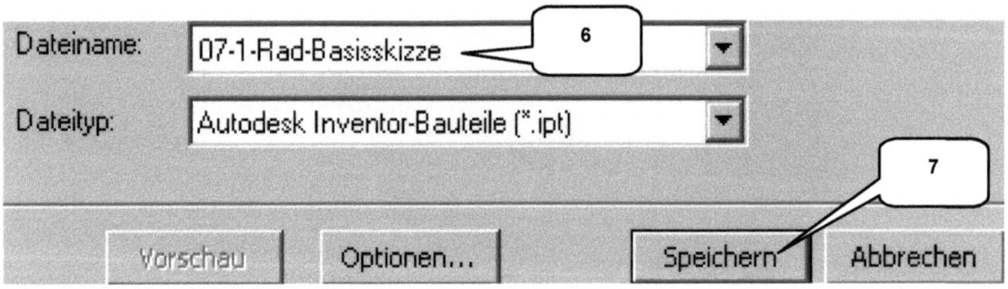

13.2 2D-Skizze auf XY-Ebene öffnen

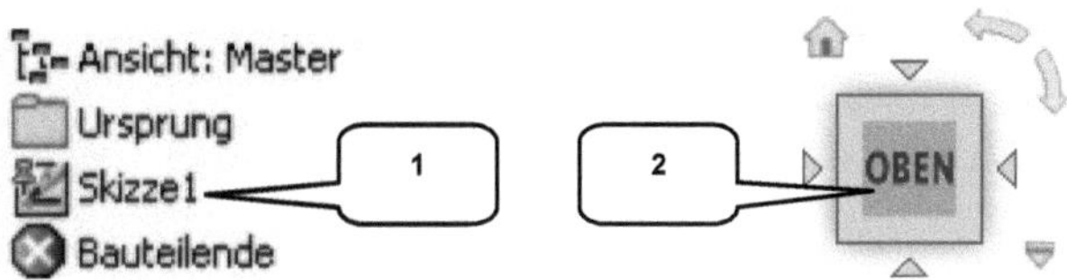

> „Skizze1" im Modellbaum doppelklicken (linke Maustaste) (1)

> *ViewCube-Ansicht: OBEN* (2)

13.3 Achsen projizieren und als Konstruktionsobjekte definieren

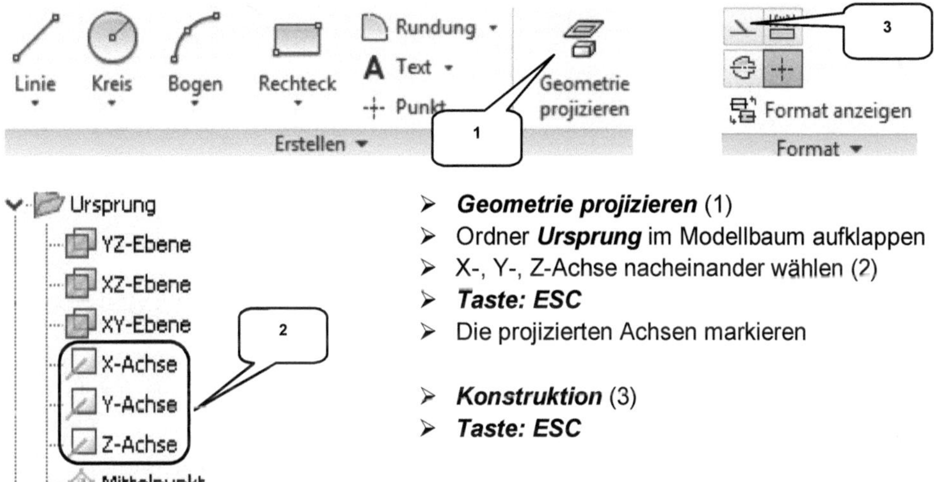

> *Geometrie projizieren* (1)
> Ordner *Ursprung* im Modellbaum aufklappen
> X-, Y-, Z-Achse nacheinander wählen (2)
> *Taste: ESC*
> Die projizierten Achsen markieren

> *Konstruktion* (3)
> *Taste: ESC*

13.4 Zeichnen der Basiskontur

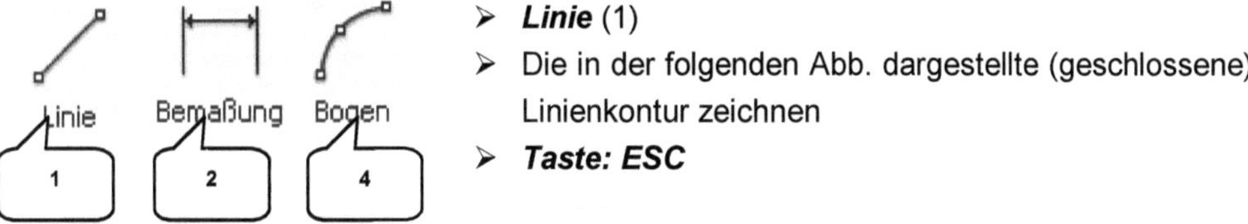

> *Linie* (1)
> Die in der folgenden Abb. dargestellte (geschlossene) Linienkontur zeichnen
> *Taste: ESC*

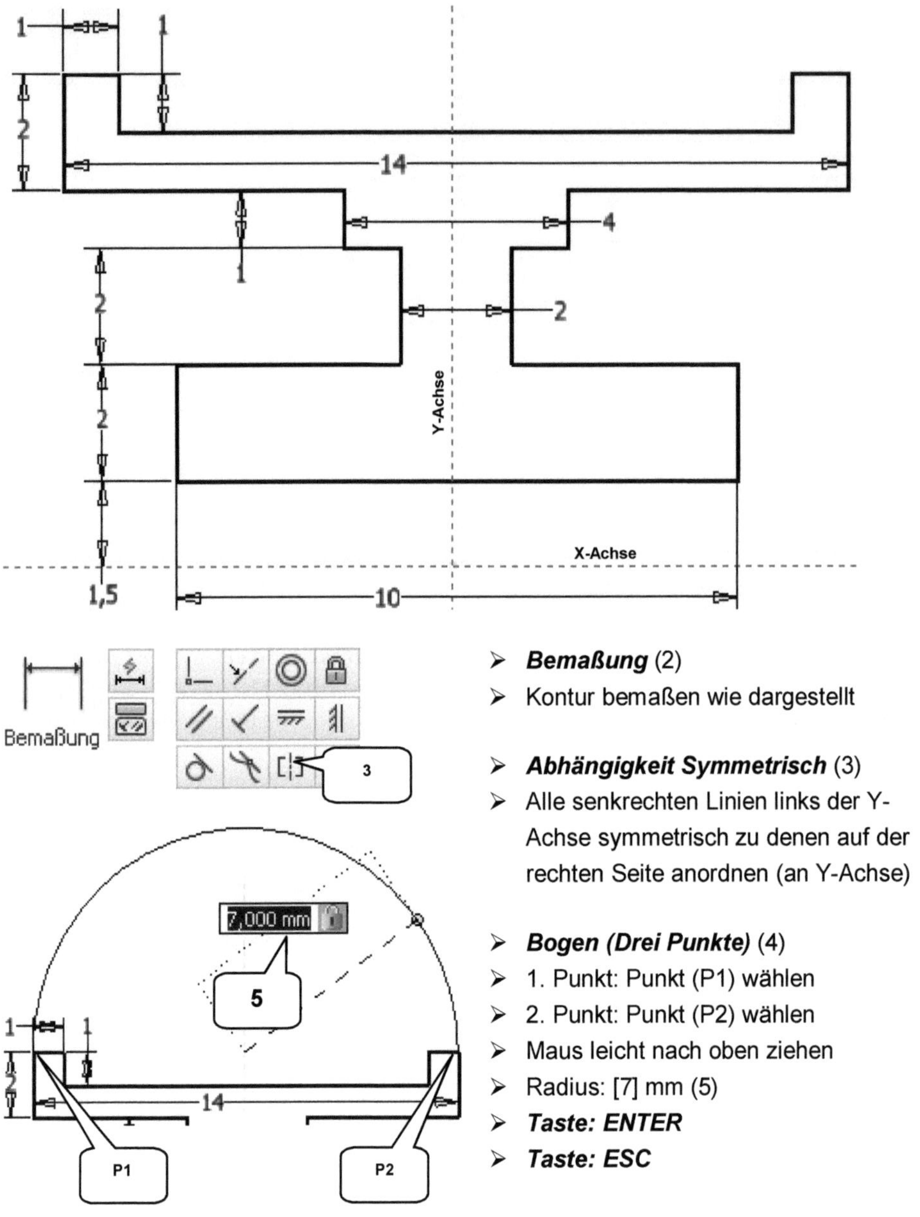

> *Bemaßung* (2)
> Kontur bemaßen wie dargestellt

> *Abhängigkeit Symmetrisch* (3)
> Alle senkrechten Linien links der Y-Achse symmetrisch zu denen auf der rechten Seite anordnen (an Y-Achse)

> *Bogen (Drei Punkte)* (4)
> 1. Punkt: Punkt (P1) wählen
> 2. Punkt: Punkt (P2) wählen
> Maus leicht nach oben ziehen
> Radius: [7] mm (5)
> *Taste: ENTER*
> *Taste: ESC*

Die Kontur aus den 20 Linien muss geschlossen sein und symmetrisch zur Y-Achse angeordnet werden. Der Bogen muss sauber an den beiden Punkten (P1, P2) anschließen. Skizze __nicht__ beenden!

13.5 Bauteile aus der Skizze heraus exportieren

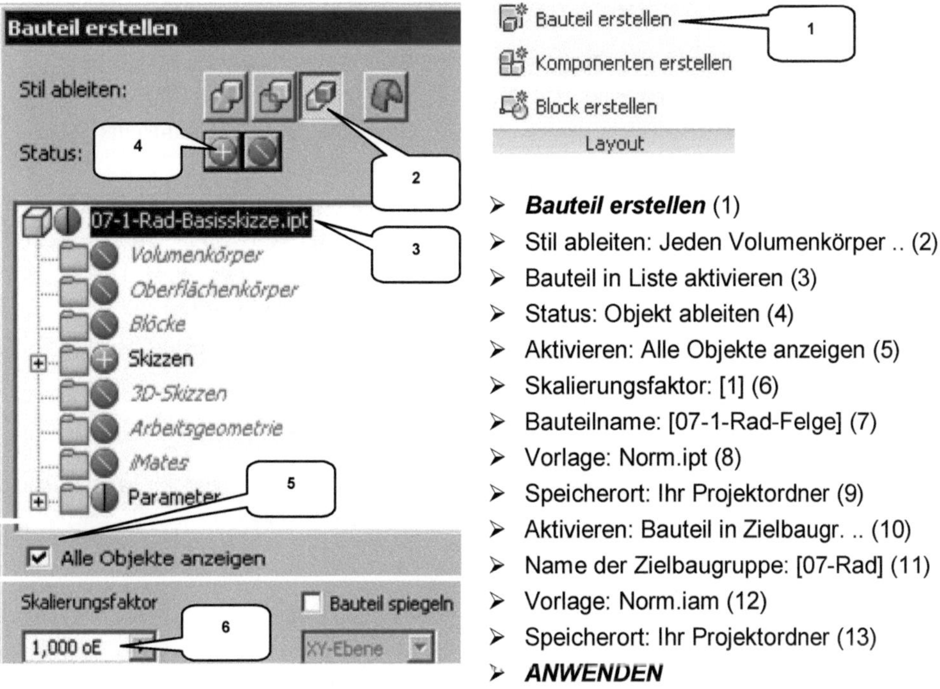

> **Bauteil erstellen** (1)
> Stil ableiten: Jeden Volumenkörper .. (2)
> Bauteil in Liste aktivieren (3)
> Status: Objekt ableiten (4)
> Aktivieren: Alle Objekte anzeigen (5)
> Skalierungsfaktor: [1] (6)
> Bauteilname: [07-1-Rad-Felge] (7)
> Vorlage: Norm.ipt (8)
> Speicherort: Ihr Projektordner (9)
> Aktivieren: Bauteil in Zielbaugr. .. (10)
> Name der Zielbaugruppe: [07-Rad] (11)
> Vorlage: Norm.iam (12)
> Speicherort: Ihr Projektordner (13)
> **ANWENDEN**

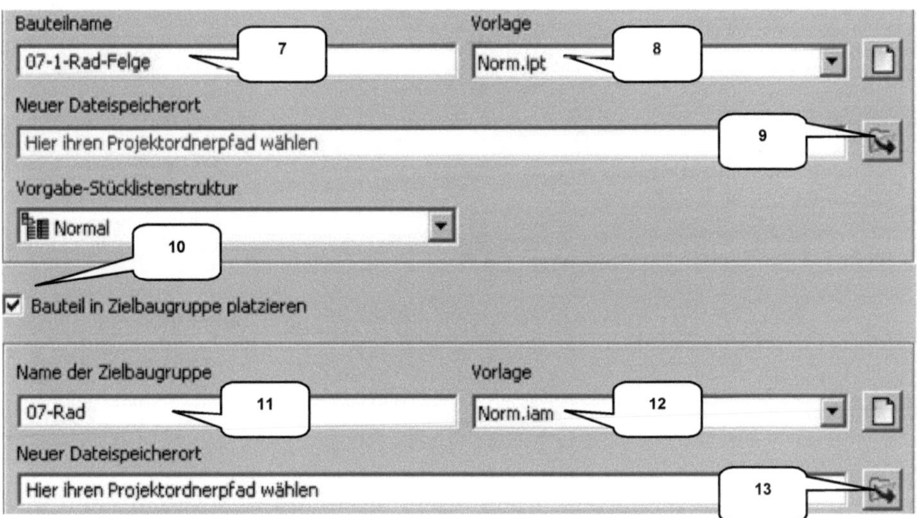

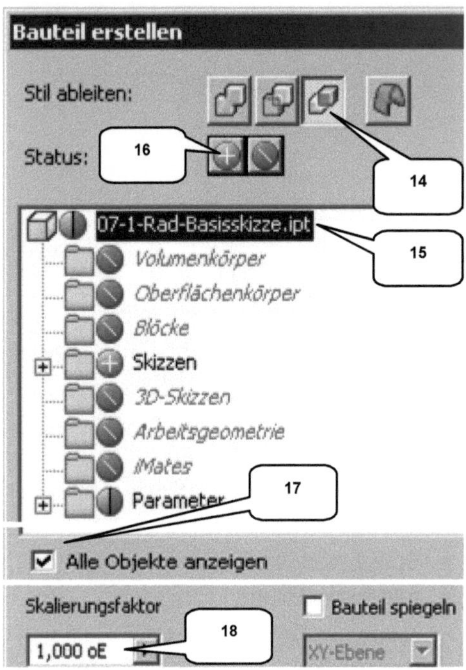

> Stil ableiten: Jeden Volumenk. .. (14)

> Bauteil in Liste aktivieren (15)

> Status: Objekt ableiten (16)

> Aktivieren: Alle Objekte anzeigen (17)

> Skalierungsfaktor: [1] (18)

> Bauteilname: [07-2-Rad-Reifen] (19)

> Vorlage: Norm.ipt (20)

> Speicherort: Ihr Projektordner (21)

> Aktivieren: Bauteil in Zielbaugr. .. (22)

> Name der Zielbaugruppe: [07-Rad] (23)

> Vorlage: Norm.iam (24)

> Speicherort: Ihr Projektordner (25)

> *OK*

Das Bauteil [07-1-Rad-Felge] darf nur durch **Anwenden** *bestätigt werden, sonst funktioniert der Befehl nicht.*

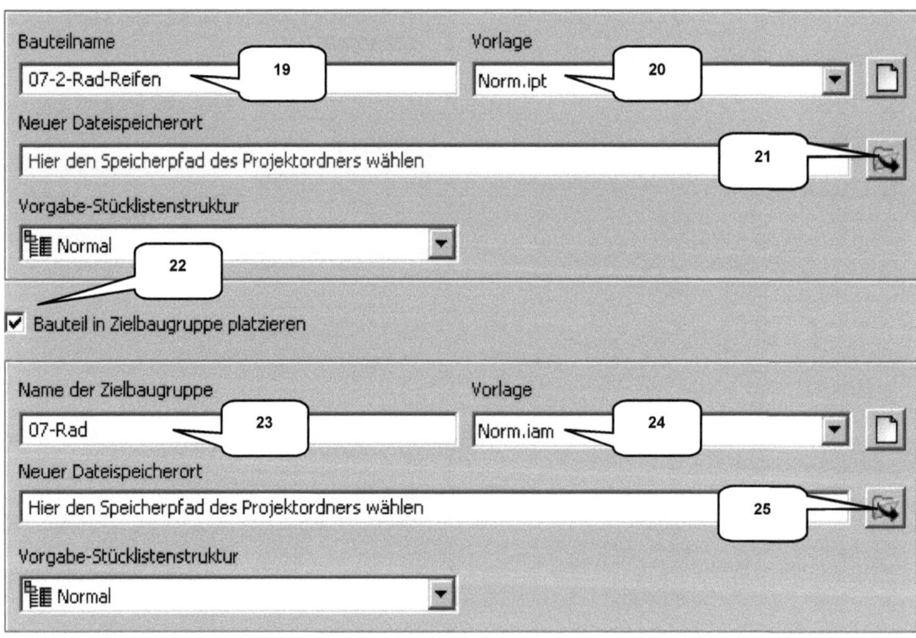

13.6 Felge und Reifen in Volumenkörper konvertieren

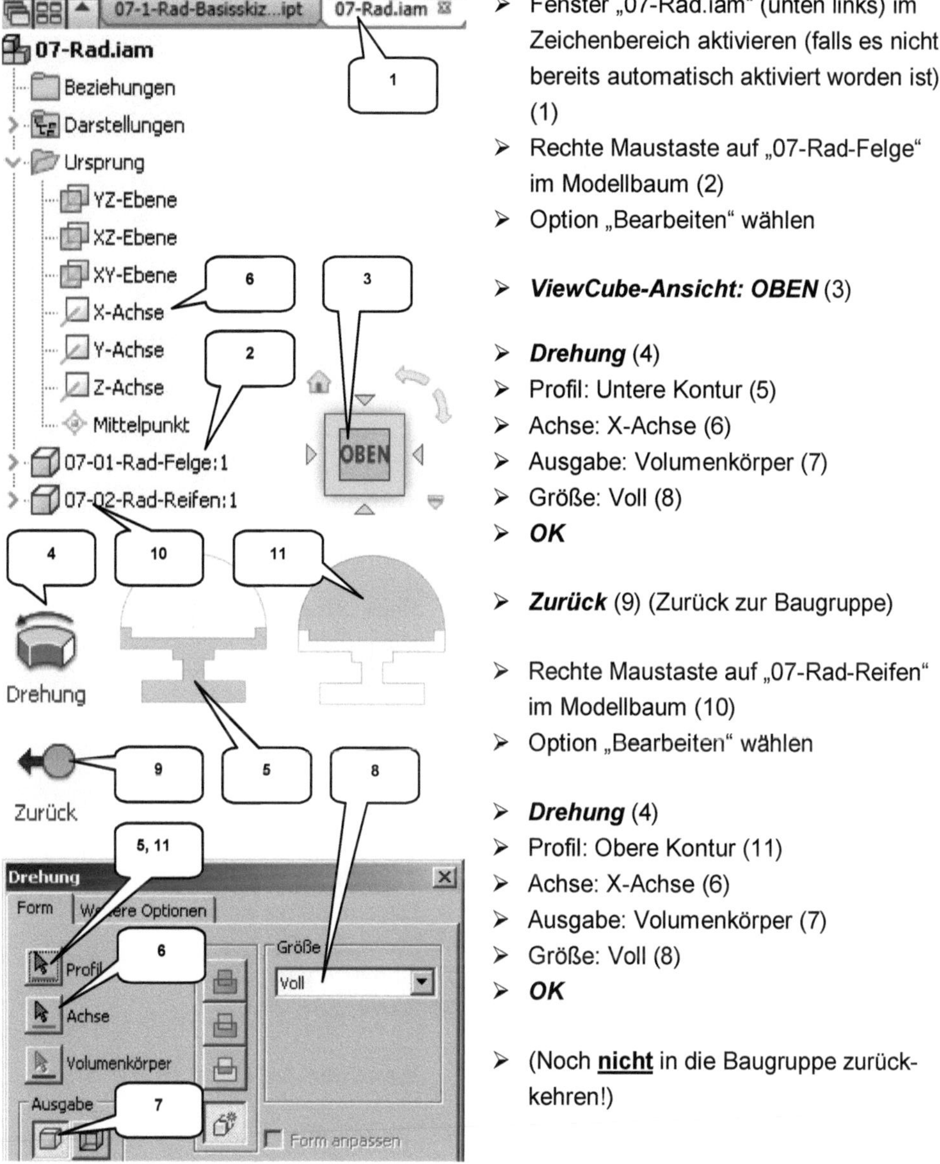

> Fenster „07-Rad.iam" (unten links) im Zeichenbereich aktivieren (falls es nicht bereits automatisch aktiviert worden ist) (1)

> Rechte Maustaste auf „07-Rad-Felge" im Modellbaum (2)

> Option „Bearbeiten" wählen

> *ViewCube-Ansicht: OBEN* (3)

> *Drehung* (4)

> Profil: Untere Kontur (5)

> Achse: X-Achse (6)

> Ausgabe: Volumenkörper (7)

> Größe: Voll (8)

> *OK*

> *Zurück* (9) (Zurück zur Baugruppe)

> Rechte Maustaste auf „07-Rad-Reifen" im Modellbaum (10)

> Option „Bearbeiten" wählen

> *Drehung* (4)

> Profil: Obere Kontur (11)

> Achse: X-Achse (6)

> Ausgabe: Volumenkörper (7)

> Größe: Voll (8)

> *OK*

> (Noch **nicht** in die Baugruppe zurückkehren!)

Sollte sich die X-Achse im Modellbaum nicht als Achse anwählen lassen, ist stattdessen die projizierte X-Achse im Zeichenbereich zu wählen.

13.7 Ebene und Skizze für Reifenprofil erzeugen

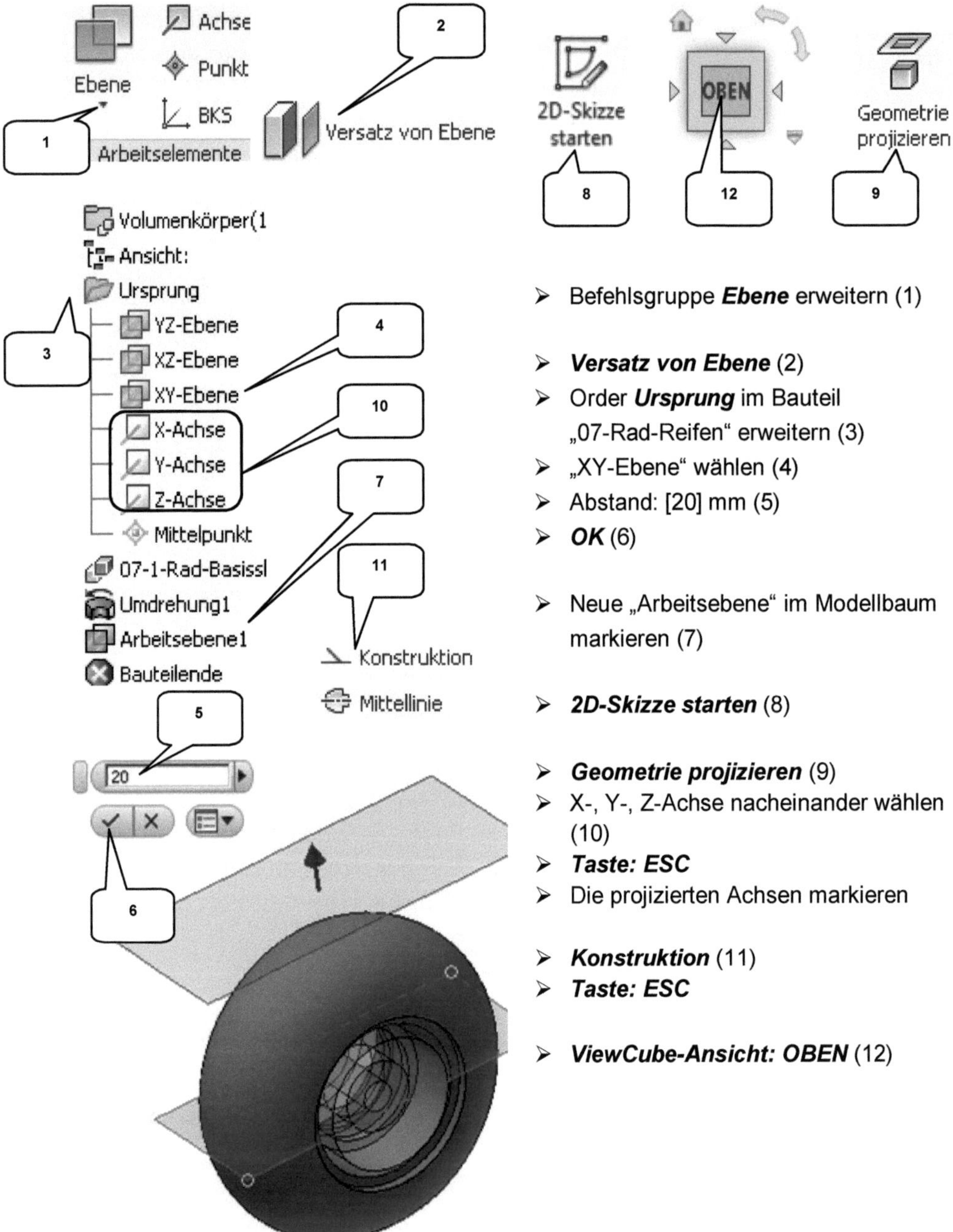

> Befehlsgruppe **Ebene** erweitern (1)

> **Versatz von Ebene** (2)
> Order **Ursprung** im Bauteil „07-Rad-Reifen" erweitern (3)
> „XY-Ebene" wählen (4)
> Abstand: [20] mm (5)
> **OK** (6)

> Neue „Arbeitsebene" im Modellbaum markieren (7)

> **2D-Skizze starten** (8)

> **Geometrie projizieren** (9)
> X-, Y-, Z-Achse nacheinander wählen (10)
> **Taste: ESC**
> Die projizierten Achsen markieren

> **Konstruktion** (11)
> **Taste: ESC**

> **ViewCube-Ansicht: OBEN** (12)

13.8 Basisskizze für Reifenprofil zeichnen

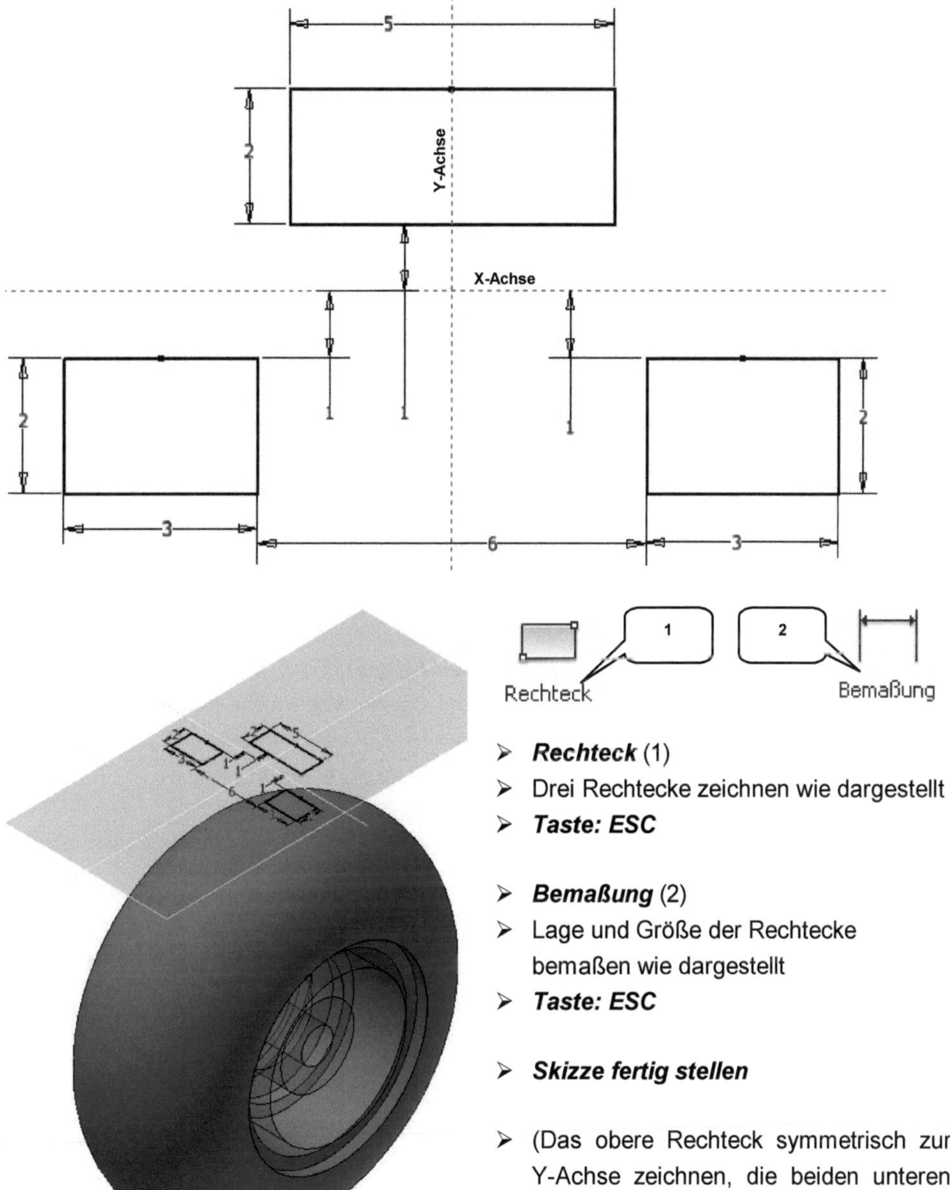

> ***Rechteck*** (1)
> Drei Rechtecke zeichnen wie dargestellt
> ***Taste: ESC***

> ***Bemaßung*** (2)
> Lage und Größe der Rechtecke bemaßen wie dargestellt
> ***Taste: ESC***

> ***Skizze fertig stellen***

> (Das obere Rechteck symmetrisch zur Y-Achse zeichnen, die beiden unteren symmetrisch zu dieser anordnen (Abhängigkeit ***Symmetrisch***).

13.9 Prägen des Reifenprofils

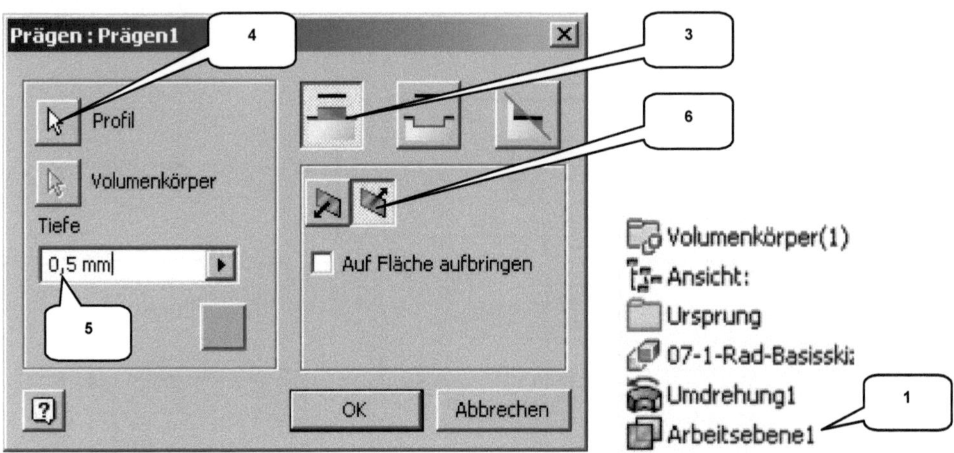

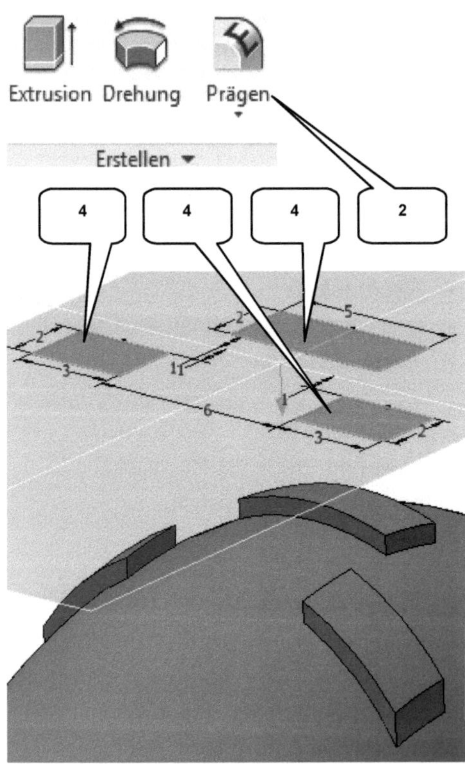

> Rechte Maustaste auf „Arbeitsebene1"
im Modellbaum (1)

> Option „Sichtbarkeit" deaktivieren

> ggf. Befehl **Sweeping** aufklappen
> **Prägen** (2)
> Option: Von Fläche prägen (3)
> Profil: Drei Rechtecke (4)
> Tiefe: [0,5] mm (5)
> Richtung: Richtung 2 (6)
> **OK**

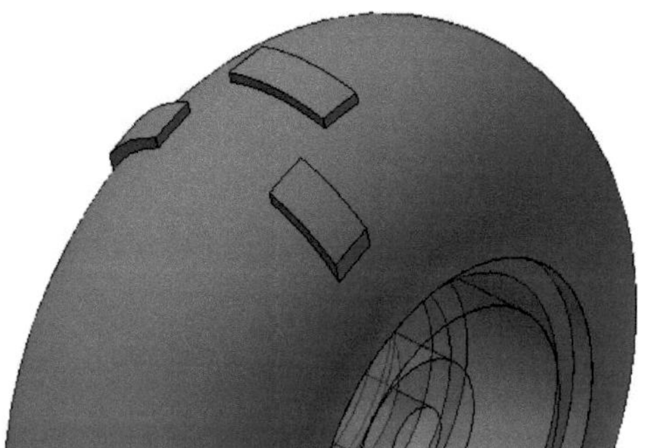

13.10 Prägung mittels runder Anordnung kopieren

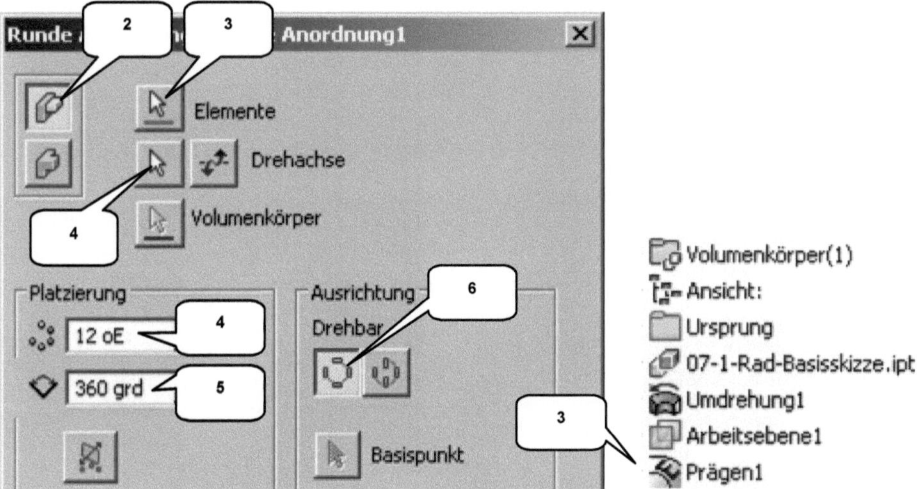

> **Runde Anordnung** (1)
> Option: Einzelne Elemente anordnen (2)
> Elemente: Prägen (Modellbaum) (3)
> Drehachse: X-Achse wählen
> Anzahl: [12] (4)
> Winkel: [360] Grad (5)
> Ausrichtung_ Drehbar (6)
> **OK**

> **Zurück** (zur Baugruppe) (7)

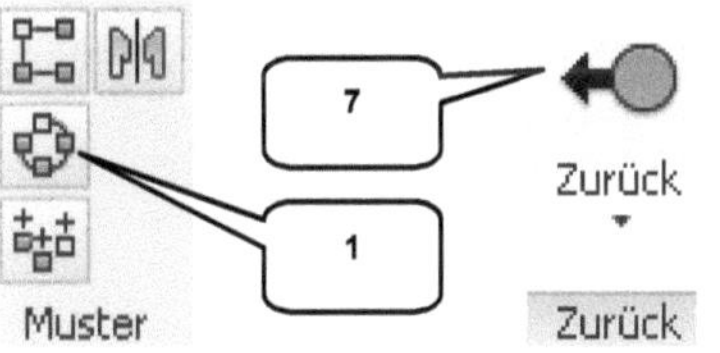

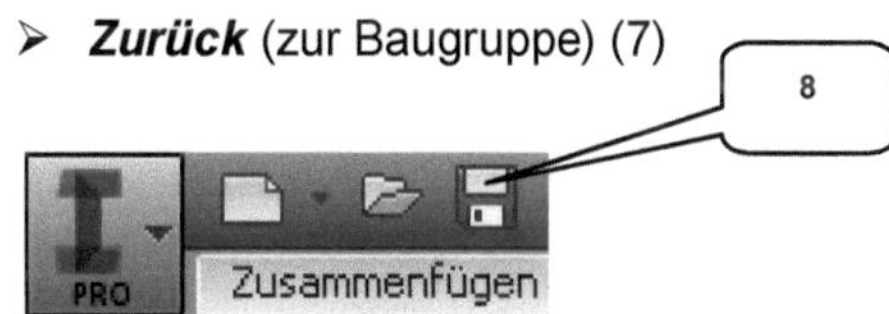

> **Speichern** (7)
> **Datei schließen** (07-Rad.iam)
> **Datei schließen** (Rad-Basisskizze.ipt)

Der Befehl **Speichern** öffnet ein gleichnamiges Fenster. Dort wird darauf hingewiesen, dass einige der Dateien neu sind und eine Erstspeicherung erforderlich ist. Dazu muss die Option **Ja für alle** aktiviert und dann mit **OK** bestätigt werden.

14 Unterbaugruppe: Hydraulikzylinder

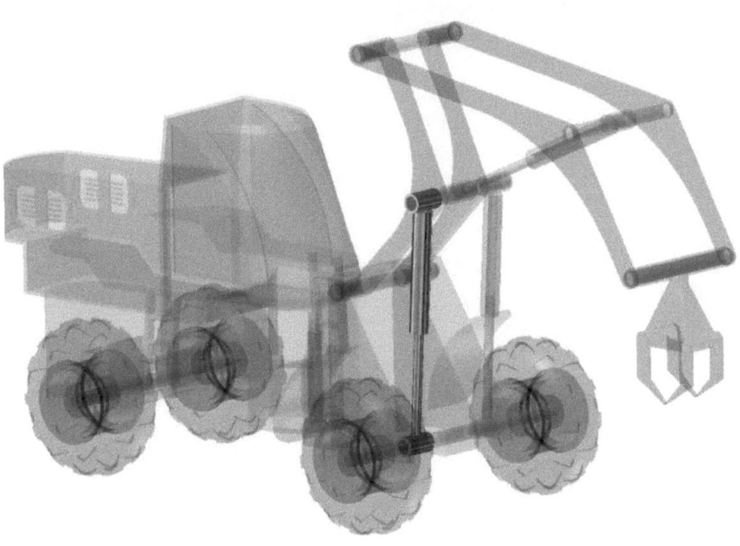

14.1 Bauteil „08-Hydraulikzylinder-Basisskizze" erstellen

> ➤ **Neu** (1)
> ➤ Templates (2)
> ➤ Bauteil: Norm.ipt (3)
> ➤ **Erstellen** (4)
>
> ➤ **Speichern** (5)
> ➤ Dateiname:
> [08-Hydraulikzylinder-Basisskizze] (6)
> ➤ **Speichern** (7)

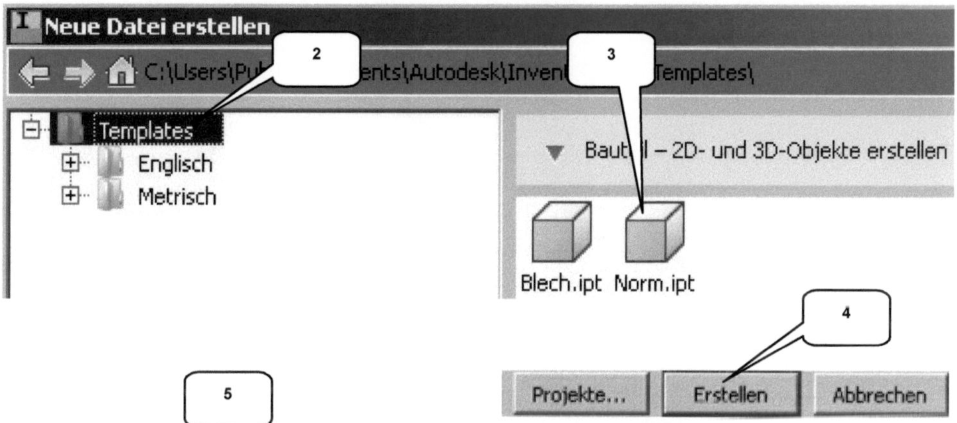

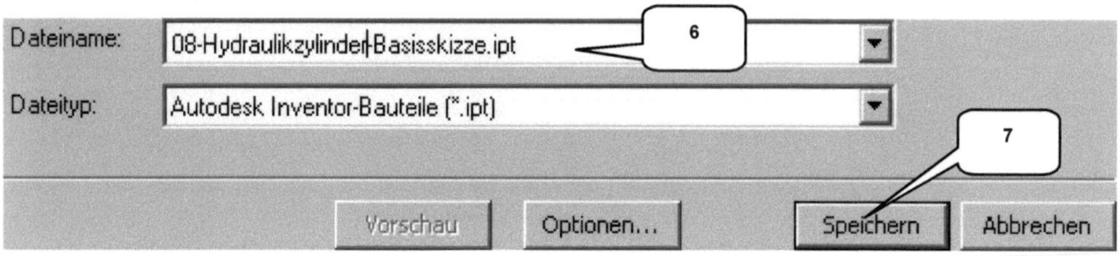

14.2 2D-Skizze auf XY-Ebene öffnen

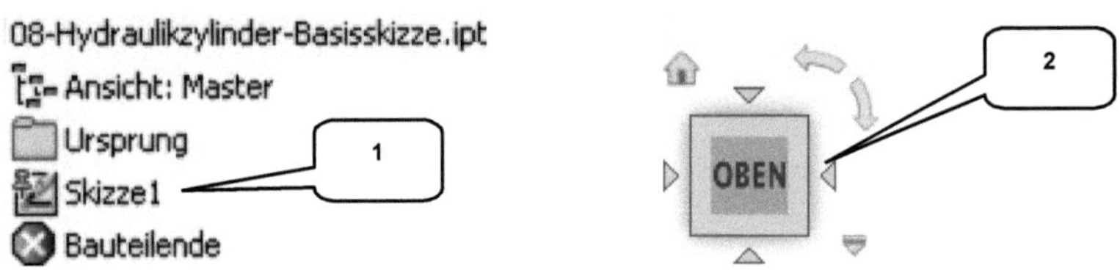

> „Skizze1" im Modellbaum doppelklicken (1)

> *ViewCube-Ansicht: OBEN* (2)

14.3 Achsen projizieren und als Konstruktionsobjekte definieren

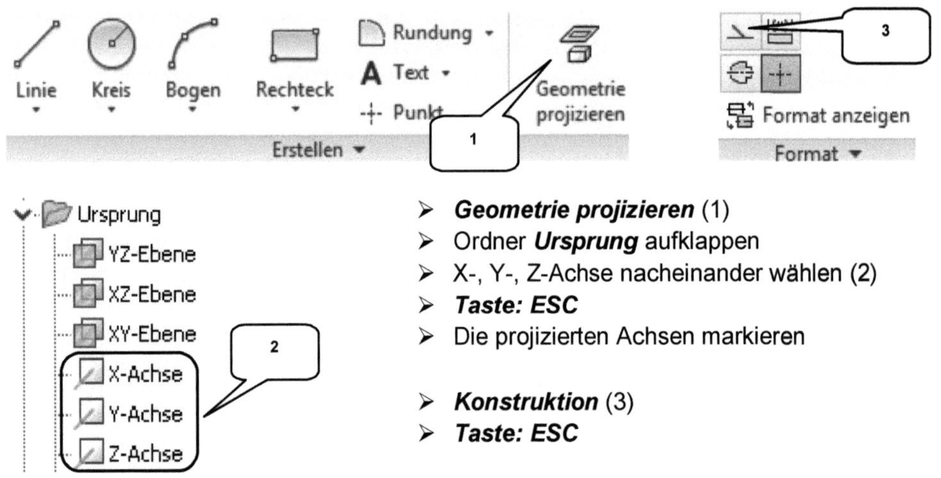

> *Geometrie projizieren* (1)
> Ordner *Ursprung* aufklappen
> X-, Y-, Z-Achse nacheinander wählen (2)
> *Taste: ESC*
> Die projizierten Achsen markieren

> *Konstruktion* (3)
> *Taste: ESC*

14.4 Zeichnen der Basisskizze

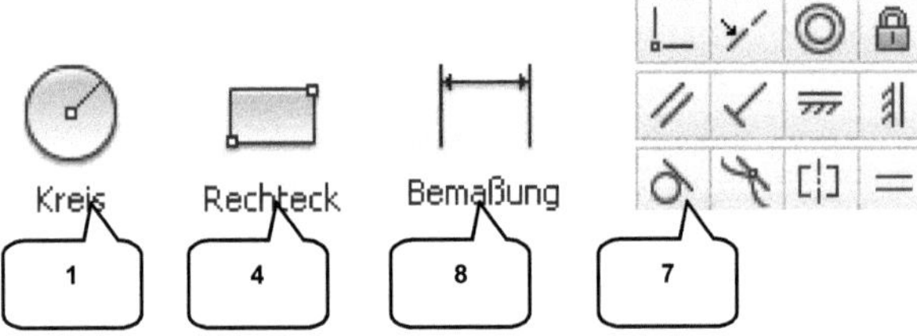

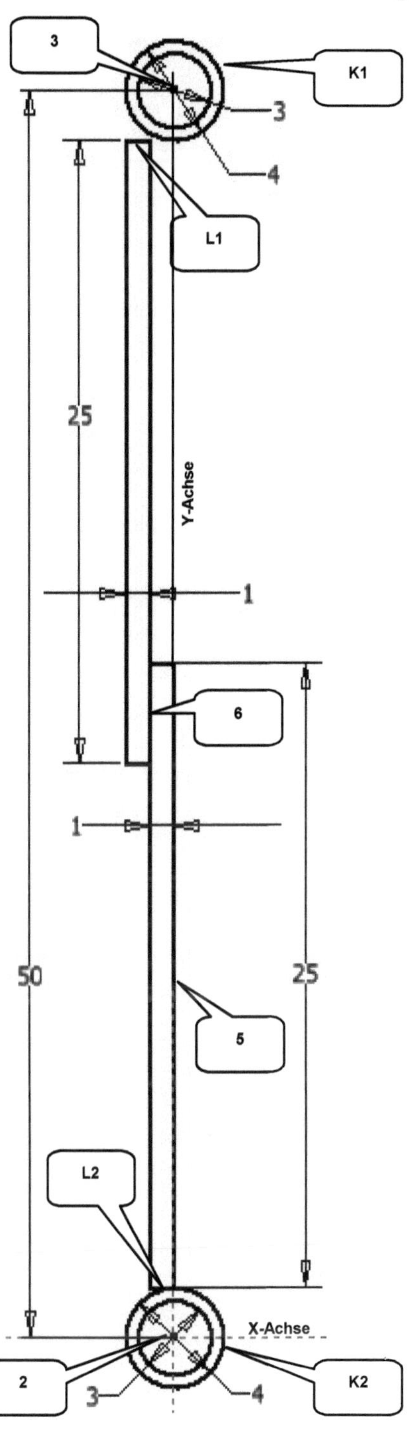

- ➢ **_Kreis_** (1)
- ➢ Zwei Kreise zeichnen (2), deren Mittel-
  punkte im Koordinatenursprung liegen
  (D1 = 3 mm, D2 = 4 mm)
- ➢ Zwei Kreise oberhalb der X-Achse
  zeichnen (3), deren Mittelpunkte auf der
  Y-Achse liegen (D1 = 3 mm, D2 = 4 mm)
- ➢ **_Taste: ESC_**

- ➢ **_Rechteck_** (4)
- ➢ Ein Rechteck zeichnen (1 x 25 mm),
  dessen rechte Senkrechte auf der projizierten Y-Achse liegt (5)
- ➢ Ein Rechteck zeichnen (1 x 25 mm),
  dessen rechte Senkrechte ein Teil auf
  der linken Senkrechten des ersten
  Rechtecks liegt (6)
- ➢ **_Taste: ESC_**

- ➢ **_Abhängigkeit Tangential_** (7)
- ➢ Kreis (K1) wählen (D = 4 mm)
- ➢ Linie (L1) wählen (L = 1 mm)
- ➢ **_Taste: ESC_**

- ➢ **_Abhängigkeit Tangential_** (7)
- ➢ Kreis (K2) wählen (D = 4 mm)
- ➢ Linie (L2) wählen (L = 1 mm)
- ➢ **_Taste: ESC_**

- ➢ **_Bemaßung_** (8)
- ➢ Alle Bemaßungen übernehmen wie
  dargestellt
- ➢ **_Taste: ESC_**

- ➢ (Die Skizze **nicht** verlassen!)

14.5 Bauteile aus der Skizze heraus exportieren

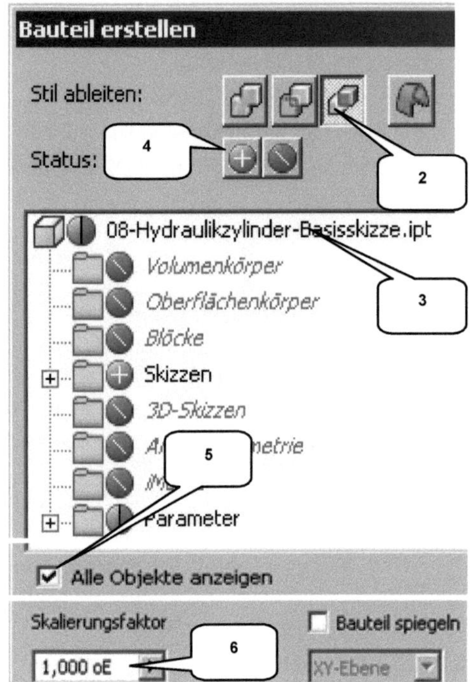

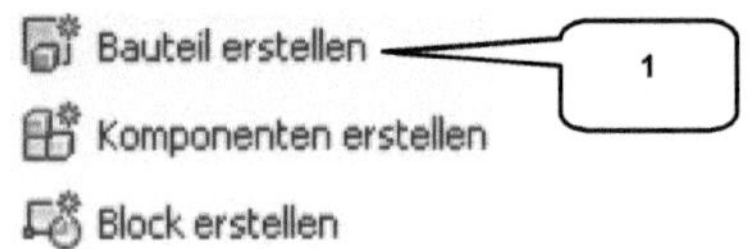

> ***Bauteil erstellen*** (1)
> Stil ableiten: Jeden Volumenkörper .. (2)
> Bauteil in Liste aktivieren (3)
> Status: Objekt ableiten wählen (4)
> Aktivieren: Alle Objekte anzeigen (5)
> Skalierungsfaktor: [1] (6)
> Bauteilname:
>   [08-1-Hydraulikzylinder-Zylinder] (7)
> Vorlage: Norm.ipt (8)
> Speicherort: Ihr Projektordner (9)
> Aktivieren: Bauteil in Zielbaugr. .. (10)
> Name der Zielbaugruppe:
>   [08-Hydraulikzylinder] (11)
> Vorlage: Norm.iam (12)
> Speicherort: Ihr Projektordner (13)
> ***ANWENDEN***

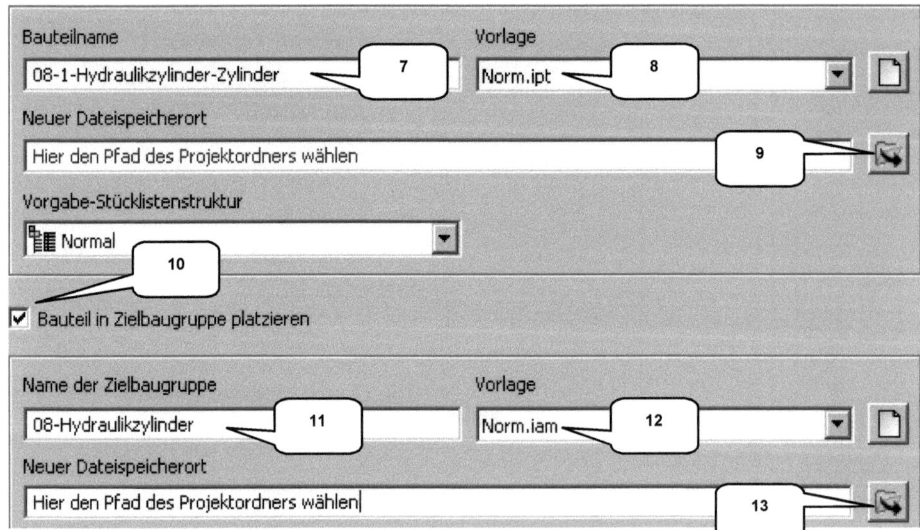

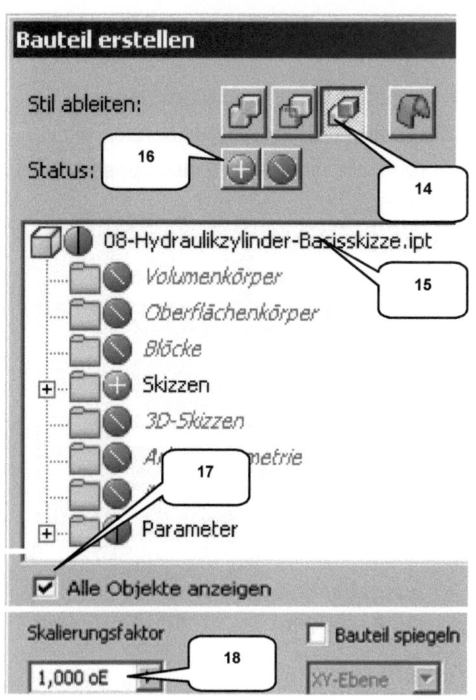

- ➢ Stil ableiten: Jeden Volumenk. .. (14)
- ➢ Bauteil in Liste aktivieren (15)
- ➢ Status: Objekt ableiten wählen (16)
- ➢ Aktivieren: Alle Objekte anzeigen (17)
- ➢ Skalierungsfaktor: [1] (18)
- ➢ Bauteilname:
  [08-2-Hydraulikzylinder-Kolben] (19)
- ➢ Vorlage: Norm.ipt (20)
- ➢ Speicherort: Ihr Projektordner (21)
- ➢ Aktivieren: Bauteil in Zielbaugr. .. (22)
- ➢ Name der Zielbaugruppe:
  [08-Hydraulikzylinder] (23)
- ➢ Vorlage: Norm.iam (24)
- ➢ Speicherort: Ihr Projektordner (25)
- ➢ *OK*

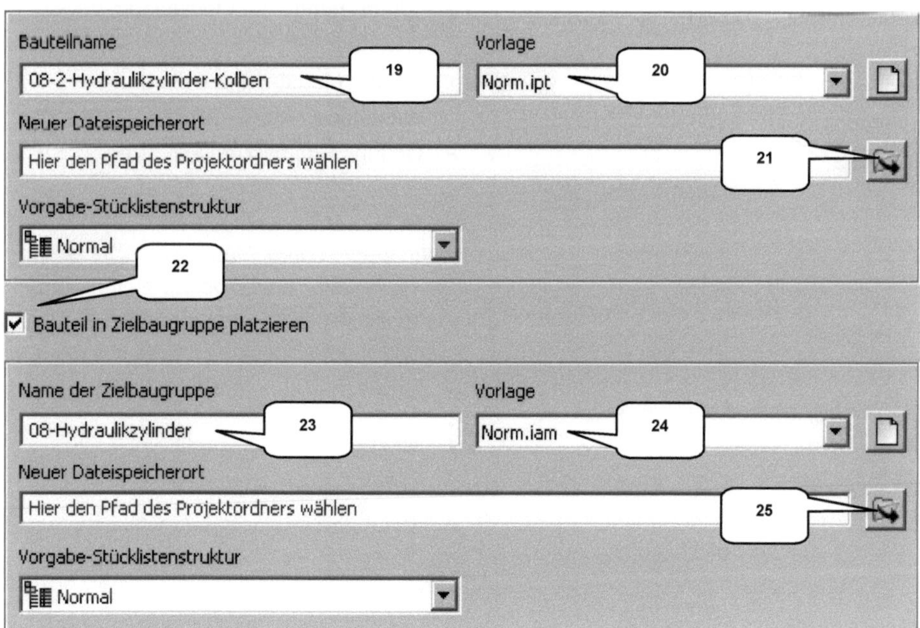

14.6 Bearbeiten des Zylinders

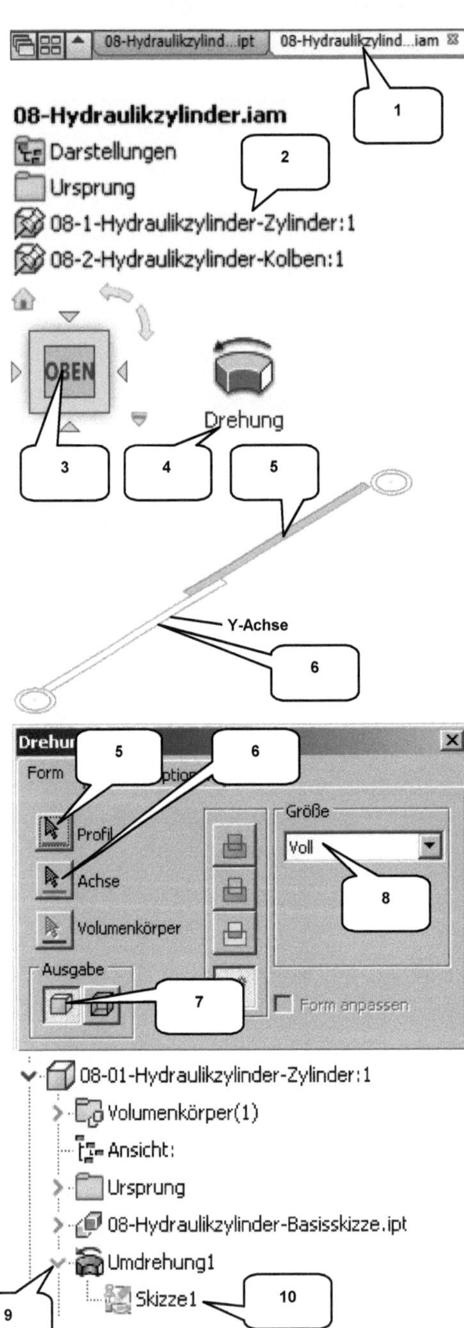

> Fenster „08-Hydraulikzylinder.iam"
> (unten links) im Zeichenbereich aktivie-
> ren (falls nicht automatisch passiert) (1)

> Rechte Maustaste auf
> „08-1-Hydraulikzylinder-Zylinder"
> im Modellbaum (2)

> Option „Bearbeiten" wählen

> ***ViewCube-Ansicht: OBEN*** (3)

> ***Drehung*** (4)

>

> Profil: Oberes Rechteck (5)

> Achse: Projizierte Y-Achse (Skizze) (6)

> Ausgabe: Volumenkörper (7)

> Größe: Voll (8)

> ***OK***

> „Umdrehung1" im Modellbaum
> erweitern (9)

> Rechte Maustaste auf die darin
> enthaltene Skizze (10)

> Option „Sichtbarkeit" aktivieren

*Sollte die Option „Sichtbarkeit" im Auswahl-
menü der rechten Maustaste nicht vorhanden sein, oder der folgende Befehl zurück-
gewiesen werden, kann alternativ die Option
„Skizze wieder verwenden" gewählt werden.*

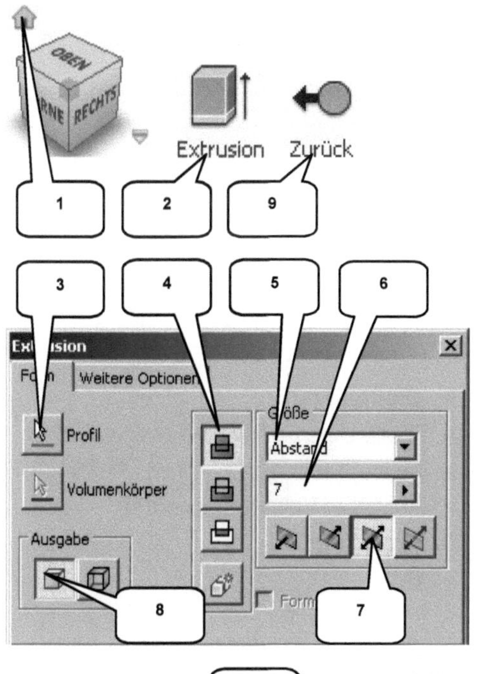

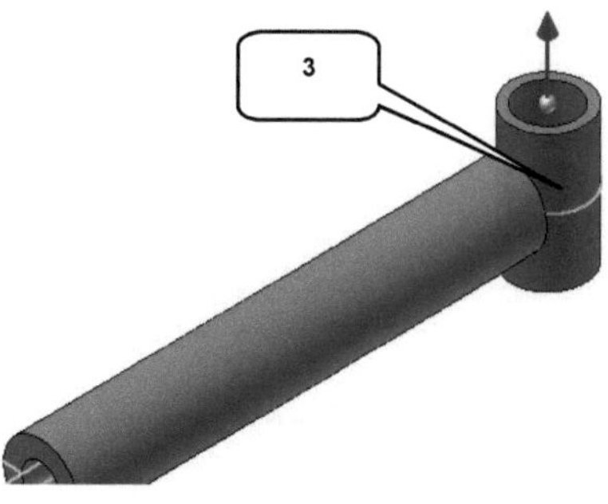

> **ViewCube-Ansicht: Haussymbol** (1)

> **Extrusion** (2)
> Profil: Kreisring (3)
> Verfahren: Vereinigung (4)
> Größe: Abstand (5)
> Wert: [7] mm (6)
> Richtung: Symmetrisch (7)
> Ausgabe: Volumenkörper (8)
> **OK**

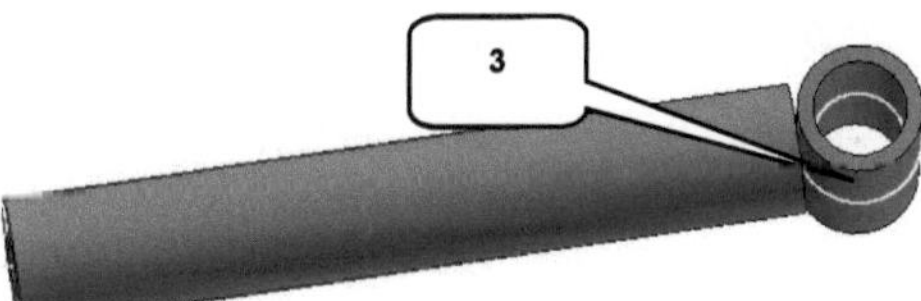

> Rechte Maustaste auf die reaktivierte
> Skizze im Modellbaum

> „Sichtbarkeit" deaktivieren

> **Zurück** (9) (zum Baugruppenbereich)

*Extrudiert werden soll der Bereich zwischen den beiden Kreisen D1 = 3 mm und D2 = 4 mm, welcher sich **nicht** im Koordinatenursprung, sondern 50 mm oberhalb der X-Achse befindet (3).*

14.7 Bearbeiten des Kolbens

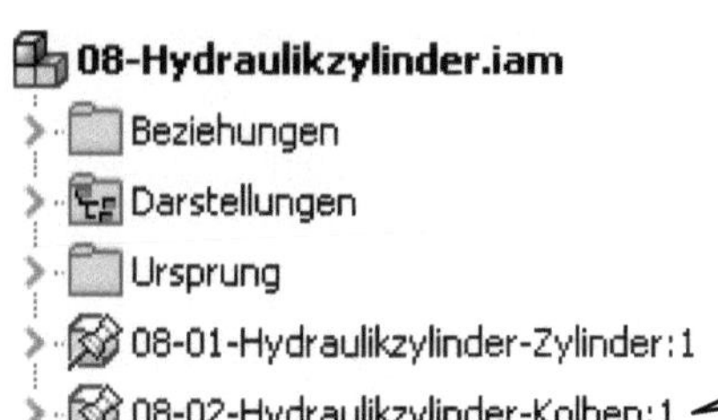

> Rechte Maustaste auf
> „08-2-Hydraulikzylinder-Kolben" im
> Modellbaum (1)
> Option „Bearbeiten" wählen

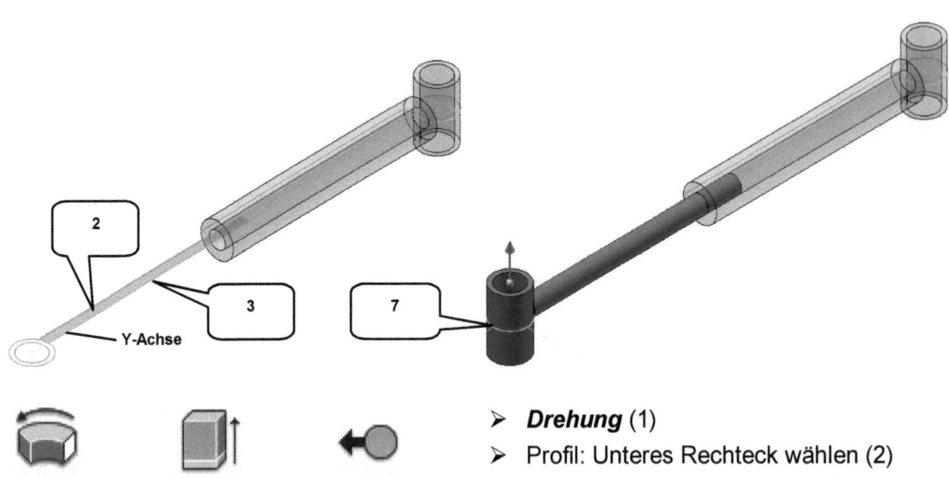

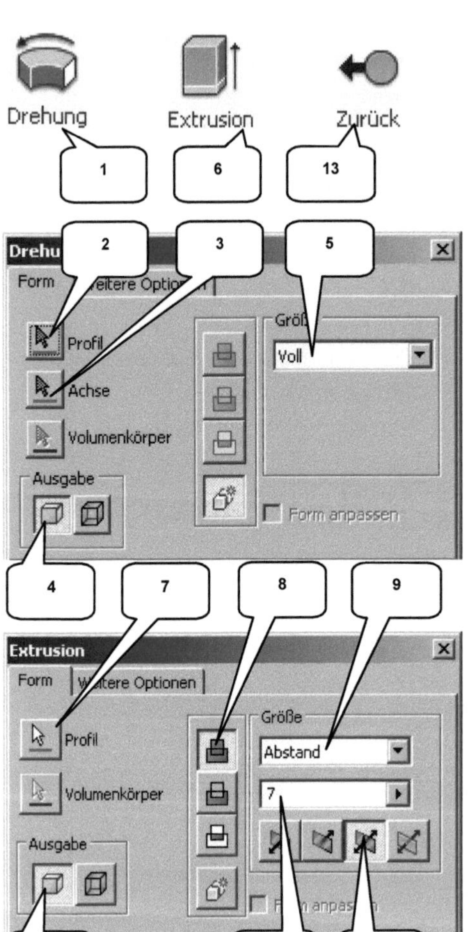

> ***Drehung*** (1)
> Profil: Unteres Rechteck wählen (2)
> Achse: Projizierte Y-Achse (Skizze) (3)
> Ausgabe: Volumenkörper (4)
> Größe: Voll (5)
> ***OK***

> „Umdrehung1" im Modellbaum erweitern
> Rechte Maustaste auf die darin enthaltene Skizze
> Option „Sichtbarkeit" wählen (alternativ „Skizze wieder verwenden")

> ***Extrusion*** (6)
> Profil: Kreisring (zw. D = 3 mm und D = 4 mm) am Koordinatenursprung (7)
> Verfahren: Vereinigung (8)
> Größe: Abstand (9)
> Wert: [7] mm (10)
> Richtung: Symmetrisch (11)
> Ausgabe: Volumenkörper (12)
> ***OK***

> Rechte Maustaste auf die reaktivierte Skizze im Modellbaum
> „Sichtbarkeit" deaktivieren

> ***Zurück*** (13) (zum Baugruppenbereich)

14.8 Setzen der Abhängigkeiten zwischen Kolben und Zylinder

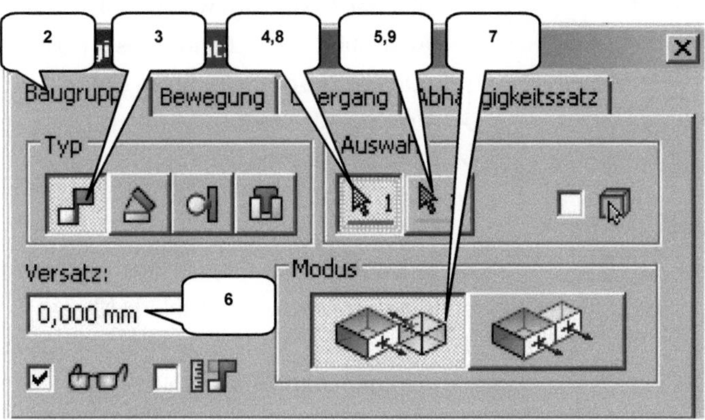

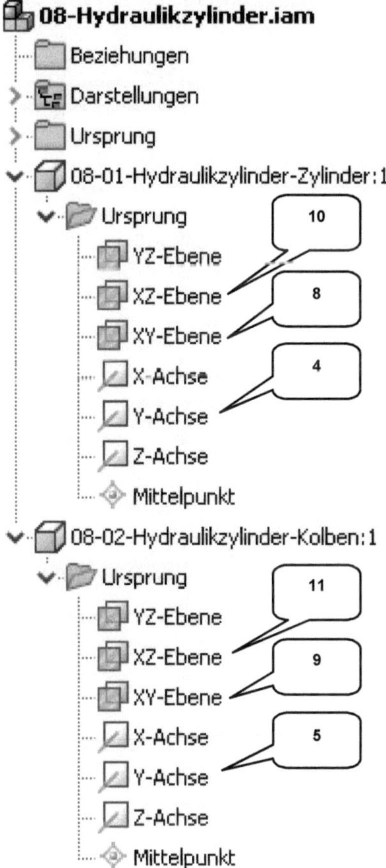

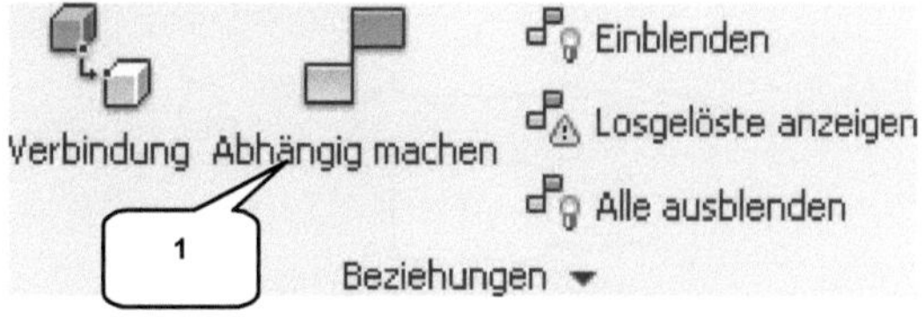

> Rechte Maustaste im Modellbaum auf „08-2-Hydraulikzylinder-Kolben"

> Option „Fixiert" deaktivieren

> ***Abhängig machen*** (1)

> Reiter: Baugruppe (2)

> Typ: Passend (3)

> Auswahl1: Y-Achse des Zylinders (Ordner ***Ursprung***, Bauteil „Zylinder") wählen (4)

> Auswahl2: Y-Achse des Kolbens (Ordner ***Ursprung***, Bauteil „Kolben") wählen (5)

> Versatz: [0] mm (6)

> Modus: Passend (7)

> ***ANWENDEN***

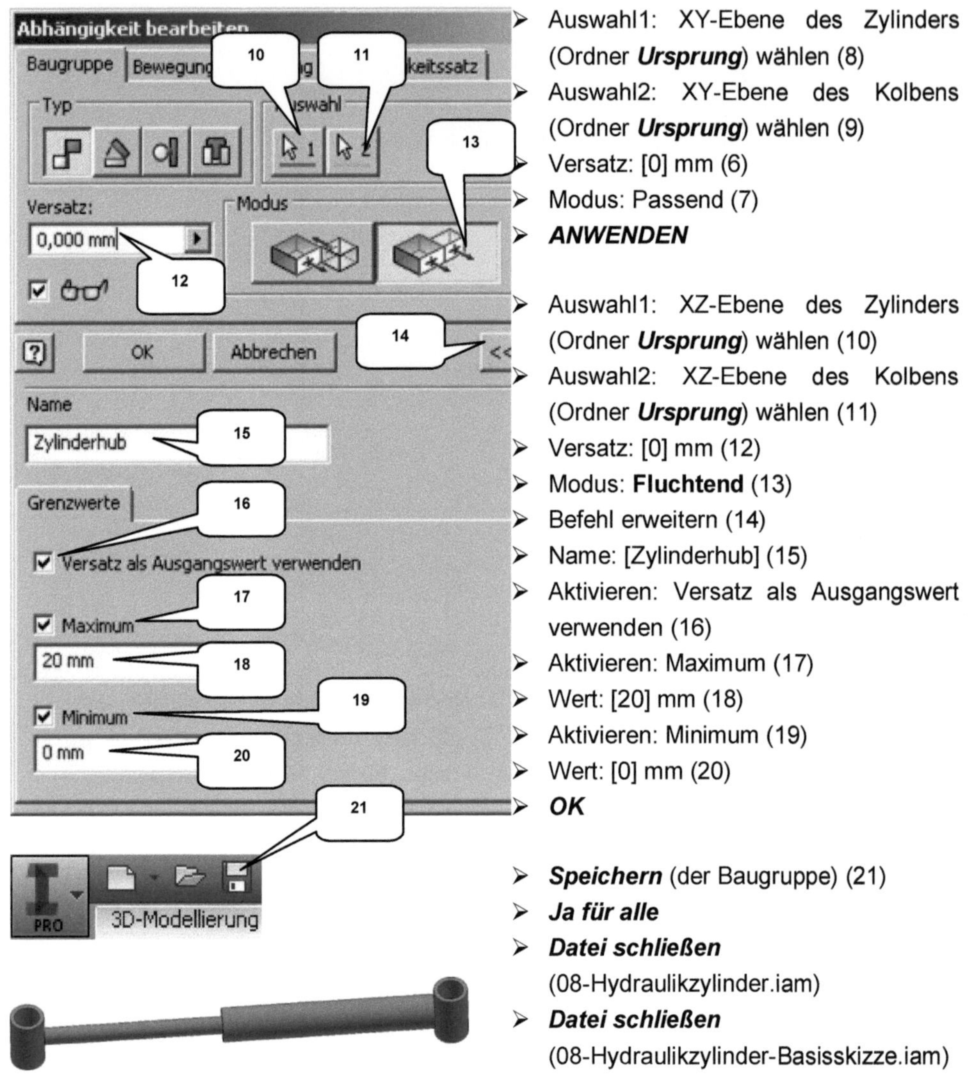

➤ Auswahl1: XY-Ebene des Zylinders (Ordner *Ursprung*) wählen (8)

➤ Auswahl2: XY-Ebene des Kolbens (Ordner *Ursprung*) wählen (9)

➤ Versatz: [0] mm (6)

➤ Modus: Passend (7)

➤ *ANWENDEN*

➤ Auswahl1: XZ-Ebene des Zylinders (Ordner *Ursprung*) wählen (10)

➤ Auswahl2: XZ-Ebene des Kolbens (Ordner *Ursprung*) wählen (11)

➤ Versatz: [0] mm (12)

➤ Modus: **Fluchtend** (13)

➤ Befehl erweitern (14)

➤ Name: [Zylinderhub] (15)

➤ Aktivieren: Versatz als Ausgangswert verwenden (16)

➤ Aktivieren: Maximum (17)

➤ Wert: [20] mm (18)

➤ Aktivieren: Minimum (19)

➤ Wert: [0] mm (20)

➤ *OK*

➤ *Speichern* (der Baugruppe) (21)

➤ *Ja für alle*

➤ *Datei schließen* (08-Hydraulikzylinder.iam)

➤ *Datei schließen* (08-Hydraulikzylinder-Basisskizze.iam)

Der Kolben kann jetzt bei gedrückter linker Maustaste in den Zylinder geschoben werden; er schnellt zurück, sobald die Maustaste wieder losgelassen wird.

15 Hauptbaugruppe: Holzrückmaschine

15.1 Baugruppe „00-Holzrueckmaschine" erstellen

> ***Neu*** (1)
> Templates (2)
> Bauteil: Norm.iam (3)
> ***Erstellen*** (4)

> ***Speichern*** (5)
> Dateiname:
> [00-Holzrueckmaschine] (6)
> ***Speichern*** (7)

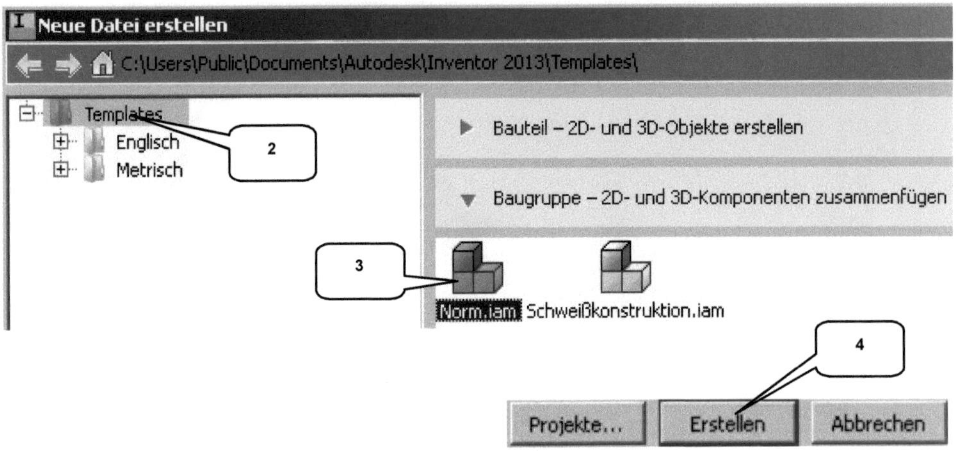

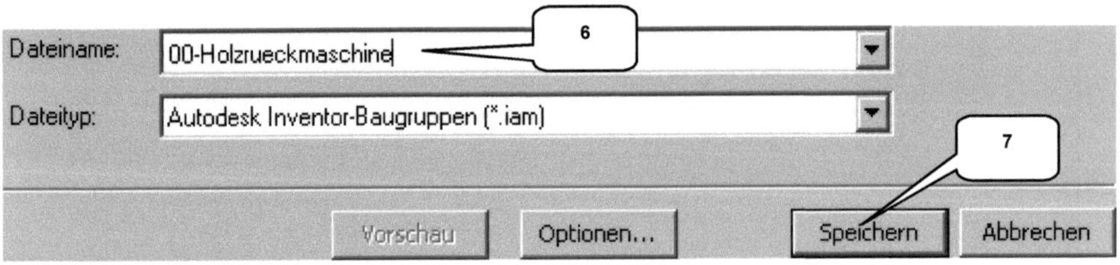

15.2 Platzieren der ersten Bauteile

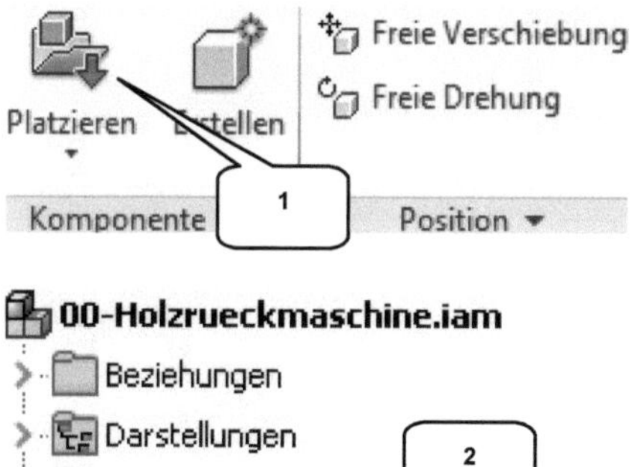

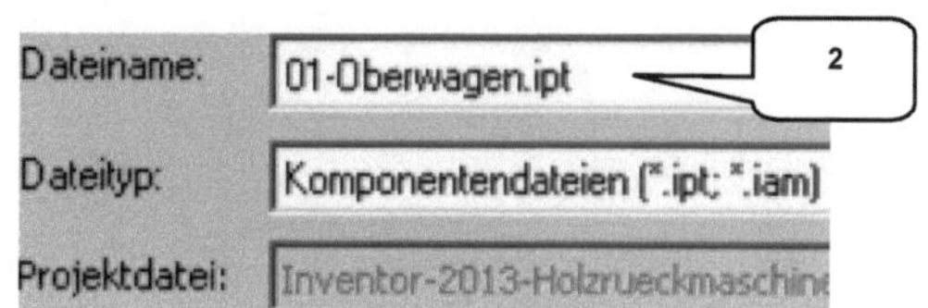

> ***Komponente platzieren*** (1)
> Datei „01-Oberwagen.ipt" wählen (2)
> ***ÖFFNEN***
> Rechte Maustaste > Option „Am Ursprung platziert fixiert" wählen
> ***Taste: ESC***

Ein Bauteil in einer Baugruppe sollte stets auf den Koordinatenursprung der Baugruppe bezogen platziert und dort fixiert werden. Wurden die Anwendungsoptionen korrekt eingestellt, so wurde das erste Bauteil bereits automatisch positioniert.

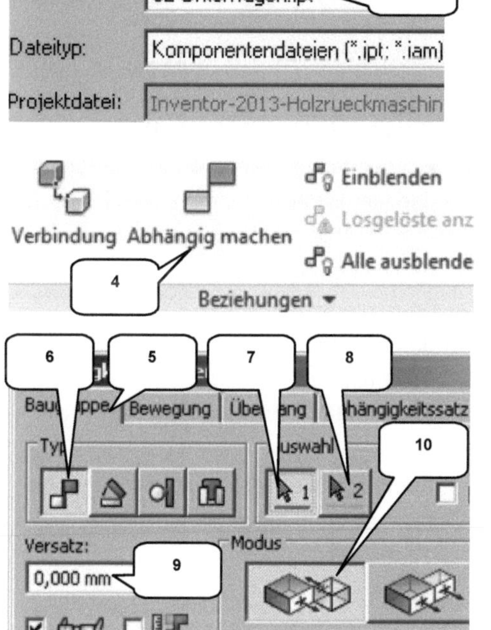

> ***Komponente platzieren*** (1)
> Datei „02-Unterwagen.ipt" wählen (3)
> ***ÖFFNEN***
> Bauteil einmal frei im Zeichenbereich ablegen (linke Maustaste)
> ***Taste: ESC***
>
> ***Abhängig machen*** (4)
> Reiter: Baugruppe (5)
> Typ: Passend (6)
> Auswahl1: Markierte Fläche (7)
> Auswahl2: Markierte Fläche (8)
> Versatz: [0] mm (9)
> Modus: Passend (10)
> ***ANWENDEN***
> Auswahl1: Markierte Fläche (11)
> Auswahl2: Markierte Fläche (12)
> Versatz: [0] mm (13)
> Modus: **Fluchtend** (14)
> ***ANWENDEN***

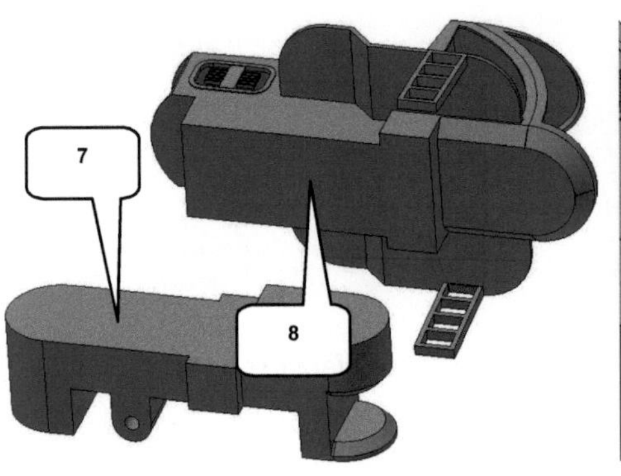

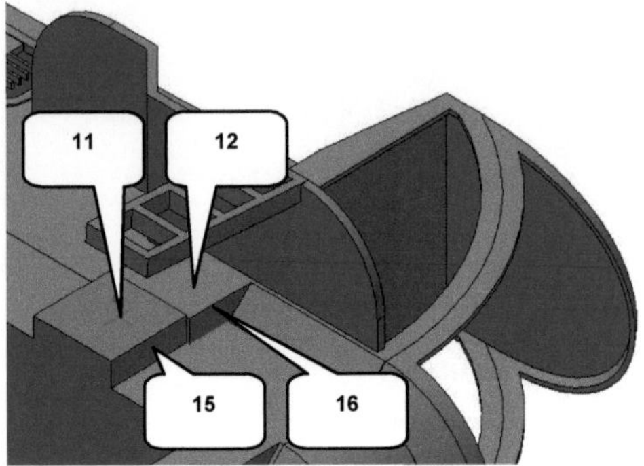

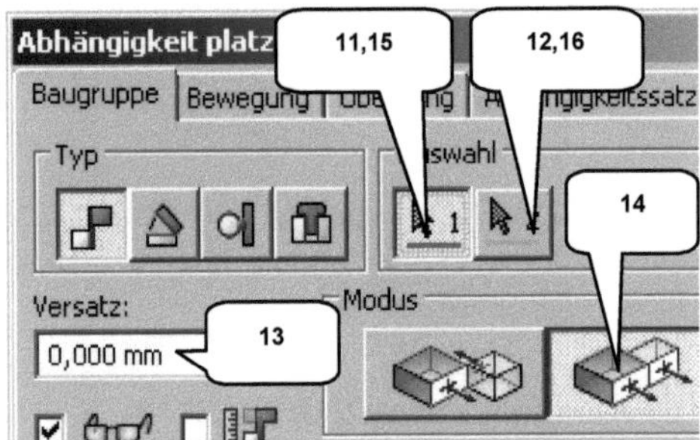

> Auswahl1: Markierte Fläche (15)
> Auswahl2: Markierte Fläche (16)
> Versatz: [0] mm (13)
> Modus: **Fluchtend** (14)
> *OK*

15.3 *Weitere Bauteile in die Baugruppe einfügen*

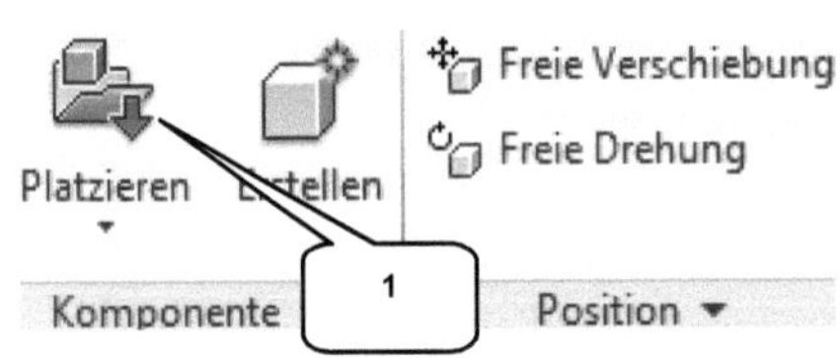

> *Komponente platzieren* (1)
> Bei gedrückter *Taste: STRG* die folgen-
den vier Bauteile mit der linken Maustaste auswählen:
> 03-Hubgestell.ipt
> 04-Ausleger.ipt
> 05-Greiferstil.ipt
> 06-Greifer.ipt
> *ÖFFNEN*

00-Holzrueckmaschine.iam
- Darstellungen
- Ursprung
- 01-Oberwagen:1
- 02-Unterwagen:1
- 03-Hubgestell:1 ⟵
- 04-Ausleger:1 ⟵
- 05-Greiferstiel:1 ⟵
- 06-Greifer:1 ⟵

> Komponenten einmal frei im Zeichenbe-
reich ablegen (linke Maustaste)
> *Taste: ESC*

15.4 Bauteil „03-Hubgestell" mit Abhängigkeiten versehen

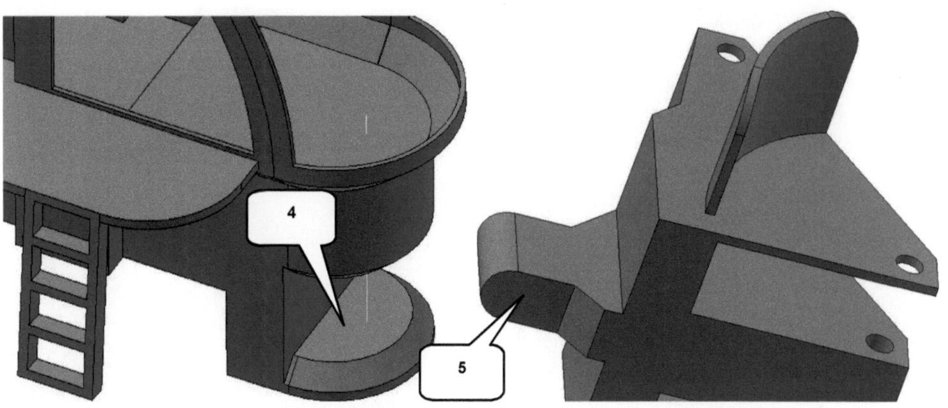

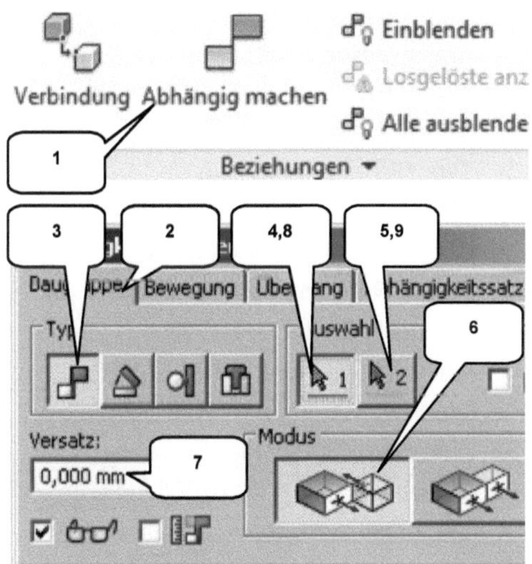

> ***Abhängig machen*** (1)
> Reiter: Baugruppe (2)
> Typ: Passend (3)
> Auswahl1: Markierte Fläche (4)
> Auswahl2: Markierte Fläche (5)
> Versatz: [0] mm (6)
> Modus: Passend (7)
> ***ANWENDEN***
> Auswahl1: Arbeitsachse (8)
> Auswahl2: Markierte Rundung (9)
> Versatz: [0] mm (6)
> Modus: Passend (7)
> ***OK***

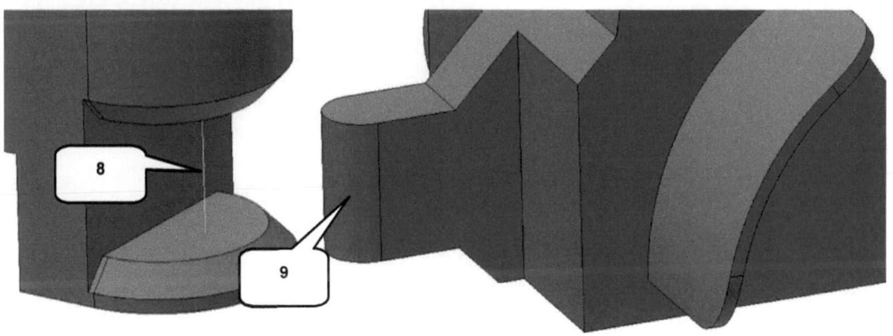

15.5 Schraubenverbindungen einfügen

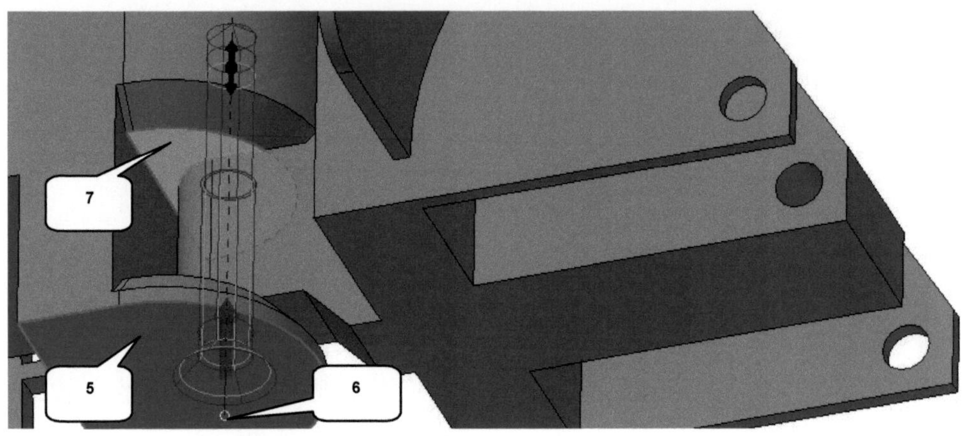

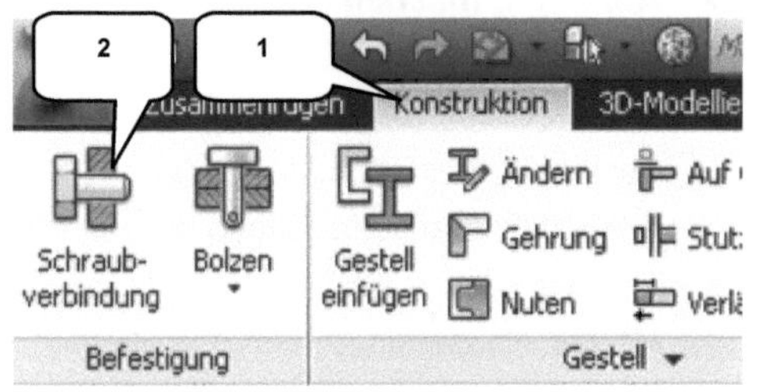

> Register **Konstruktion** öffnen (1)

> **Schraubenverbindung** (2)
> Typ: Nicht durchgehend (3)
> Platzierung: Konzentrisch (4)
> Startebene: Markierte Fläche (5)
> Runde Referenz: Markierte Achse (6)
> Sackloch-Startebene: Fläche (7)
> Gewinde: ISO Metrisches Profil (8)
> Durchmesser: [3] mm (9)
> Zum Hinzufügen einer Schraube.. (10)
> Auswahl: DIN EN ISO 10642 (11)
> **OK > OK**

> Schraube „DIN EN ISO 10642 M3 x 20"
> sollte in der Vorschau erscheinen (12)

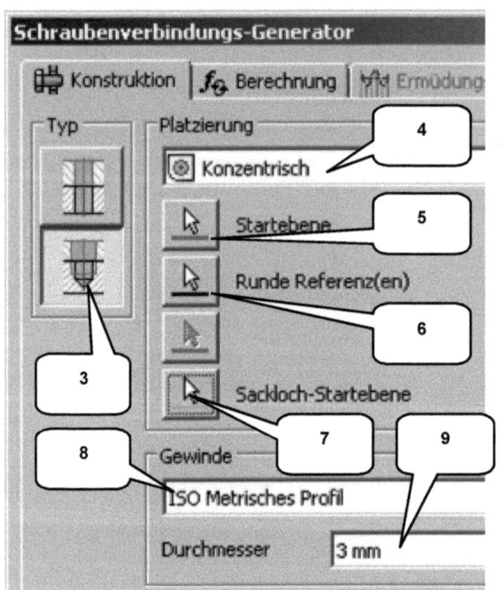

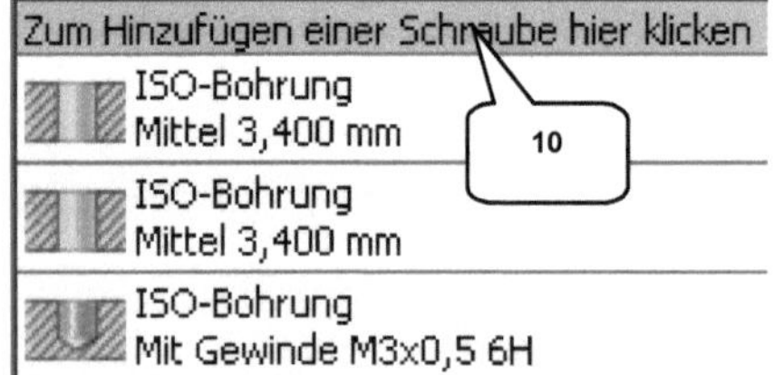

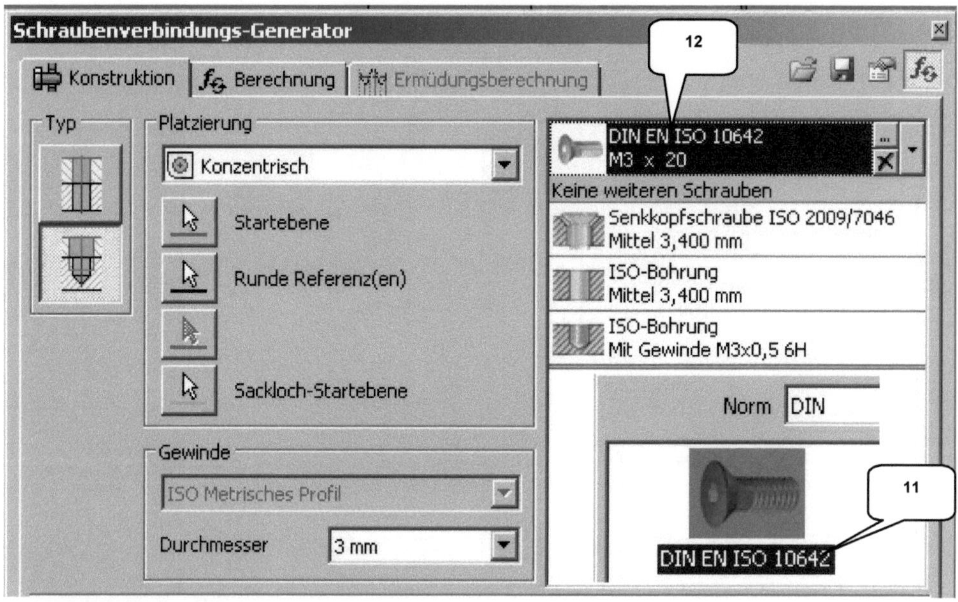

> **Speichern** (13)
> Ja für alle (14)
> **OK**

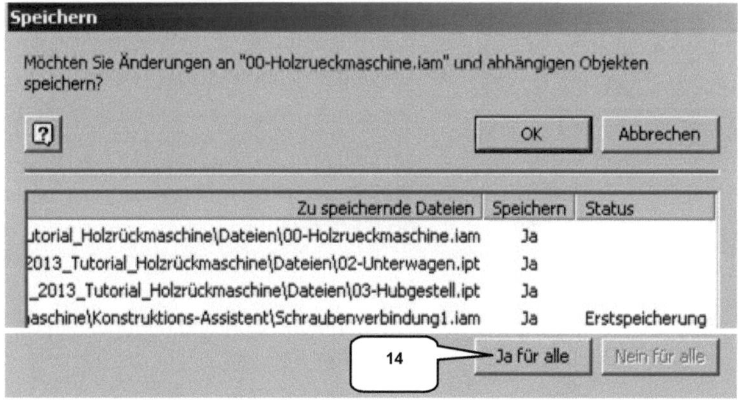

Dieser Befehl fügt Schraubenverbindungen in Baugruppen ein und fügt den Bauteilen **02-Unterwagen.ipt** und **03-Hubgestellt.ipt** alle für die Schraubenverbindung notwendigen (Gewinde-) Bohrungen hinzu.

15.6 Bauteil „04-Ausleger" mit Abhängigkeiten versehen

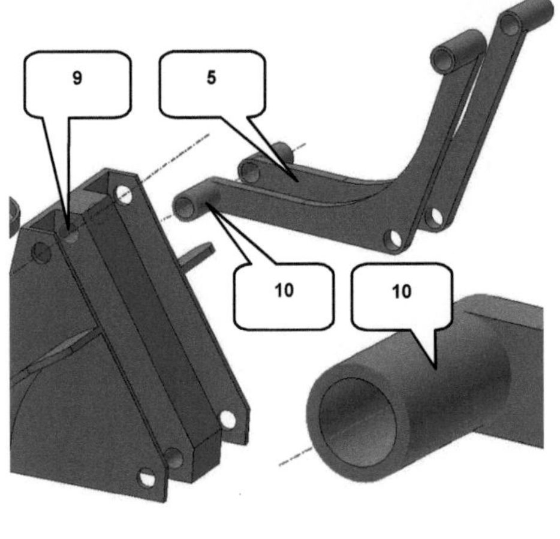

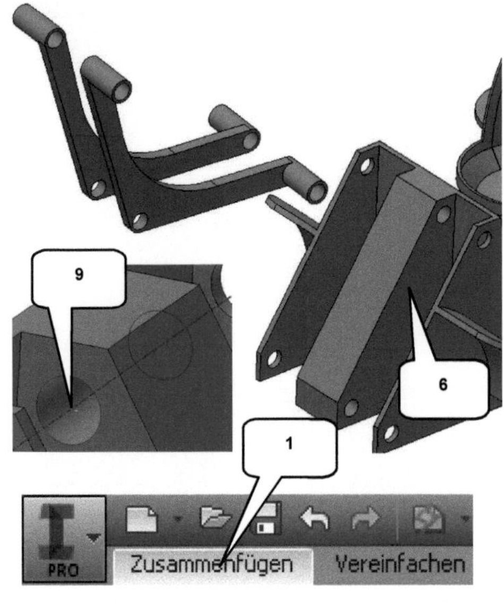

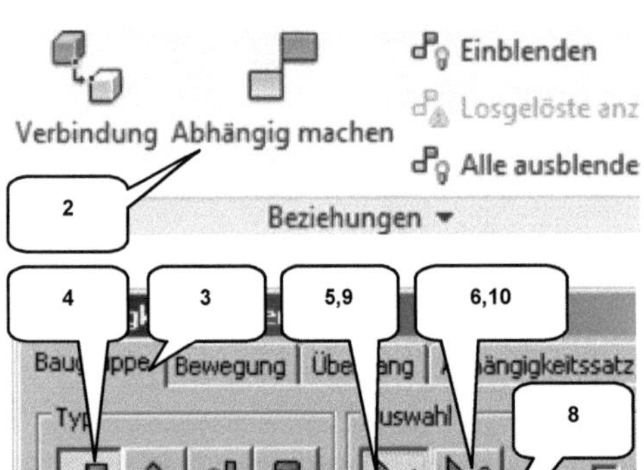

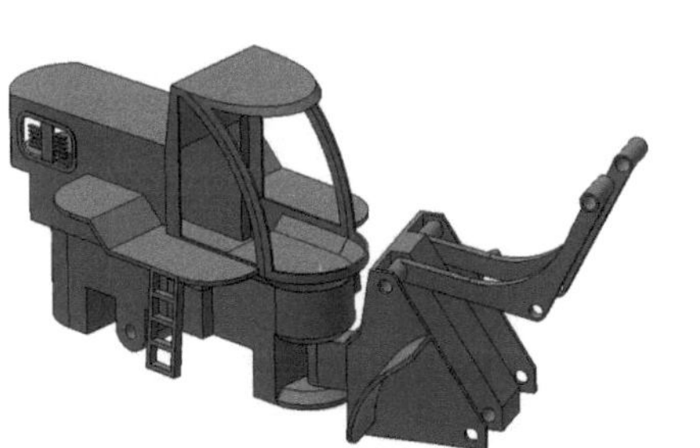

> Register **Zusammenfügen** öffnen (1)

> **Abhängig machen** (2)
> Reiter: Baugruppe (3)
> Typ: Passend (4)
> Auswahl1: Mark. Fläche (Ausleger) (5)
> Auswahl2: Mark. Fläche (Hubgestell) (6)
> Versatz: [0] mm (7)
> Modus: Passend (8)
> **ANWENDEN**

> Auswahl1:
> Zylinderfläche Bohrung (Hubgestell) (9)
> Auswahl2:
> Zylinderfläche (Ausleger) (10)
> Versatz: [0] mm (7)
> Modus: Passend (6)
> **OK**

15.7 Bauteil „05-Greiferstiel" mit Abhängigkeiten versehen

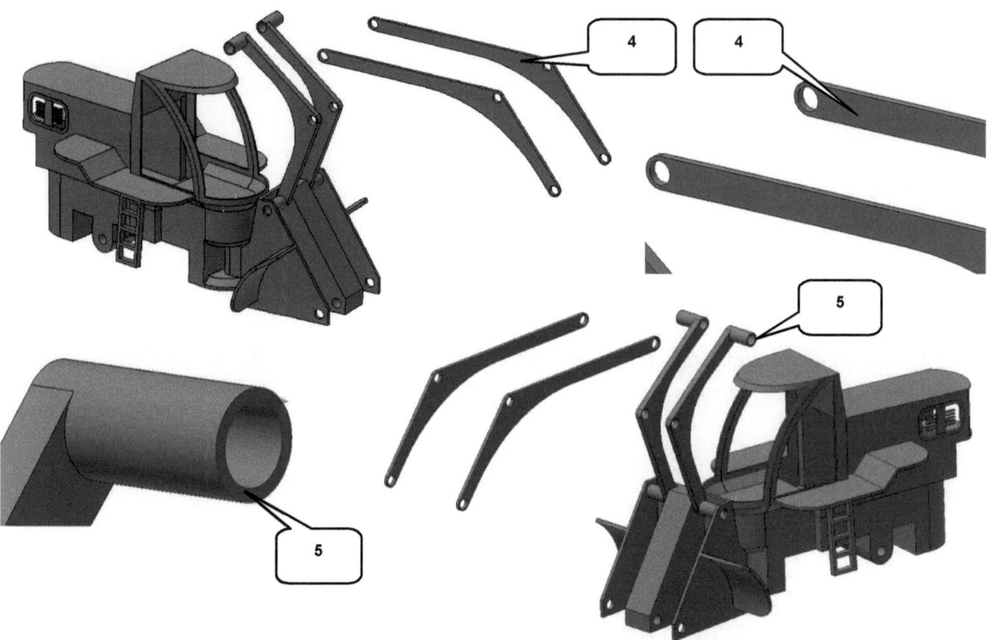

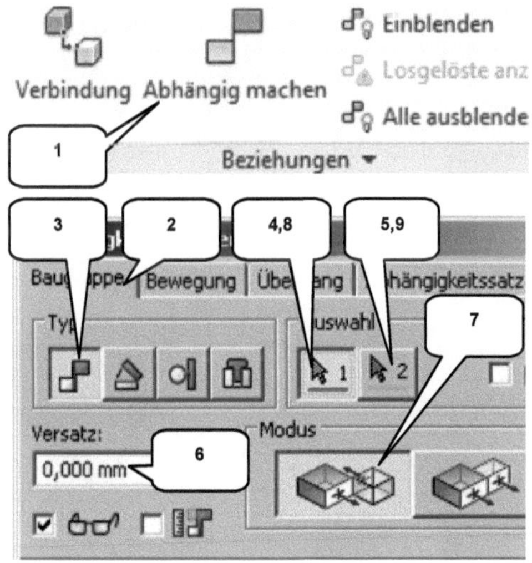

> **Abhängig machen** (1)
> Reiter: Baugruppe (2)
> Typ: Passend (3)
> Auswahl1: Markierte Fläche (innere Fläche Greiferstiel) (4)
> Auswahl2: Markierte Fläche (Stirnfläche Ausleger) (5)
> Versatz: [0] mm (6)
> Modus: Passend (7)
> **ANWENDEN**
> Auswahl1: Zylinderfläche (Ausleger) (Hubgestell) (8)
> Auswahl2: Zylinderfläche Bohrung (Greiferstiel) (9)
> Versatz: [0] mm (6)
> Modus: Passend (7)
> **OK**

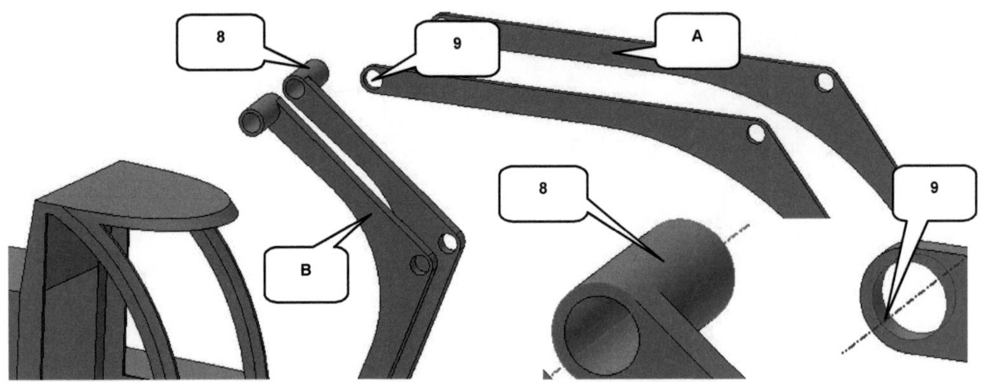

Der Greiferstiel hat eine lange und eine kurze Seite. Die lange Seite (A) ist die Seite, welche mit dem Ausleger (B) verbunden werden muss (8,9).

15.8 Bauteil „06-Greifer" mit Abhängigkeiten versehen

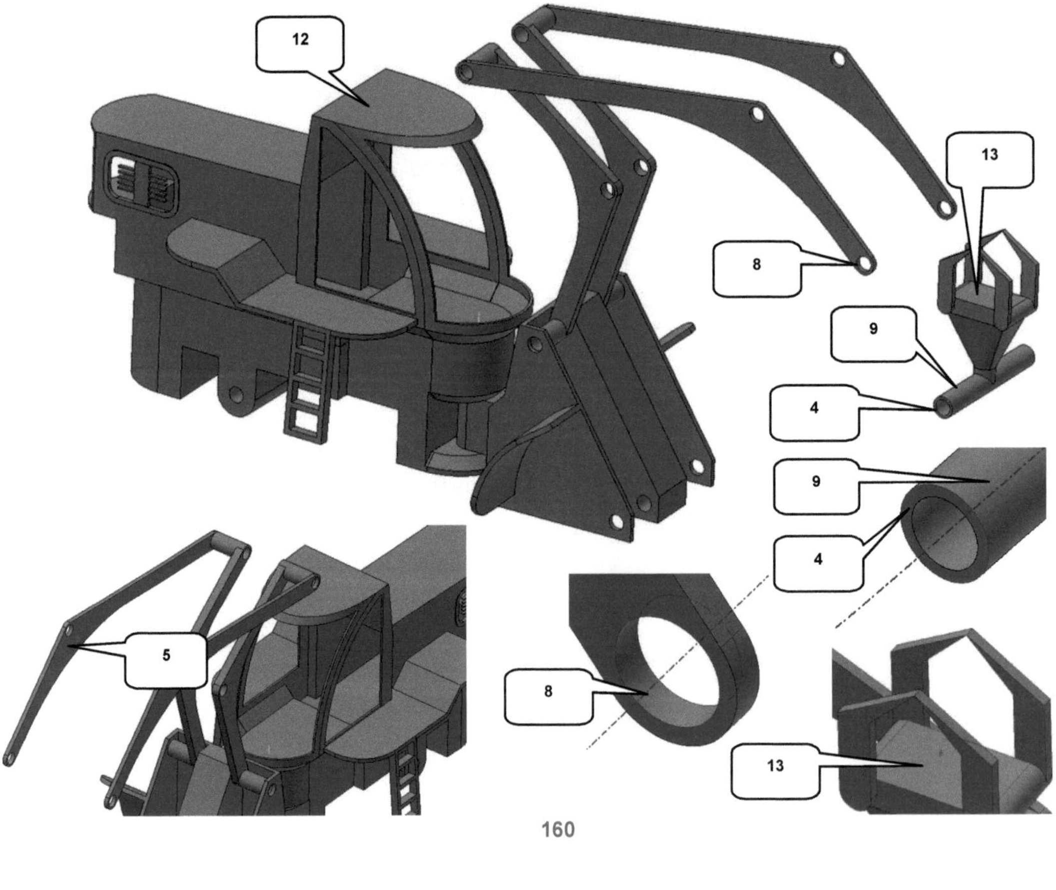

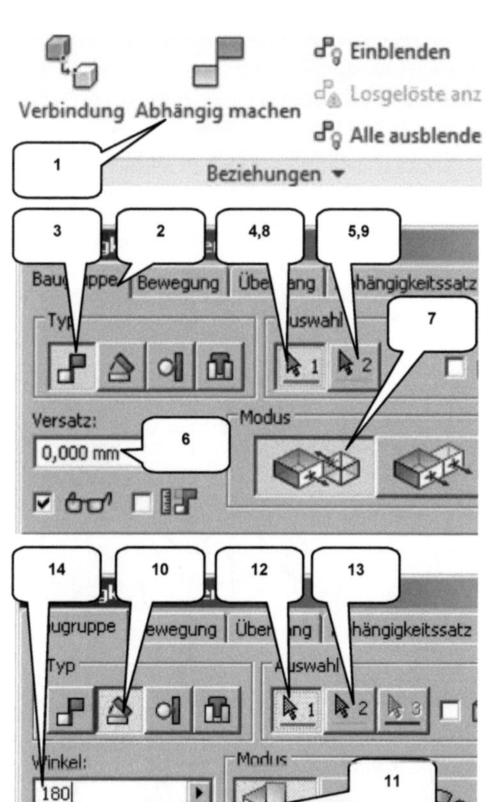

> ***Abhängig machen*** (1)
> Reiter: Baugruppe (2)
> Typ: Passend (3)
> Auswahl1: Markierte Fläche (Stirnfläche Greifer) (4)
> Auswahl2: Markierte Fläche (innere Fläche Greiferstiel) (5)
> Versatz: [0] mm (6)
> Modus: Passend (7)
> ***ANWENDEN***
> Auswahl1: Zylinderfläche (Bohrung Ausleger) (8)
> Auswahl2: Zylinderfläche (Greifer) (9)
> Versatz: [0] mm (6)
> Modus: Passend (7)
> ***ANWENDEN***
> Typ: **Winkel** (10)
> Modus: Gerichteter Winkel (11)
> Auswahl1: Markierte Fläche (Dach Oberwagen) (12)
> Auswahl2: Markierte Fläche (Greifer) (13)
> Winkel: [180] Grad (14)
> ***OK***

15.9 Unterbaugruppen „08-Hydraulikzylinder" einfügen

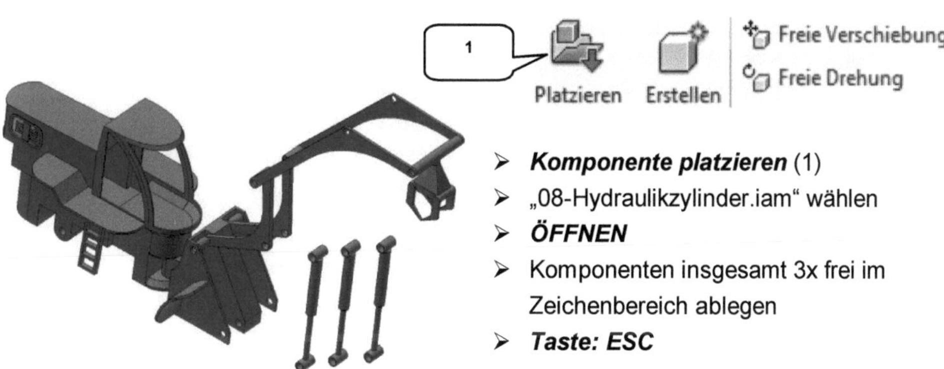

> ***Komponente platzieren*** (1)
> „08-Hydraulikzylinder.iam" wählen
> ***ÖFFNEN***
> Komponenten insgesamt 3x frei im Zeichenbereich ablegen
> ***Taste: ESC***

15.10 Befestigen der unteren beiden Hydraulikzylinder

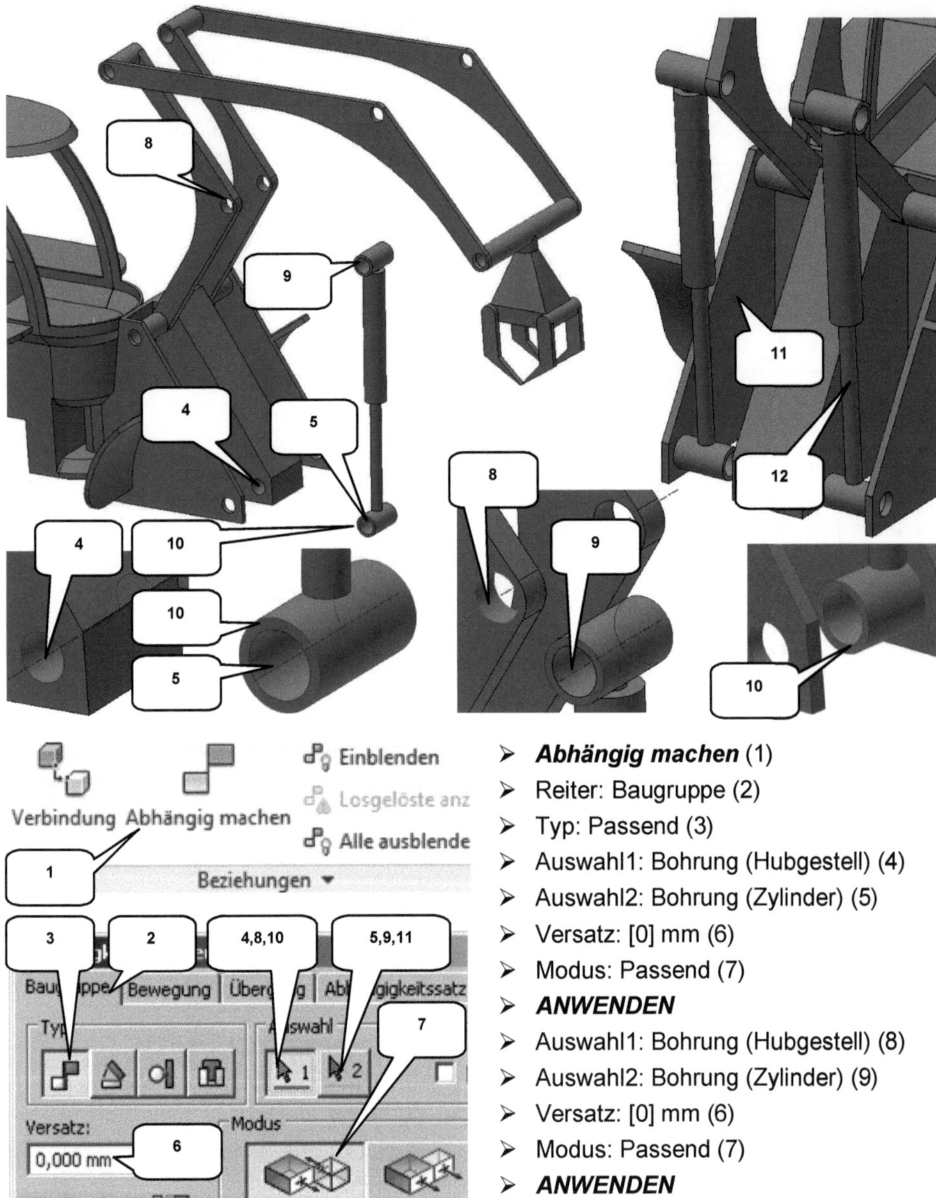

> ***Abhängig machen*** (1)
> Reiter: Baugruppe (2)
> Typ: Passend (3)
> Auswahl1: Bohrung (Hubgestell) (4)
> Auswahl2: Bohrung (Zylinder) (5)
> Versatz: [0] mm (6)
> Modus: Passend (7)
> ***ANWENDEN***
> Auswahl1: Bohrung (Hubgestell) (8)
> Auswahl2: Bohrung (Zylinder) (9)
> Versatz: [0] mm (6)
> Modus: Passend (7)
> ***ANWENDEN***

> Auswahl1: Stirnfläche (Zylinder) (10)
> Auswahl2: Fläche (Hubgestell) (11)
> Versatz: [0] mm (6)

> Modus: Passend (7)
> *OK*

Der zweite Hydraulikzylinder kann äquivalent zwischen Hubgestell und Ausleger befestigt werden. Position (12) zeigt dessen Lage und Ausrichtung.

15.11 Befestigen des oberen Hydraulikzylinders

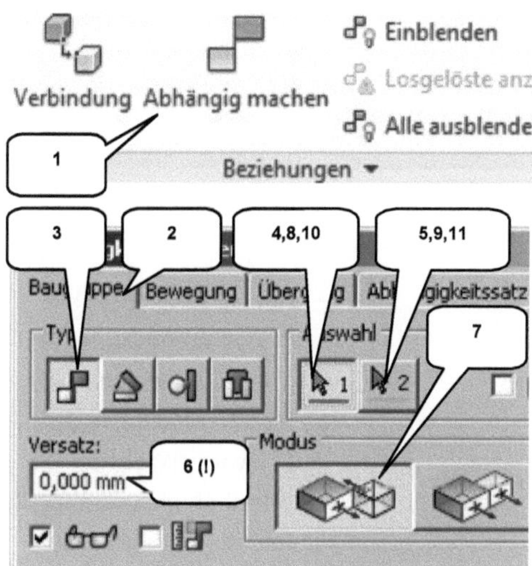

> *Abhängig machen* (1)
> Reiter: Baugruppe (2)
> Typ: Passend (3)
> Auswahl1: Bohrung (Greiferstiel) (4)
> Auswahl2: Bohrung (Zylinder) (5)
> Versatz: [0] mm (6)
> Modus: Passend (7)
> *ANWENDEN*
> Auswahl1: Stirnfläche (Zylinder) (8)
> Auswahl2: Innenfläche (Greiferstiel) (9)
> Versatz: [**10,5**] mm (6) **!!!**
> Modus: Passend (7)
> *ANWENDEN*
> Auswahl1: Bohrung (oberer Zyl.) (10)
> Auswahl2: Bohrung (unterer Zyl.) (11)
> Versatz: [0] mm (6)
> Modus: Passend (7)
> *OK*

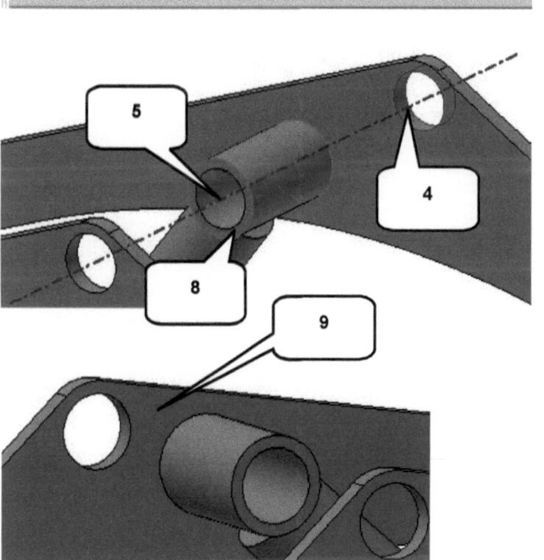

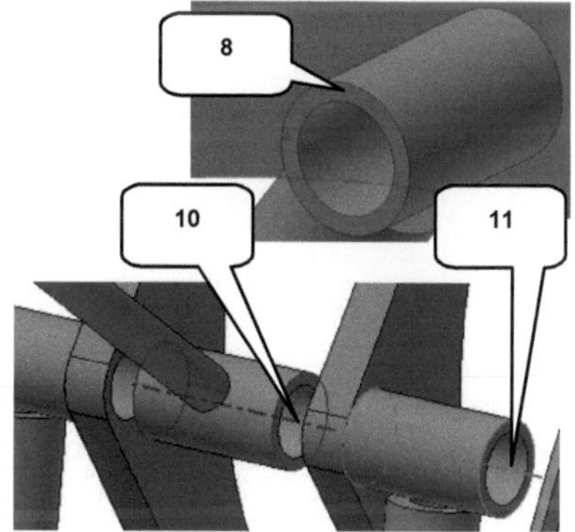

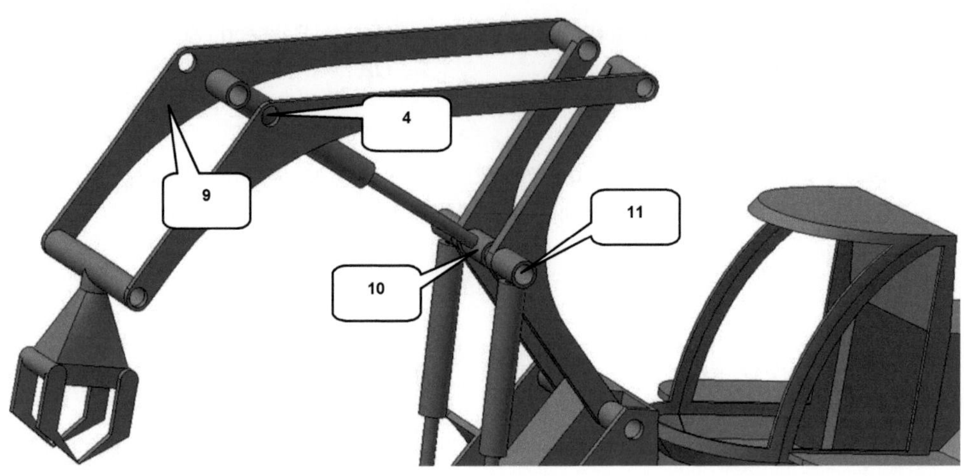

15.12 Alle drei Zylinder flexibel machen

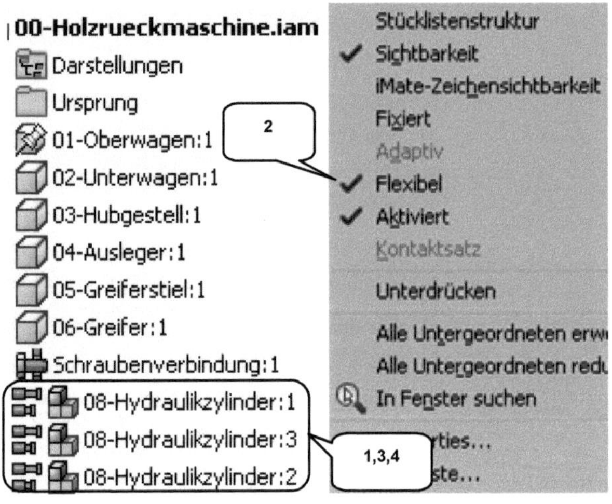

> Rechte Maustaste auf
> 1. Hydraulikzylinder (1)
> „Flexibel" aktivieren (2)
> Rechte Maustaste auf
> 2. Hydraulikzylinder (3)
> „Flexibel" aktivieren (2)
> Rechte Maustaste auf
> 3. Hydraulikzylinder (4)
> „Flexibel" aktivieren (2)

Wird eine Baugruppe (Unterbaugruppe) in eine andere Baugruppe (Hauptbaugruppe) einge-fügt, so wird die Unterbaugruppe als ein unbewegliches Objekt behandelt. Soll sie auch innerhalb der Hauptbaugruppe ihre volle Beweglichkeit behalten, muss die Option „Flexibel" aktiviert werden. Sie wird im Modellbaum dann mit dem Symbol gekennzeichnet.

15.13 Platzieren und Positionieren der Räder

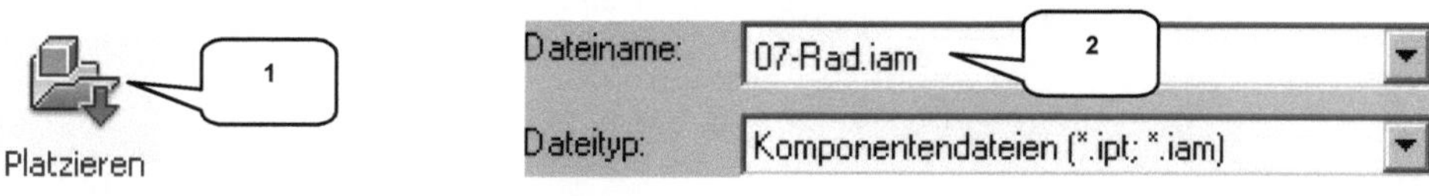

> ***Komponente platzieren*** (1)
> Dateiname: 07-Rad.iam (2)
> ***ÖFFNEN***
> Unterbaugruppe insgesamt 4x frei im Zeichenbereich ablegen
> ***Taste: ESC***

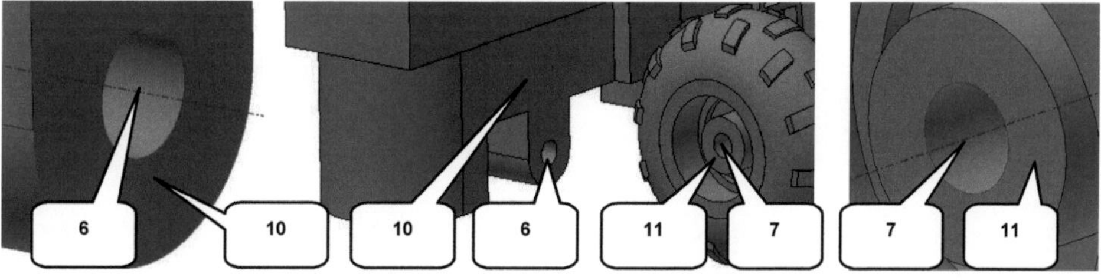

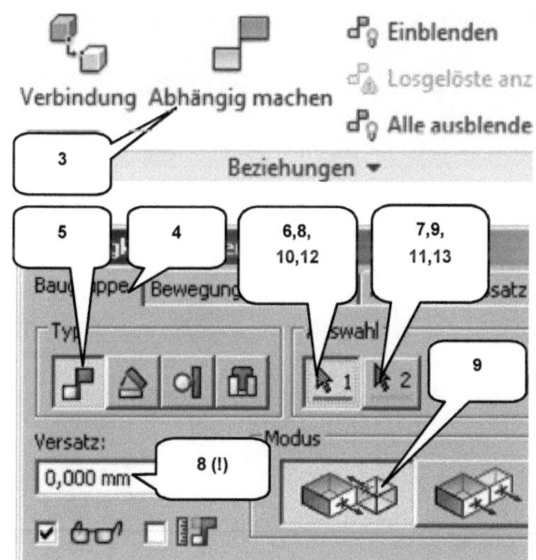

> ***Abhängig machen*** (3)
> Reiter: Baugruppe (4)
> Typ: Passend (5)
> Auswahl1: Bohrung (Unterwagen) (6)
> Auswahl2: Bohrung (Rad) (7)
> Versatz: [0] mm (8)
> Modus: Passend (9)
> ***ANWENDEN***
> Auswahl1: Fläche (Unterwagen) (10)
> Auswahl2: Fläche (Rad) (11)
> Versatz: **[5]** mm (8) **!!!**
> Modus: Passend (9)
> ***OK***

Dieselben Abhängigkeiten für das zweite Hinterrad auf der gegenüberliegenden Seite wiederholen.

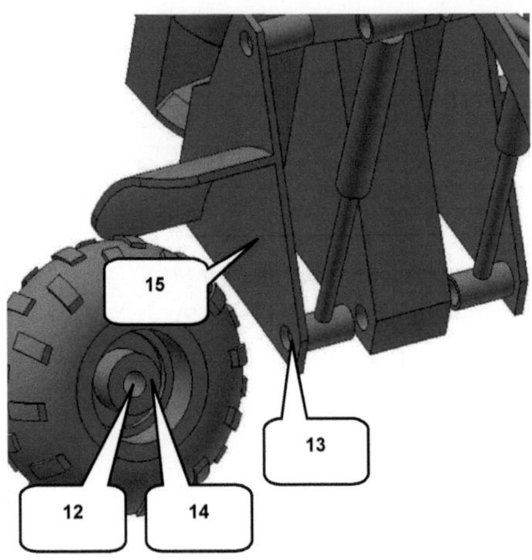

> ➢ ***Abhängig machen*** (3)
> ➢ Reiter: Baugruppe (4)
> ➢ Typ: Passend (5)
> ➢ Auswahl1: Bohrung (Rad) (12)
> ➢ Auswahl2: Bohrung (Hubgestell) (13)
> ➢ Versatz: [0] mm (8)
> ➢ Modus: Passend (9)
> ➢ ***ANWENDEN***
> ➢ Auswahl1: Fläche (Rad) (14)
> ➢ Auswahl2: Fläche (Hubgestell) (15)
> ➢ Versatz: **[5]** mm (8) **!!!**
> ➢ Modus: Passend (9)
> ➢ ***OK***

Dieselben Abhängigkeiten für das zweite Vorderrad auf der gegenüberliegenden Seite wiederholen.

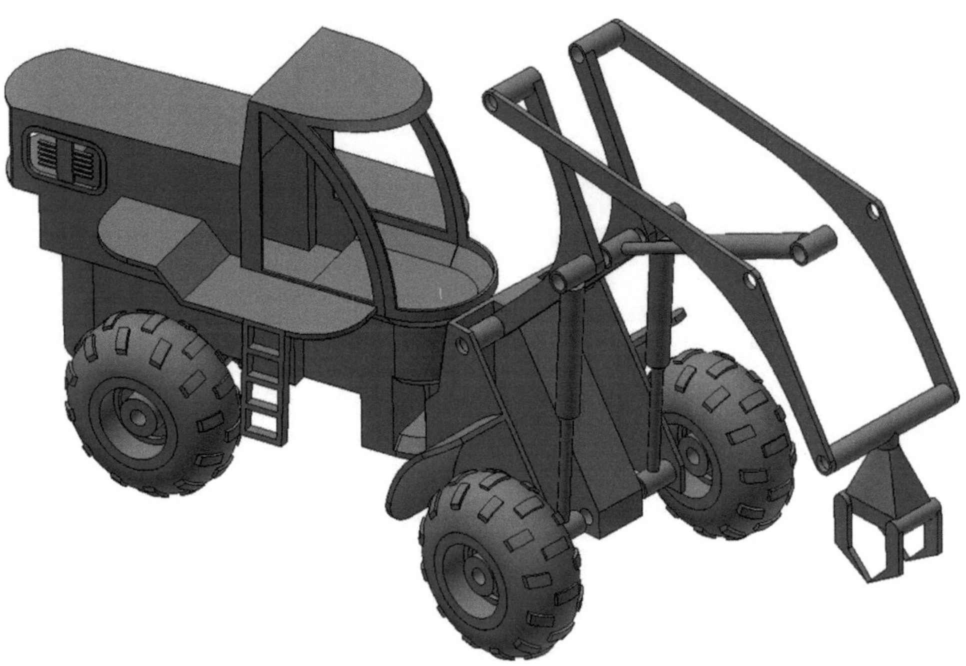

15.14 Radachsen aus der Baugruppe heraus erzeugen

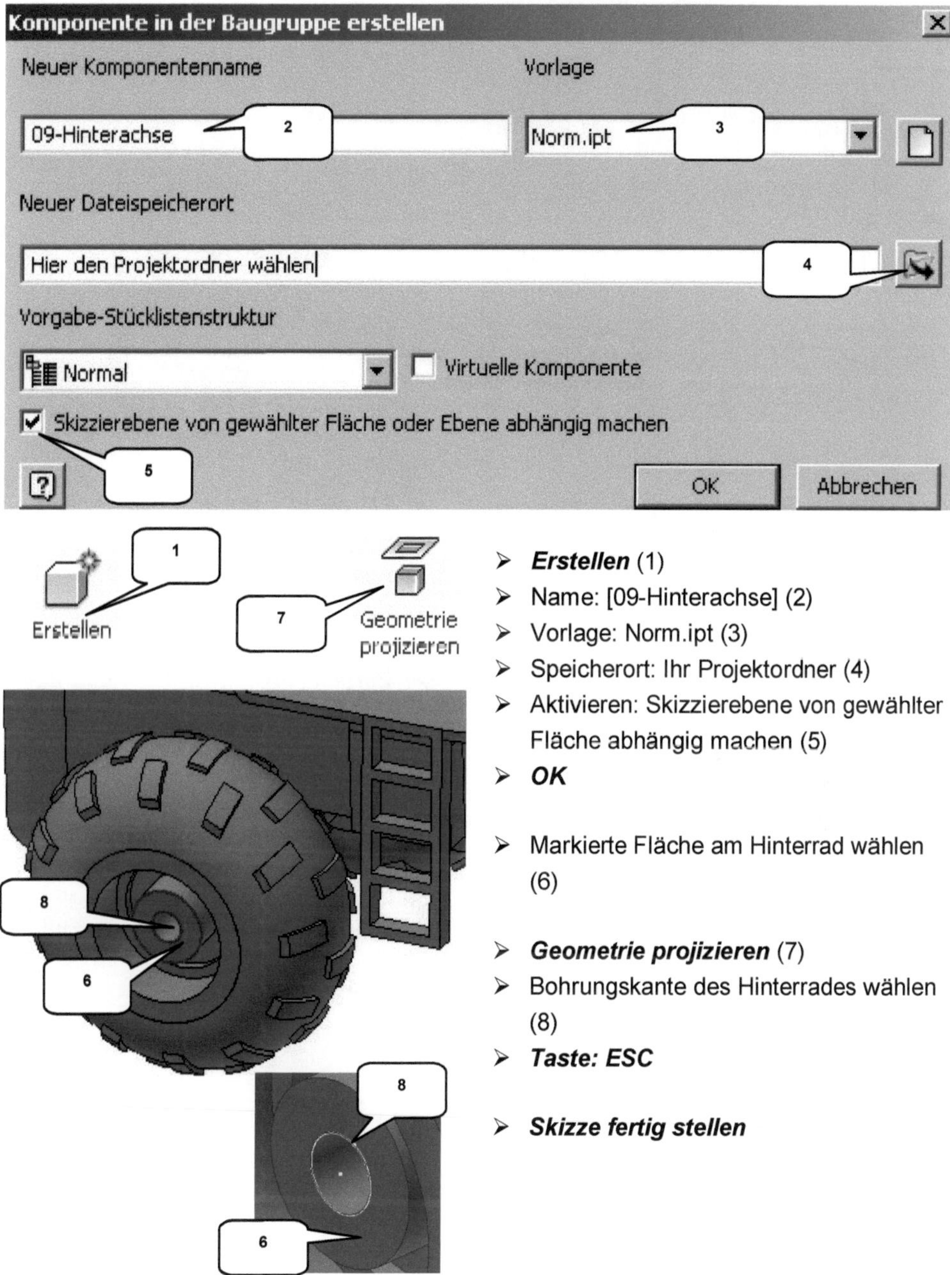

> **Erstellen** (1)
> Name: [09-Hinterachse] (2)
> Vorlage: Norm.ipt (3)
> Speicherort: Ihr Projektordner (4)
> Aktivieren: Skizzierebene von gewählter Fläche abhängig machen (5)
> **OK**

> Markierte Fläche am Hinterrad wählen (6)

> **Geometrie projizieren** (7)
> Bohrungskante des Hinterrades wählen (8)
> **Taste: ESC**

> **Skizze fertig stellen**

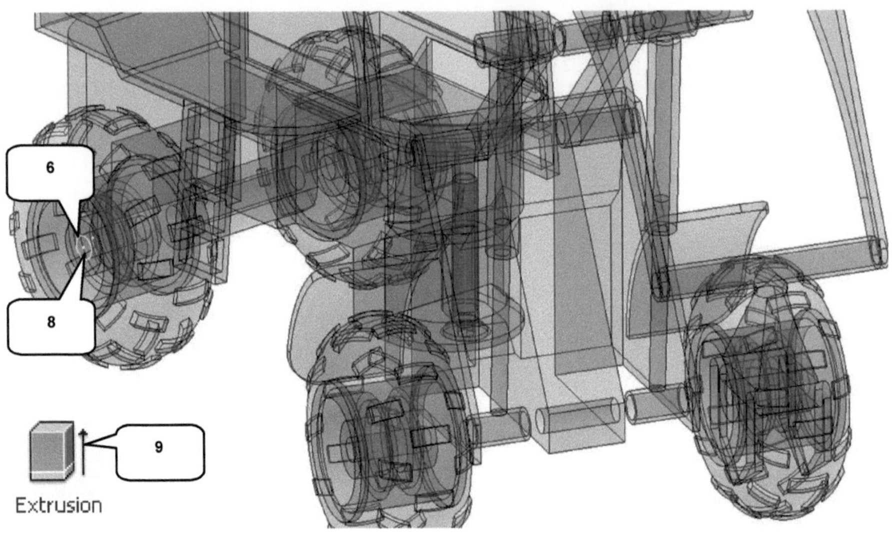

> ***Extrusion*** (9)

> Profil: Projizierte Kreiskante (8)

> Größe: Bis (10)

> Endfläche: Fläche am gegenüberlie-
genden Hinterrad (11)

> Aktivieren: Element an gedehnter
Flächen enden lassen (12)

> Ausgabe: Volumenkörper (13)

> ***OK***

> ***Zurück*** (14)

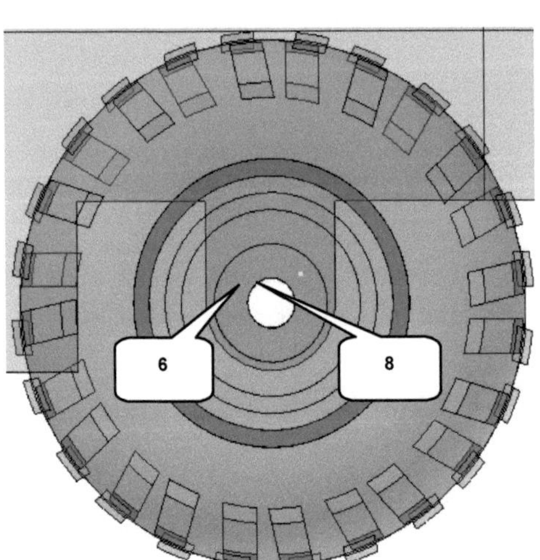

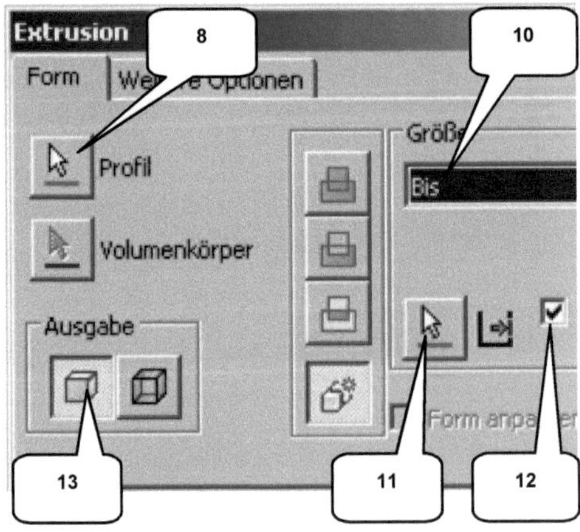

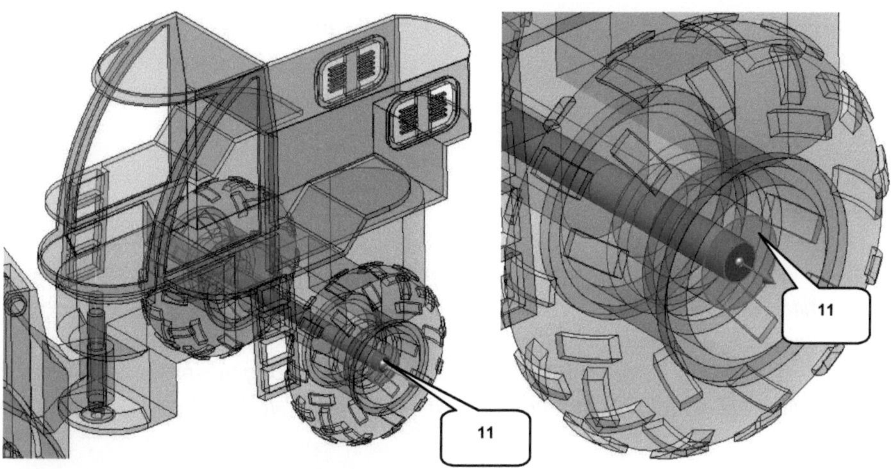

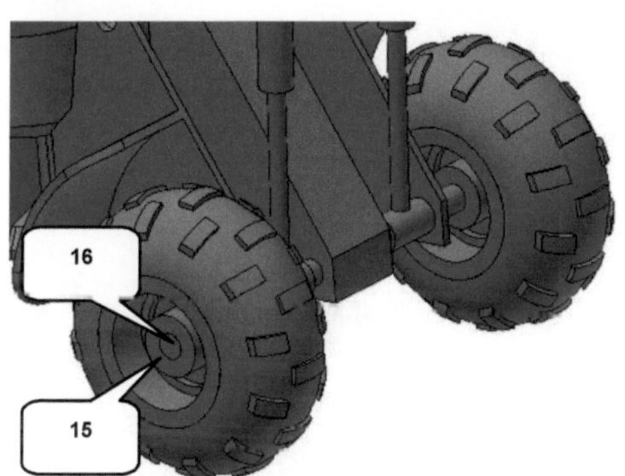

- > *Erstellen* (1)
- > Name: [10-Vorderachse]
- > Vorlage: Norm.ipt (3)
- > Speicherort: Ihr Projektordner (4)
- > Aktivieren: Skizzierebene von gewählter Fläche abhängig machen (5)
- > *OK*

- > Markierte Fläche am Vorderrad wählen (15)

- > *Geometrie projizieren* (7)
- > Bohrungskante des Vorderrades wählen (16)
- > *Taste: ESC*

- > *Skizze fertig stellen*

➢ **Extrusion** (9)

➢ Profil: Projizierte Kreiskante (16)

➢ Größe: Bis (10)

➢ Endfläche: Fläche am gegenüberliegenden Hinterrad (17)

➢ Aktivieren: Element an gedehnter
Flächen enden lassen (12)

➢ Ausgabe: Volumenkörper (13)

➢ **OK**

➢ **Zurück** (14)

Werden Bauteile aus einer Baugruppe heraus erzeugt (Befehl: Erstellen), werden diese automatisch mit einer „Adaptivität" versehen (Symbol: ⊙). Sie sind damit von den Komponenten abhängig, auf denen sie erzeugt wurden. Form und Länge der Achsen sind in unserem Beispiel abhängig von Form und Abstand der Räder: Änderungen werden automatisch übernommen. Wird die Adaptivität entfernt, dann besteht zwischen den Komponenten keine Verknüpfung mehr.

15.15 Bolzen für Greifersystem aus der Baugruppe heraus erstellen

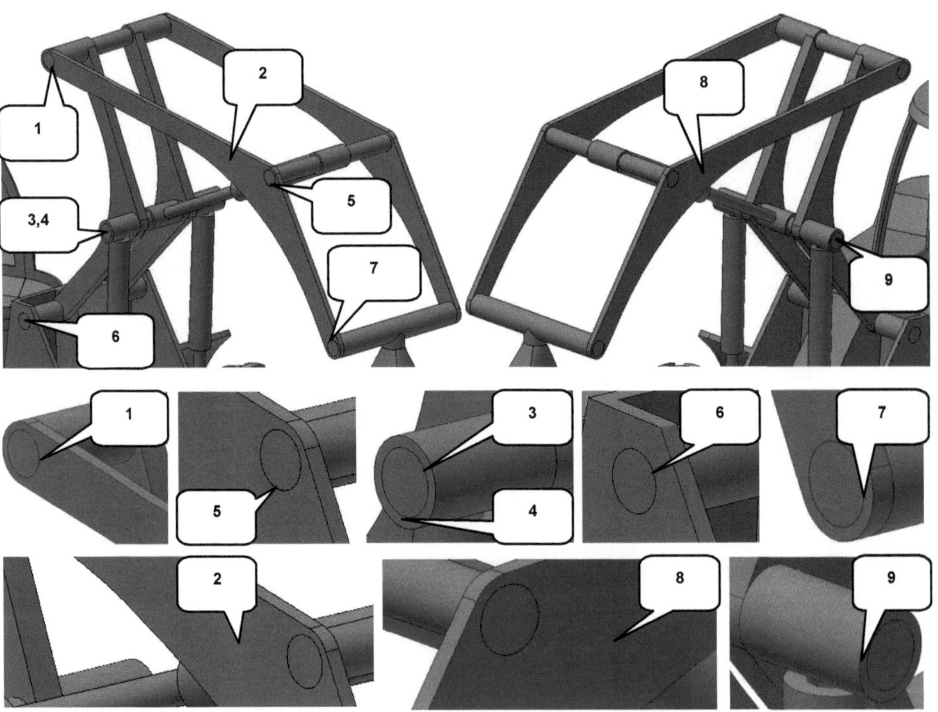

00-Holzrueckmaschine.iam

- Darstellungen
- Ursprung
- 01-Oberwagen:1
- 02-Unterwagen:1
- 03-Hubgestell:1
- 04-Ausleger:1
- 05-Greiferstiel:1
- 06-Greifer:1
- Schraubenverbindung:1
- 08-Hydraulikzylinder:1
- 08-Hydraulikzylinder:3
- 08-Hydraulikzylinder:2
- 07-Rad:1
- 07-Rad:2
- 07-Rad:3
- 07-Rad:4
- 09-Hinterachse:1
- 10-Vorderachse:1   **10**
- 11-Bolzen-1:1   **11**
- 12-Bolzen-2:1
- 13-Bolzen-3:1   **12**
- 14-Bolzen-4:1
- 15-Bolzen-5:1   **13**

  14

➢ Fünf weitere Bauteile (Bolzen) erstellen

➢ Bauteil 1:
➢ Name: [11-Bolzen-1] (10)
➢ Basisfläche: Markierte Fläche (2)
➢ Projizieren: Bohrungskante (6)
➢ Extrudieren bis Fläche (8)

➢ Bauteil 2:
➢ Name: [12-Bolzen-2] (11)
➢ Basisfläche: Markierte Fläche (2)
➢ Projizieren: Bohrungskante (1)
➢ Extrudieren bis Fläche (8)

➢ Bauteil 3:
➢ Name: [13-Bolzen-3] (12)
➢ Basisfläche: Markierte Fläche (2)
➢ Projizieren: Bohrungskante (5)
➢ Extrudieren bis Fläche (8)

➢ Bauteil 4:
➢ Name: [14-Bolzen-4] (13)
➢ Basisfläche: Markierte Fläche (2)
➢ Projizieren: Bohrungskante (7)
➢ Extrudieren bis Fläche (8)

➢ Bauteil 5:
➢ Name: [15-Bolzen-5] (14)
➢ Basisfläche: Markierte Fläche (4)
➢ Projizieren: Bohrungskante (3)
➢ Extrudieren bis Fläche (9)

➢ *Speichern*
➢ *Ja für alle*
➢ *OK*

15.16 Bauteil „01-Oberwagen" aus der Baugruppe heraus bearbeiten

00-Holzrueckmaschine.iam

Darstellungen

Ursprung

01-Oberwagen:1

02-Unterwagen:1

> Rechte Maustaste auf Bauteil „01-Oberwagen" (1)
> Option „Bearbeiten" wählen
> (Bauteilbereich wird geöffnet)

> *Umgrenzungsfläche* (2)
> Kante (3) wählen
> Kante (4) wählen
> Kante (5) wählen
> Kante (6) wählen
> Kante (7) wählen
> Kante (8) wählen
> *ANWENDEN*

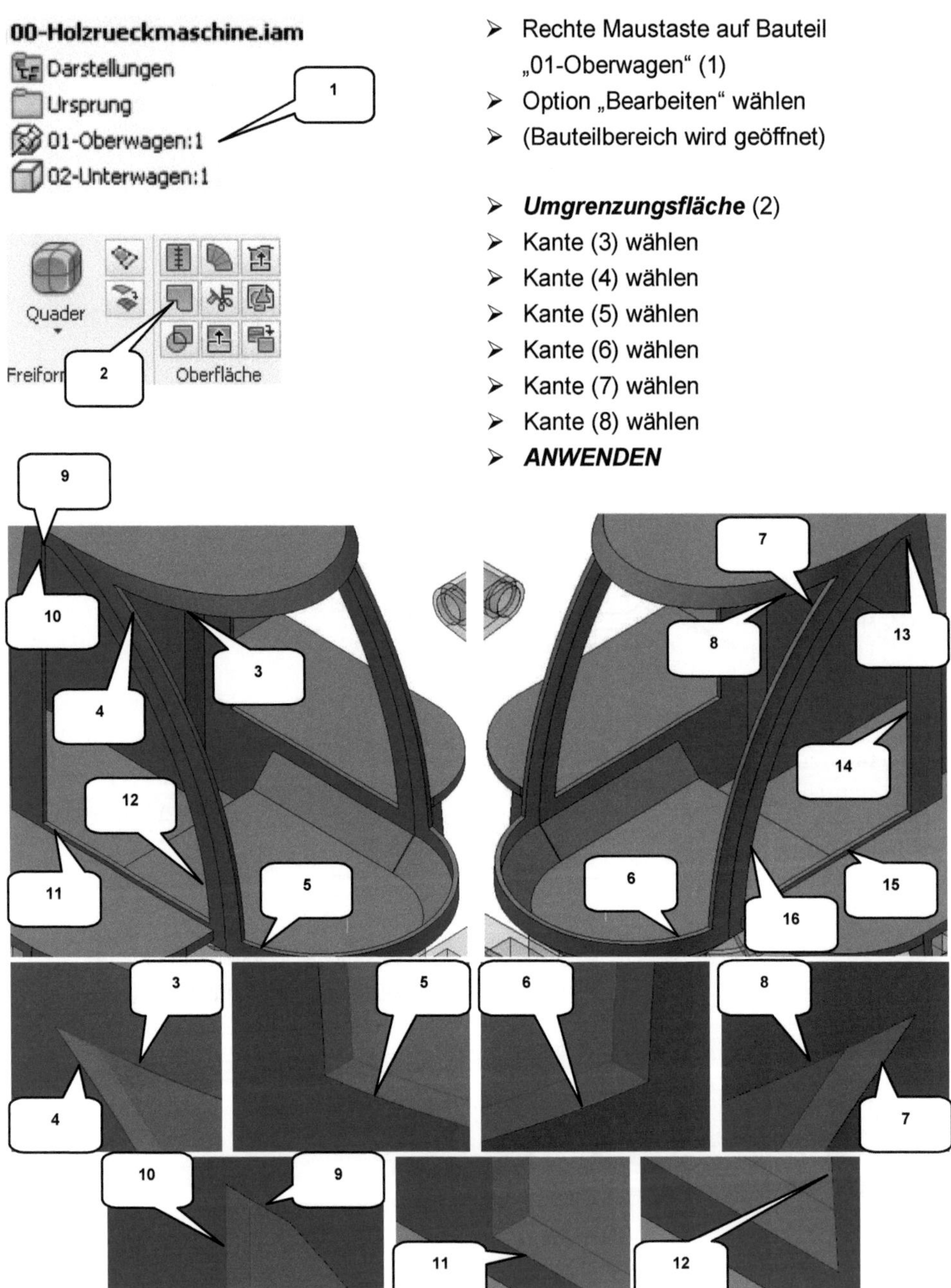

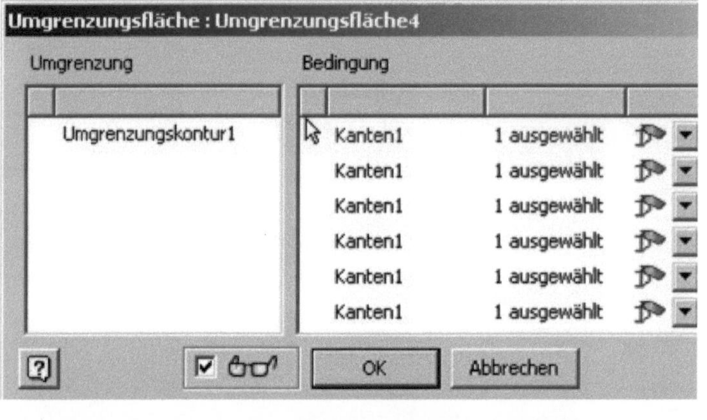

Kante (9) wählen
Kante (10) wählen
Kante (11) wählen
Kante (12) wählen
ANWENDEN
Kante (13) wählen
Kante (14) wählen
Kante (15) wählen
Kante (16) wählen
ANWENDEN
Kante (17) wählen
Kante (18) wählen
Kante (19) wählen
Kante (20) wählen
OK

Zurück (21)

Speichern
Ja für alle
OK

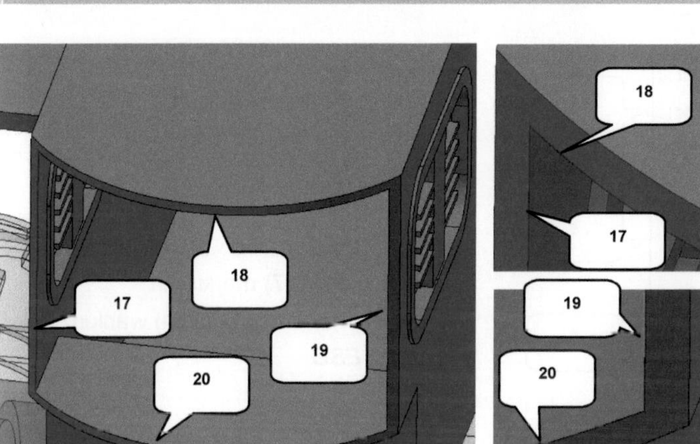

Der Befehl **Umgrenzungsfläche** erzeugt ein masseloses Flächenelement. Hier können Linien einer 2D- oder 3D-Skizze oder vorhandene Körperkanten verwendet werden. Für die drei Fenster im Bereich des Fahrerhäuschens sind jeweils die äußeren Körperkanten des Volumenkörpers zu wählen. Für die hintere Abdeckung des Oberwagens sind jeweils die inneren Kanten zu verwenden.

15.17 Farben zuweisen und Modellbaum strukturieren

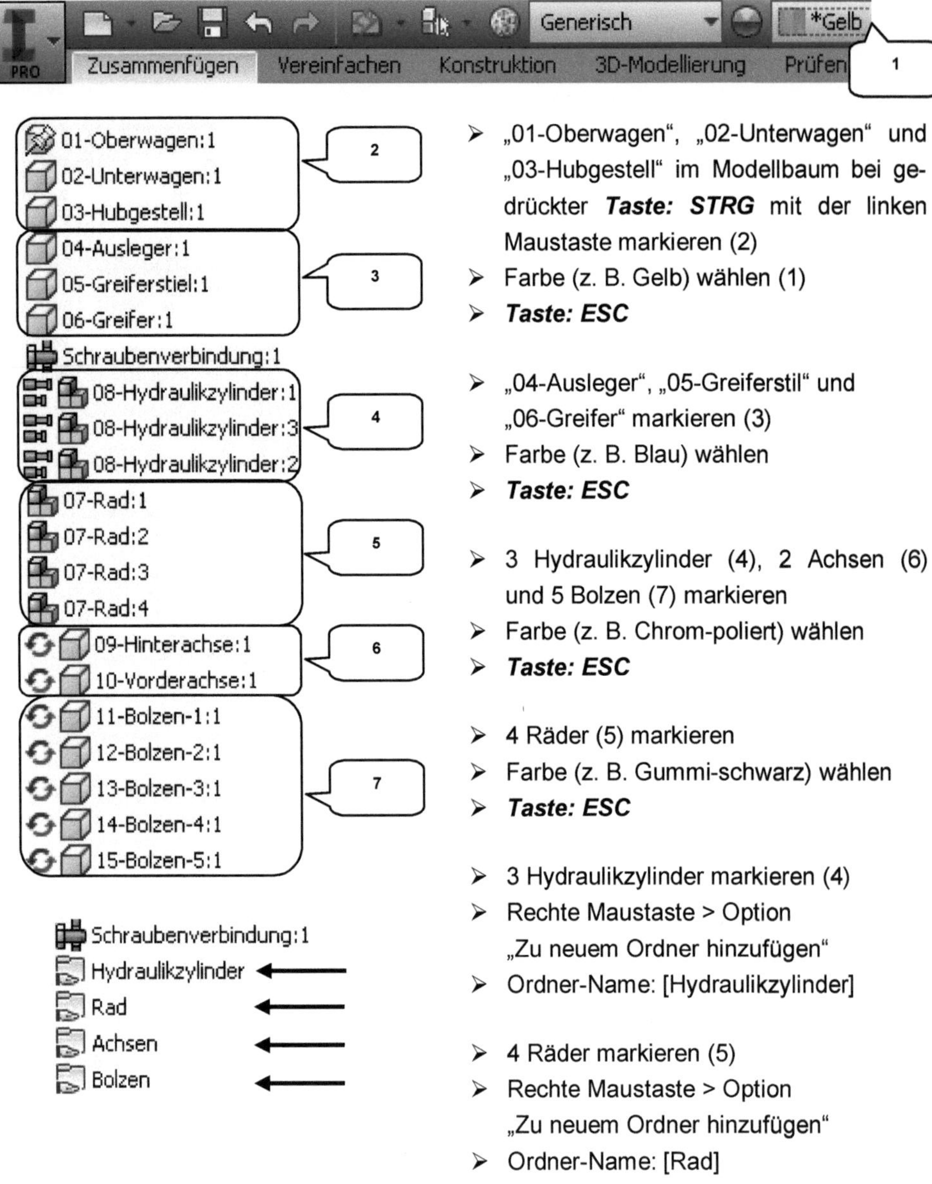

- ➢ „01-Oberwagen", „02-Unterwagen" und „03-Hubgestell" im Modellbaum bei gedrückter **Taste: STRG** mit der linken Maustaste markieren (2)
- ➢ Farbe (z. B. Gelb) wählen (1)
- ➢ **Taste: ESC**

- ➢ „04-Ausleger", „05-Greiferstil" und „06-Greifer" markieren (3)
- ➢ Farbe (z. B. Blau) wählen
- ➢ **Taste: ESC**

- ➢ 3 Hydraulikzylinder (4), 2 Achsen (6) und 5 Bolzen (7) markieren
- ➢ Farbe (z. B. Chrom-poliert) wählen
- ➢ **Taste: ESC**

- ➢ 4 Räder (5) markieren
- ➢ Farbe (z. B. Gummi-schwarz) wählen
- ➢ **Taste: ESC**

- ➢ 3 Hydraulikzylinder markieren (4)
- ➢ Rechte Maustaste > Option „Zu neuem Ordner hinzufügen"
- ➢ Ordner-Name: [Hydraulikzylinder]

- ➢ 4 Räder markieren (5)
- ➢ Rechte Maustaste > Option „Zu neuem Ordner hinzufügen"
- ➢ Ordner-Name: [Rad]

> ➢ 2 Achsen markieren (6)
> ➢ Rechte Maustaste > Option „Zu neuem Ordner hinzufügen"
> ➢ Ordner-Name: [Achsen]

> ➢ 5 Bolzen markieren (7)
> ➢ Rechte Maustaste > Option „Zu neuem Ordner hinzufügen"
> ➢ Ordner-Name: [Bolzen]

15.18 Rendern der Hauptbaugruppe

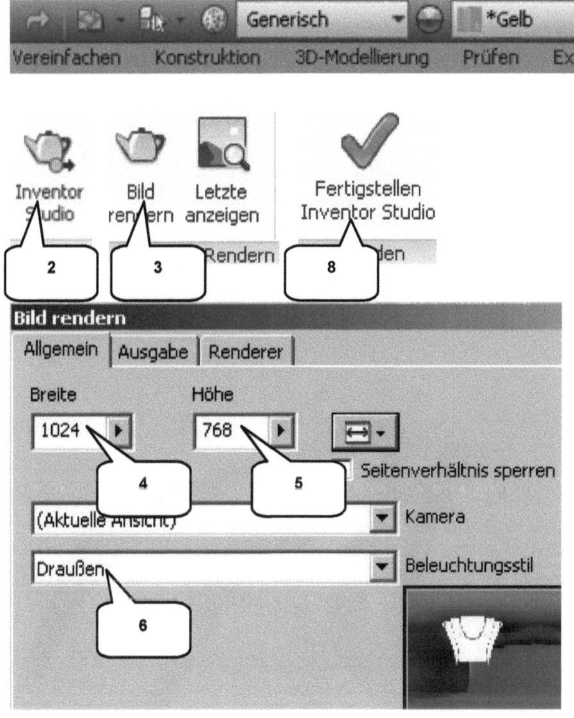

> ➢ Hauptbaugruppe drehen und zoomen, bis eine optimale Darstellung der Baugruppe im Zeichenbereich erreicht wurde
> ➢ Register **Umgebungen** öffnen (1)

> ➢ **Inventor Studio** (2)

> ➢ **Bild rendern** (3)
> ➢ Breite: [1024] (4)
> ➢ Höhe: [768] (5)
> ➢ Beleuchtung: z. B. Draußen (6)
> ➢ **RENDERN**

> ➢ **Bild speichern** (7)
> ➢ **Inventor Studio beenden** (8)

> ➢ **Baugruppe speichern**

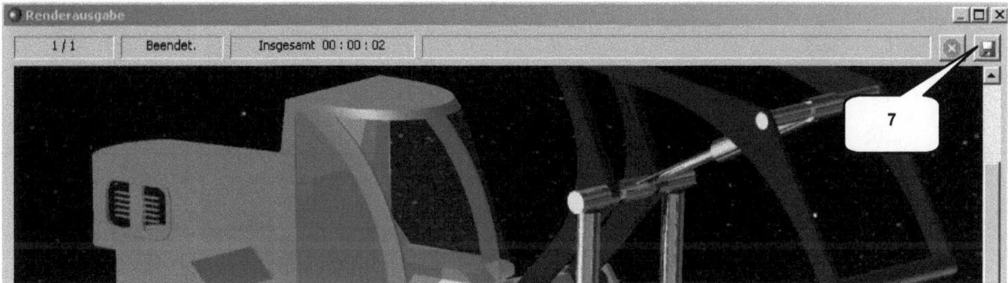

Der Autor des Buches hofft, dass Sie bei der Arbeit mit dem Programm und dem Übungsprojekt viel Spaß hatten.

Der Inhalt des Buches wurde sorgfältig geprüft. Leider können Fehler nicht ausgeschlossen werden.

Wenn Ihnen während der Arbeit mit dem Buch Fehler auffallen sollten, oder wenn Sie Ideen zur Verbesserung des Inhaltes haben, ist Ihnen der Autor für jeden Hinweis per E-Mail dankbar.

Konstruktive Anmerkungen können jederzeit an **schlieder@cad-trainings.de** gesendet werden.

Vielen Dank.

Auszug aus dem Inventor-Grundlagenbuch

Die folgenden Seiten zeigen Auszüge aus dem Buch:

> ***Autodesk® Inventor® 2017 - Grundlagen in Theorie und Praxis***

Dieses Buch ist ein Grundlagenbuch für Autodesk® Inventor® 2017. Anhand eines komplexen Übungsbeispiels, lernt der Leser den Umgang mit dem Programm. In kleinen, nachvollziehbaren Schritten, werden Skizzen gezeichnet, Bauteile erzeugt, Baugruppen zusammengefügt und animiert, Zeichnungen abgeleitet, Präsentationen erstellt, Bleche bearbeitet und parametrische Konstruktionen erzeugt. Der Leser erfährt nützliche Hinweise zum Umgang mit dem Programm und kann die Theorie, parallel zum Buch, in kleinen praktischen Schritten umsetzen.

Die folgenden Bereiche werden in diesem Buch behandelt:

> ***Projekte erstellen, verwalten und exportieren***
> ***Skizzen erstellen und Konturen zeichnen***
> ***Bauteile aus Skizzen erzeugen***
> ***Baugruppen zusammenfügen und animieren***
> ***Normteile aus dem Inhaltscenter generieren***
> ***Bauteile und Baugruppen als Zeichnung ableiten***
> ***Bilder rendern***
> ***Baugruppen präsentieren***
> ***Bleche erzeugen und bearbeiten***
> ***Schweißbaugruppen erstellen***
> ***Parametrisches Konstruieren***

Weitere Informationen zu diesem und anderen Büchern erhalten Sie auf der Website:

> ***http://www.cad-trainings.de/***

Christian Schlieder

Autodesk® Inventor® 2017

Grundlagen in Theorie und Praxis

7. Auflage

Viele praktische Übungen am
Konstruktionsobjekt
4-TAKT-MOTOR

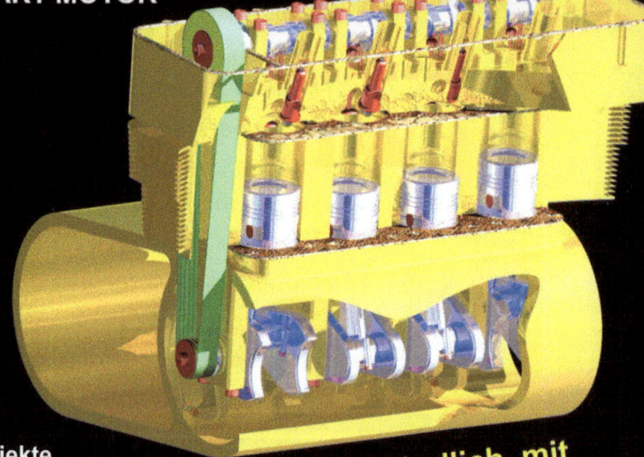

Projekte
Bauteile
Parameter
Baugruppen
Zeichnungen
Präsentationen
Inventor Studio
Blechbearbeitung
Schweißbaugruppen

INHALTSVERZEICHNIS

1 GRUNDLEGENDES ZUM BUCH   **8**

1.1   Zielgruppe und Aufbau des Buches   8

1.2   Erzeugen des Projektordners/ Herunterladen der Übungsdateien   8

2 INSTALLATION VON AUTODESK® INVENTOR® 2017   **9**

2.1   Systemanforderungen   9

2.2   Anforderungen an das Betriebssystem   9

2.3   Download des Programms   10

2.4   Installationsvoraussetzungen   10

2.5   Installation von Autodesk® Inventor® 2017   11

2.6   Aktivierung von Autodesk® Inventor® 2017   12

3 PROGRAMMAUFBAU UND PROGRAMMOBERFLÄCHE   **14**

3.1   Programmaufbau   14

3.2   Hauptmenü   15

3.3   Schnellzugriff-Werkzeuge   16

3.4   Multifunktionsleiste   16

3.5   Browser   17

3.6   Arbeitsbereich   18

   3.6.1   Startbildschirm   18

4 DIE ERSTEN SCHRITTE   **19**

4.1 Programmhilfe und neue Funktionen   **19**

4.2 Videos und Lernprogramme   **20**

4.3 Zusatzmodule (empfohlene Einstellungen)   **21**

4.4 Anwendungsoptionen (empfohlene Einstellungen)   **22**

5 ERSTELLEN EINES EINZELBENUTZERPROJEKTS   **32**

6 SKIZZEN UND BAUTEILE   **34**

6.1 Bauteil: Ventil   **34**
6.1.1 Erstellen einer neuen Datei   34
6.1.2 Projizieren der drei Hauptachsen   35
6.1.3 Das Register SKIZZE im Überblick   36
6.1.4 Zeichnen der ersten Linien   37
6.1.5 Bemaßung und Bearbeitung von Zeichenelementen   40
6.1.6 Das Register 3D-MODELL im Überblick   44
6.1.7 Volumenkörper erzeugen   44

6.2 Bauteil: Kurbelwelle-Riemenrad   **46**
6.2.1 Erzeugen der Basisskizze   46
6.2.2 Volumenkörper erzeugen   48
6.2.3 Erzeugen einer Passfederaussparung   48

6.3 Bauteil: Nockenwelle-Riemenrad   **50**
6.3.1 Bearbeiten bereits vorhandener Objekte   51

6.4 Bauteil: Zündkerze   **51**
6.4.1 Hinzufügen einer Sechskant-Form   52
6.4.2 Abrunden des Isolators   53
6.4.3 Gewinde an vorhandenen Zylinderflächen erzeugen   55
6.4.4 Erzeugen einer Fase   56

6.5 Bauteil: Kolben   **57**
6.5.1 Basisskizze zeichnen und in einen Volumenkörper konvertieren   57
6.5.2 Aussparungen für den Kolbenbolzen einfügen   59
6.5.3 Einen Zylinder als Grundkörper erstellen   61
6.5.4 Abrunden des oberen Kolbenbereiches   62

6.5.5   Erzeugen einer Wandung   63

6.6   Bauteile: Pleuel-Oberseite und Pleuel-Unterseite   64
6.6.1   Erzeugen des Basiskörpers   64
6.6.2   Befestigungslaschen für eine Schraubverbindung   66
6.6.3   Bohren der ersten Lasche   67
6.6.4   Fasen und Runden der unteren Schale   68
6.6.5   Bohrung mit Gewinde versehen   69
6.6.6   Erzeugen einer neuen Arbeitsebene   69
6.6.7   Unterer Pleuelschaftbereich   70
6.6.8   Oberer Pleuelschaft   71
6.6.9   Erstellen einer Erhebung   72
6.6.10   Basiskörper des Pleuelauges   73
6.6.11   Erzeugen einer Rippe   74
6.6.12   Spiegeln der Rippe   76
6.6.13   Bohren, Fasen und Runden   77

6.7   Bauteil: Motorgehäuse   78
6.7.1   Konstruktion des Basiskörpers   78
6.7.2   Grundkörper der Kurbelwellenlagerung konstruieren   82
6.7.3   Gewindebohrungen mit linearen Referenzen einfügen   83
6.7.4   Fasen der Kurbelwellenlagerung   84
6.7.5   Elemente mittels rechteckiger Anordnung kopieren   84
6.7.6   Dichtungsflansch zum Zylinderkopf   85
6.7.7   Bohrungen nach Skizze einfügen   87
6.7.8   Übergangsbereich zum Flansch abrunden   90

6.8   Bauteil: Zylinderblock   92
6.8.1   Kühlrippen sweepen   92

6.9   Bauteil: Zylinderkopf   94
6.9.1   Einfügen einer geneigten Ebene   94
6.9.2   Zündkerzeneinsätze bohren und extrudieren   96
6.9.3   Vorhandene Anordnungen erweitern   99

6.10   Bauteil: Nockenwelle   100
6.10.1   Passfederaussparung und Gewindebohrung am Wellenende   100

6.11   Bauteil: Kurbelwelle   103
6.11.1   Kurbelwangen zeichnen, extrudieren und kopieren   103
6.11.2   Pleuel- und Führungslager   108

6.11.3	Passfederaussparung und Gewindebohrung	112
6.11.4	Spiegeln des Volumenkörpers	115

7 BAUGRUPPEN — **116**

7.1 Unterbaugruppe: BG_Kolben — **116**
7.1.1	Erzeugen der ersten Baugruppe	116
7.1.2	Das Register ZUSAMMENFÜGEN im Überblick	116
7.1.3	Komponenten platzieren	117
7.1.4	Kolben und Pleueloberseite voneinander abhängig machen	118
7.1.5	Pleuelober- und -unterseite miteinander verbinden	120
7.1.6	Schrauben aus dem Inhaltscenter platzieren	122
7.1.7	Erstellen einer Komponente aus der Baugruppe heraus	123
7.1.8	Materialien zuweisen	125

7.2 Unterbaugruppe: BG_Kurbelwelle — **127**
7.2.1	Erstellen der neuen Datei und Platzieren der Komponenten	127
7.2.2	Passfedern aus dem Inhaltscenter einfügen	128
7.2.3	Platzieren der Riemenräder	130
7.2.4	Konstruktion der Sicherungsscheibe aus der Baugruppe heraus	131
7.2.5	Schrauben aus dem Inhaltscenter einfügen	134
7.2.6	Materialien zuweisen	135

7.3 Unterbaugruppe: BG_Nockenwelle — **136**
7.3.1	Platzieren der Komponenten	136
7.3.2	Passfeder aus dem Inhaltscenter einfügen	137
7.3.3	Riemenrad auf der Nockenwelle befestigen	139
7.3.4	Sicherungsscheibe auf der Nockenwelle befestigen	140
7.3.5	Schraube aus dem Inhaltscenter einfügen	141
7.3.6	Materialien zuweisen	142

7.4 Unterbaugruppe: BG_Zylinderblock — **143**
7.4.1	Einfügen der Komponenten	143
7.4.2	Laufbuchse im Zylinderblock befestigen	144
7.4.3	Laufbuchse als Muster anordnen	144
7.4.4	Materialien zuweisen	145

7.5 Unterbaugruppe: BG_Zylinderkopf — **146**
7.5.1	Einfügen der Komponenten	146
7.5.2	Zündkerzen im Zylinderkopf platzieren	147

7.5.3	Nockenwellenhalter im Zylinderkopf platzieren	148
7.5.4	Lineares Anordnen von Zündkerze und Nockenwellenhalter	149
7.5.5	Schrauben aus dem Inhaltscenter einfügen	150
7.5.6	Wellendichtring aus dem Inhaltscenter einfügen und positionieren	151
7.5.7	Ordnerstrukturen im Browser anlegen	153
7.5.8	Materialien zuweisen	153

7.6 Hauptbaugruppe: BG_4-Takt-Motor — **154**

7.6.1	Einfügen der ersten Komponenten	154
7.6.2	Flexibilität von Unterbaugruppen	155
7.6.3	BG_Kurbelwelle im Motorgehäuse platzieren	155
7.6.4	BG_Kolben im Motorgehäuse platzieren	156
7.6.5	Kurbelwellenhalter platzieren, positionieren und linear anordnen	157
7.6.6	Schrauben aus dem Inhaltscenter einfügen	160
7.6.7	Dichtung zwischen Motorgehäuse und Zylinderblock erstellen	161
7.6.8	BG_Zylinderblock einfügen und platzieren	162
7.6.9	Dichtung einfügen und auf dem Zylinderblock positionieren	164
7.6.10	BG_Zylinderkopf und BG_Nockenwelle platzieren und positionieren	165
7.6.11	Ventile platzieren und mit Übergangsabhängigkeiten versehen	167
7.6.12	Schrauben aus dem Inhaltscenter einfügen	169
7.6.13	Erstellen der Ventildeckeldichtung	170
7.6.14	Materialien zuweisen	172
7.6.15	Ventildeckel einfügen	173
7.6.16	Prägen und Gravieren von Flächen	174
7.6.17	Schrauben aus dem Inhaltscenter einfügen	175
7.6.18	Bewegungsabhängigkeit zwischen Kurbelwelle und Nockenwelle	176
7.6.19	Erstellen des Steuerriemens aus der Hauptbaugruppe heraus	177
7.6.20	Animation einer Bewegungsabhängigkeit	181

8 ZEICHNUNGSABLEITUNGEN — **184**

8.1 Öffnen der vorhandenen Zeichnungsvorlage — **184**

8.2 Das Register ANSICHTEN PLATZIEREN im Überblick — **185**

8.3 Das Register MIT ANMERKUNG VERSEHEN im Überblick — **185**

8.4 Zeichnungsableitung der Baugruppe: BG_Kolben — **186**

8.4.1	Blattformat und Schriftfeld bearbeiten	186
8.4.2	Platzieren einer schattierten Ansicht	187

8.4.3	Einfügen einer Teileliste (Stückliste)	188
8.4.4	Einfügen der Positionsnummern	194
8.5	**Zeichnungsableitung des Bauteils: Pleuel-Unterseite**	**195**
8.5.1	Erstellen und Bearbeiten eines neuen Blattes	195
8.5.2	Platzieren von Erst- und Parallelansicht	196
8.5.3	Erzeugen einer Detailansicht	197
8.5.4	Mittellinien und Mittelpunkte markieren	199
8.5.5	Bemaßen der Ansichten	200
8.5.6	Platzieren von Oberflächenangaben	204
8.5.7	Allgemeinangaben, Kantenangaben und Projektionsmethode	205
9	**PRÄSENTATION / EXPLOSIONSDARSTELLUNG**	**208**
9.1	**Erstellen einer neuen Präsentation**	**208**
9.2	**Das Register PRÄSENTATION im Überblick**	**208**
9.3	**Einfügen der Baugruppe BG_Nockenwelle**	**209**
9.4	**Komponentenposition ändern**	**209**
9.5	**Animation der Explosionsdarstellung**	**210**
10	**RENDERN EINES BILDES**	**212**
10.1	**Inventor Studio**	**212**
11	**BLECHBEARBEITUNG**	**214**
11.1	**Erstellen einer neuen Datei**	**214**
11.2	**Das Register BLECH im Überblick**	**214**
11.3	**Die Blechwanne**	**215**
11.3.1	Zeichnen der Basisskizze	215
11.3.2	Fläche extrudieren	216
11.3.3	Definition der Blechstärke in den Blechstandards	217
11.3.4	Hinzufügen von Laschen an den oberen vier Blechkanten	217
11.3.5	Falzen	219

12   SCHWEISSKONSTRUKTION   220

12.1   Erstellen einer neuen Schweißbaugruppe   220

12.2   Das Register SCHWEISSEN im Überblick   220

12.3   Einfügen der Schweißverbindungen   221

12.4   Generieren eines Schweißnahtberichtes   222

13   PARAMETRISCHE ABHÄNGIGKEITEN   223

13.1   Parameter - Grundlagen   223

13.2   Parametrisieren und Ableiten von Konturen einer Skizze   223
13.2.1   Basisskizze   223
13.2.2   Parameter bearbeiten   224
13.2.3   Bauteile aus der Basisskizze heraus exportieren   226

13.3   Parametrische Extrusion der Bauteile   229

13.4   Parametrische Steuerung der Baugruppe   232
13.4.1   Materialien zuweisen   232
13.4.2   Fenster nebeneinander anordnen   232
13.4.3   Ausgangswert bearbeiten   233

13.5   Parametrische Steuerung mit externen Datenquellen   234
13.5.1   Speichern mehrerer Dateien   236

14   ARCHIVIERUNG MIT DEM BEFEHL PACK AND GO   237

15   SCHLUSSWORT   240

16   INDEX   241

17   AUSZUG AUS DEM BUCH AUFBAUKURS KONSTRUKTION   248

18   AUSZUG AUS DEM BUCH DYNAMISCHE SIMULATION   249

- Grundlegendes zum Buch -

1 Grundlegendes zum Buch

1.1 Zielgruppe und Aufbau des Buches

Dieses Übungsbuch für **Autodesk® Inventor® 2017** richtet sich an alle interessierten Personen, die den Umgang mit dieser Software von Grund auf erlernen möchten. Die Bereiche 2D-Skizze, 3D-Modell, Baugruppe (Zusammenfügen), Zeichnungserstellung (Ansichten platzieren, Mit Anmerkung versehen) und Präsentation werden ausführlich behandelt.

Viele wichtige Befehle des Programms werden erläutert und in kleinen Schritten praktisch gefestigt. Als Übungsbeispiel dient ein Viertaktmotor, dessen Bauteile schrittweise erzeugt und später in einer Hauptbaugruppe miteinander verbunden werden.

1.2 Erzeugen des Projektordners/ Herunterladen der Übungsdateien

Bevor Sie mit der Umsetzung des Projekts beginnen, sollten die folgenden Arbeiten erledigt werden:

Erzeugen eines neuen Projektordners

Erstellen Sie auf Ihrem PC an geeigneter Stelle einen neuen Ordner:

> **Inventor-2017-Übung-4-Takt-Motor**

Herunterladen der Übungsdateien

Besuchen Sie im Internet die folgende Website:

> **http://www.cad-trainings.de/html/Download.html**

Suchen Sie das passende Buch und klicken Sie auf den nebenstehenden Link, um die zum Buch gehörende Übungsdatei (ZIP-Format) auf Ihrem PC zu speichern. Speichern Sie die Datei in dem vorher erzeugten Projektordner **Inventor-2017-Übung-4-Takt-Motor** und entpacken Sie die Datei dort hinein. Die darin enthaltenen Dateien werden später benötigt.

- 8 -

5 Erstellen eines Einzelbenutzerprojekts

In Inventor® sollte möglichst in Projekten gearbeitet werden, um die Koordination zusammenhängender Dateien und Einstellungen zu vereinfachen. Hierfür bietet das Programm im Register *Erste Schritte* (Befehlsgruppe *Starten*) den Befehl Projekte (1).

Zu jedem Projekt wird eine eigene Projektdatei (*.ipj) erzeugt. Sie sichert alle Informationen und Querverweise eines Projekts. Das ist wichtig, wenn später komplexe Projekte archiviert oder von einem PC auf einen anderen übertragen werden sollen.

Erzeugen Sie im folgenden Arbeitsschritt ein neues Einzelbenutzer-Projekt mit der Bezeichnung *Inventor-2017-4-Takt-Motor*. Das Projekt sollte im gleichnamigen Projektordner *gespeichert* werden.

➢ Projekte (1)	➢ … Projektordner: Ordner *Inventor-2017-Übung-4-Takt-Motor* wählen (4)
➢ Neu *Neu* (2)	➢ Fertig stellen *Fertigstellen* (5)
➢ Option: *Einzelbenutzer-Projekt*	➢ Fertig *Fertig* (6)
➢ Weiter *Weiter*	
➢ Name: *Inventor-2017-4-Takt-Motor* (3)	

Das neue Projekt wird automatisch aktiviert, was durch einen kleinen Haken in der Zeile des aktiven Projekts signalisiert wird. Bei der späteren Arbeit mit dem Programm sollte das jeweils aktive Projekt nach Programmstart stets kontrolliert werden.

So kann vermieden werden, dass Dateien unbeabsichtigt an einem falschen Speicherort gesichert und damit einem anderen Projekt zugeordnet werden.

- Erstellen eines Einzelbenutzerprojekts -

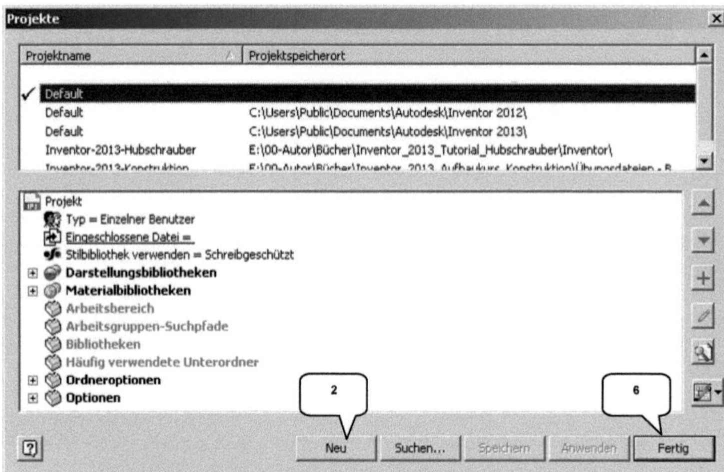

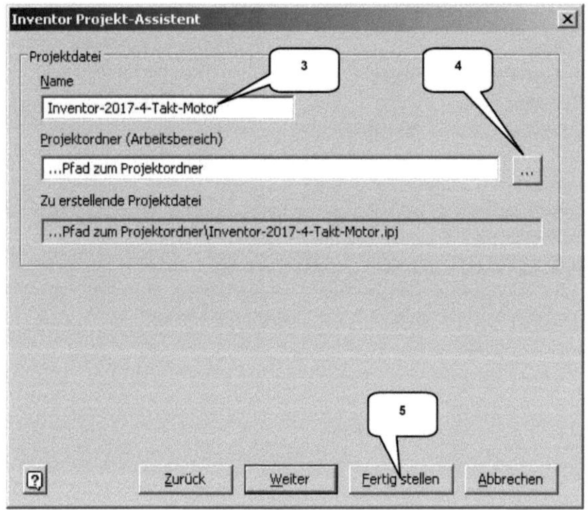

6　SKIZZEN und BAUTEILE

6.1　Bauteil: Ventil

6.1.1　Erstellen einer neuen Datei

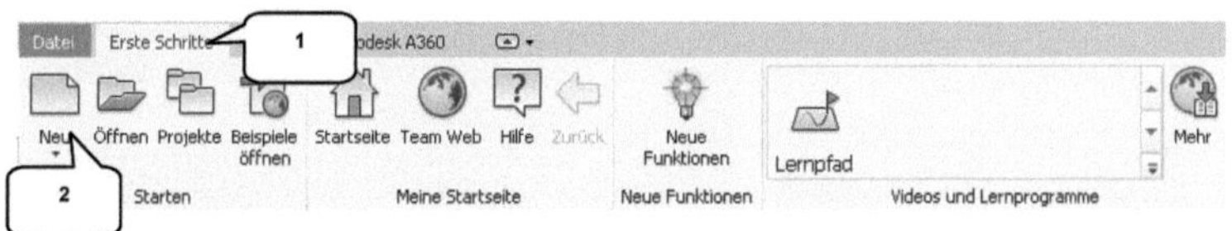

Um eine neue Datei zu erstellen, ist im Register **Erste Schritte** (1) der Befehl **Neu** (2) zu starten. Im Fenster **Neue Datei erstellen** (3) kann dann aus den vorhandenen Vorlagen ausgewählt werden, welche in Ordner eingeteilt sind (Englisch, Metrisch, Mold Design). Wurden die **Templates** (4) aktiviert, erscheinen auf der rechten Seite des Fensters die Bereiche **Bauteil**, **Baugruppe**, **Zeichnung** und **Präsentation**.

Darin befinden sich die folgenden Optionen:

> **Blech.ipt**　　　　　　　　erzeugt ein neues Blechbauteil
> **Norm.ipt**　　　　　　　　erzeugt ein neues Bauteil
> **Norm.iam**　　　　　　　　erzeugt eine neue Baugruppe
> **Schweißkonstruktion.iam**　　erzeugt eine neue Schweißbaugruppe
> **Norm.dwg**　　　　　　　　erzeugt eine neue AutoCAD-Zeichnung (*.dwg)
> **Norm.idw**　　　　　　　　erzeugt eine neue Inventor®-Zeichnung (*.idw)
> **Norm.ipn**　　　　　　　　erzeugt eine neue Präsentation (Sprengbild)

- SKIZZEN und BAUTEILE -

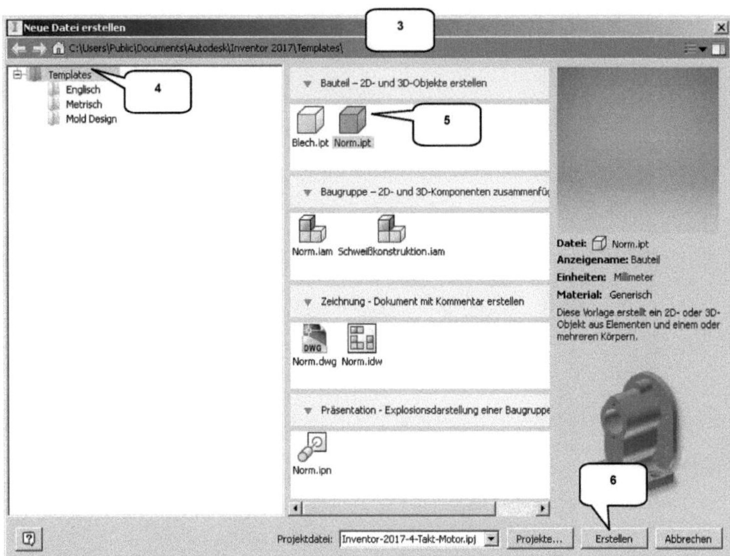

Wählen Sie die Vorlage ⬜ **Norm.ipt** (5) und erzeugen Sie damit ein neues Bauteil.

➢ ⬜ Neu (2)
➢ Templates (4)

➢ ⬜ **Norm.ipt** (5)
➢ Erstellen **Erstellen** (6)

Durch die angepassten Voreinstellungen in den Anwendungsoptionen (vorangegangenes Kapitel), erzeugt das Programm automatisch eine neue 2D-Skizze auf der XY-Ebene und wechselt danach in den Skizzenbereich.

6.1.2 Projizieren der drei Hauptachsen

Bauteile und Baugruppen verfügen grundsätzlich über die **Hauptachsen** (X, Y, Z) und die **Hauptebenen** (XY, XZ, YZ). Auf den Ebenen können neue Skizzen erzeugt werden, die Achsen dienen u. a. zur Ausrichtung geometrischer Zeichenelemente im Skizzenbereich. Grundlegend sollten alle Objekte im Skizzenbereich am Koordinatensystem ausgerichtet und auch möglichst symmetrisch dazu gezeichnet werden. Das vereinfacht die Konstruktion eines Bauteils und eröffnet dem Anwender in späteren Konstruktionsschritten viele neue Möglichkeiten.

- 35 -

- SKIZZEN und BAUTEILE -

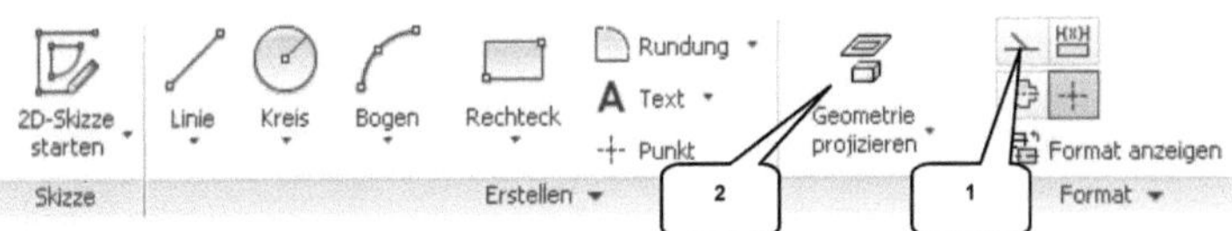

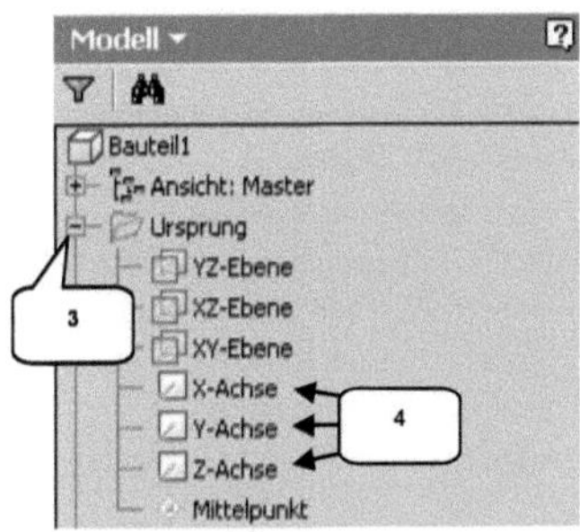

Bauteile/ Baugruppen verfügen über ein Koordinatensystem, das allerdings nicht sofort im Skizzenbereich verwendet werden kann: es muss zuerst dorthin übertragen werden. Es sollte als Hilfslinie (Konstruktionslinie) in die Skizze übernommen werden, um spätere Probleme im 3D-Modellbereich zu vermeiden. Folgen Sie jetzt Schritt für Schritt der nachfolgenden Befehlskette, um das Koordinatensystem in den Skizzenbereich zu übernehmen und die entstandenen Linien als Hilfslinien (Konstruktionslinien) zu definieren.

> Konstruktion aktivieren (1)
> Geometrie projizieren (2)
> Ordner *Ursprung* aufklappen (3)
> 3 Achsen nacheinander anklicken (4)

> Taste: **ESC** drücken (Beendet den Befehl Geometrie projizieren)
> Konstruktion deaktivieren (1)

HINWEIS: Dieser erste Schritt (Projizieren des Koordinatensystems in den Skizzenbereich eines Bauteils - Geometrie projizieren) sollte in jeder neuen Skizze angewandt werden. Anschließend ist dringend darauf zu achten, die Option Konstruktion wieder zu deaktivieren, da ansonsten alle weiteren Zeichenobjekte fehlerhaft erzeugt werden könnten.

6.1.3 Das Register SKIZZE im Überblick

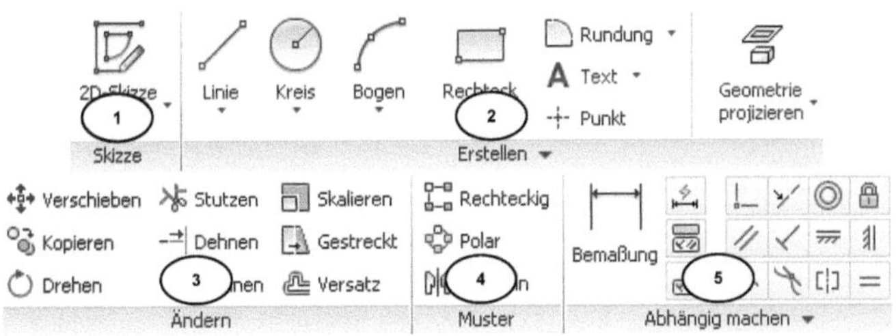

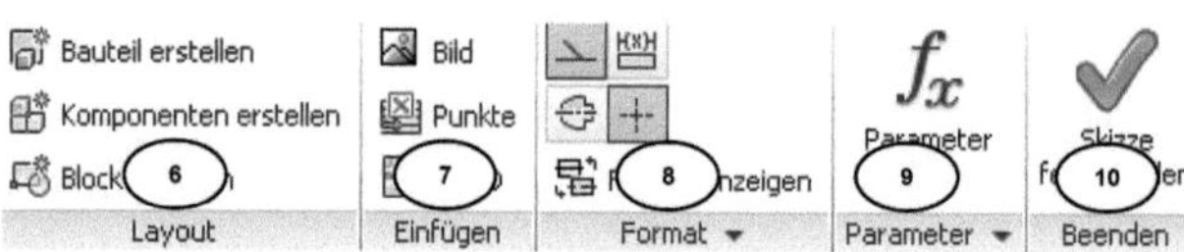

1) Erzeugen einer neuen Skizze (2D/3D)
2) Erstellen neuer Zeichenobjekte
3) Bearbeiten von Zeichenobjekten
4) Rechteckige, polare oder gespiegelte Kopien erzeugen
5) Bemaßungen und Abhängigkeiten einfügen

6) Objekte als Bauteile oder Baugruppen exportieren, Gruppieren
7) Bilder, Tabellenpunkte oder AutoCAD-Zeichnungen importieren
8) Eigenschaften von Linien, Punkten und Bemaßungen ändern
9) Parametermanager starten
10) Skizze beenden

6.1.4 Zeichnen der ersten Linien

Nachdem das Koordinatensystem in den Skizzenbereich übernommen wurde, kann mit dem Zeichnen der ersten Linien begonnen werden. Hierfür ist der Befehl **Linie** (1) zu starten. Es sollte jetzt noch einmal kontrolliert werden, ob die Option **Konstruktion** (2) wirklich wieder deaktiviert wurde, also nicht blau sondern <u>grau</u> hinterlegt ist.

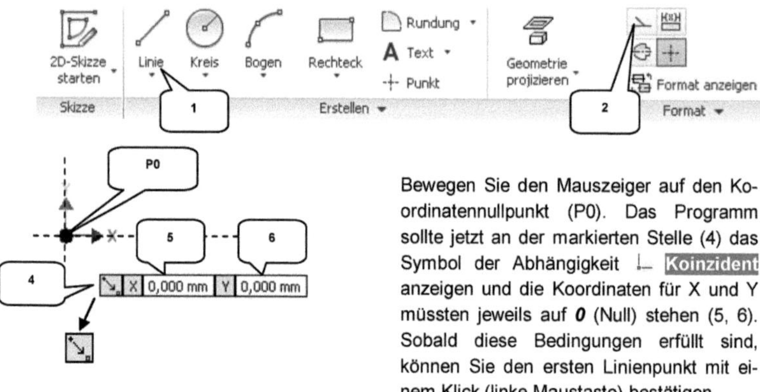

Bewegen Sie den Mauszeiger auf den Koordinatennullpunkt (P0). Das Programm sollte jetzt an der markierten Stelle (4) das Symbol der Abhängigkeit **Koinzident** anzeigen und die Koordinaten für X und Y müssten jeweils auf *0* (Null) stehen (5, 6). Sobald diese Bedingungen erfüllt sind, können Sie den ersten Linienpunkt mit einem Klick (linke Maustaste) bestätigen.

- 37 -

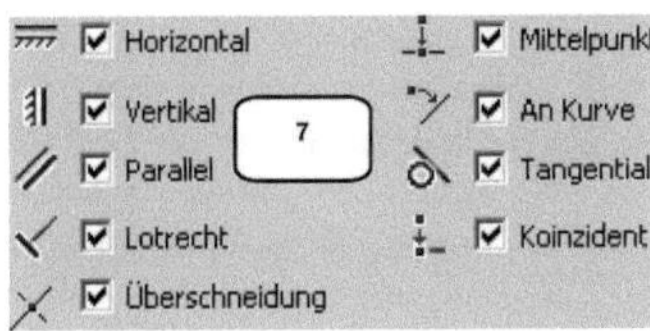

An dieser Stelle folgt ein kurzer Hinweis zu den Abhängigkeiten: Inventor® wird (so wie in den Anwendungsoptionen vorgegeben) alle Abhängigkeiten (7) in den Skizzenbereich übernehmen, wenn diese während des Zeichnens vom Programm erkannt und angezeigt werden. Folgende Abhängigkeiten stehen hierbei zur Verfügung:

> **Horizontal**   eine Linie wird parallel zur X-Achse ausgerichtet
> **Vertikal**   eine Linie wird parallel zur Y-Achse ausgerichtet
> **Parallel**   zwei Linien werden parallel zueinander ausgerichtet
> **Lotrecht**   zwei Linien werden in einem Winkel von 90° zueinander angeordnet
> **Überschneidung**   ein Punkt wird am Schnittpunkt zweier Objekte befestigt
> **Mittelpunkt**   ein Punkt wird am Mittelpunkt eines Objektes (Linie/ Bogen) befestigt
> **An Kurve**   ein Punkt wird auf einen Strahl gelegt
> **Tangential**   zwei Objekte werden tangential aneinander befestigt
> **Koinzident**   zwei Punkte werden aufeinandergelegt

HINWEIS: Beim Zeichnen sollte stets darauf geachtet werden, ob das Programm eine dieser Abhängigkeiten anzeigt. Wird an dieser Stelle dann mit der linken Maustaste geklickt, wird die Abhängigkeit automatisch in den Skizzenbereich übernommen. Beim späteren Bemaßen der Zeichenobjekte kann es dann ggf. zu Problemen kommen, weil unbeabsichtigt gesetzte Abhängigkeiten im Widerspruch zu den gewollt erzeugten Maßen stehen könnten.

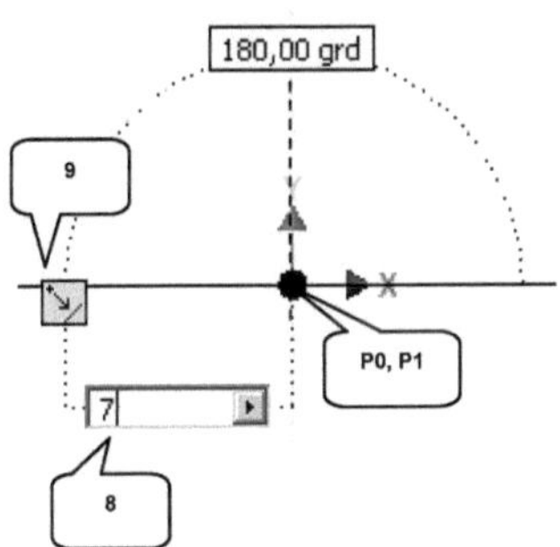

Der erste Punkt der Linie (P1) wurde bereits im Koordinatenursprung abgelegt, und das Programm erwartet jetzt weitere Punkte, um ein Linienobjekt erzeugen zu können. Ziehen Sie die Maus entlang der projizierten X-Achse nach links (die Abhängigkeit ⌐ Koinzident (9) sollte angezeigt werden) und tragen Sie in das Eingabefeld für die Linienlänge (8) den Wert **7 mm** ein. Bestätigen Sie mit der Taste: ENTER. Wenn es in den Anwendungsoptionen so festgelegt wurde, wird die Bemaßung anschließend automatisch erzeugt.

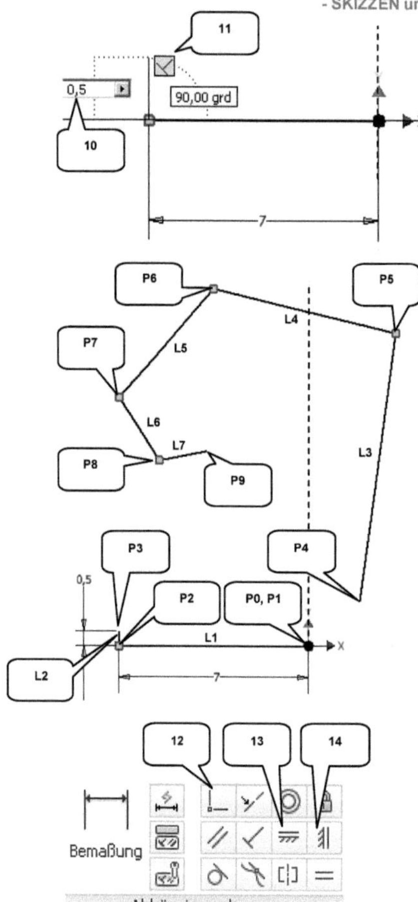

Ziehen Sie die Maus in gerader Linie nach oben und tragen Sie in das Eingabefeld der Linienlänge den Wert **0,5 mm** ein (10). Achten Sie darauf, dass während des Zeichnens die Abhängigkeit ✓ Lotrecht (11) angezeigt wird. Bestätigen Sie die Eingabe mit der Taste: **ENTER** und beenden Sie den Zeichenbefehl mit der Taste: **ESC**.

Starten Sie den Linienbefehl erneut und zeichnen Sie fünf zusammenhängende Linien durch Setzen der einzelnen Linienpunkte (P4...P9). Alle Linien sind leicht schräg zu zeichnen, so wie in der linken Abbildung dargestellt. Achten Sie darauf, dass beim Ablegen der Punkte <u>keine</u> Abhängigkeiten angezeigt werden.

> ╱ Linie
> (P4) frei ablegen (linke Maustaste)
> (P5) frei ablegen (linke Maustaste)
> (P6) frei ablegen (linke Maustaste)
> (P7) frei ablegen (linke Maustaste)
> (P8) frei ablegen (linke Maustaste)
> (P9) frei ablegen (linke Maustaste)
> Taste: **ESC**

Abhängigkeiten können bereits während des Zeichnens gesetzt (wie bei den ersten beiden Linien L1, L2) oder nachträglich platziert werden. Um die Linien (L3...L7) nachträglich in Form zu bringen, soll die zuletzt erwähnte Option verwendet werden.

Starten Sie die Abhängigkeit └ Koinzident (12), um den Punkt (P4) auf den Koordinatenursprung (P0) zu platzieren.

- SKIZZEN und BAUTEILE -

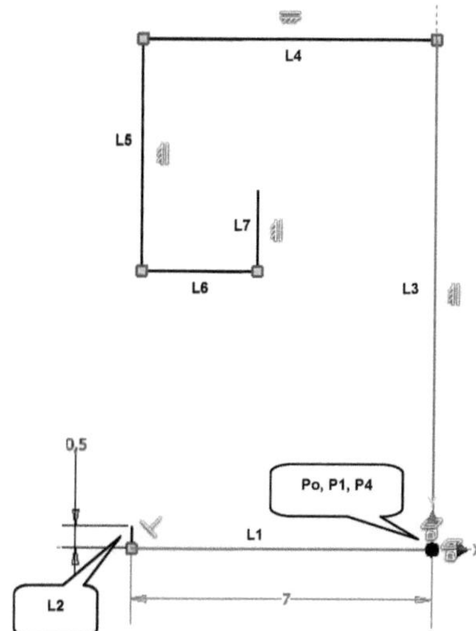

> ⌞ **Koinzident** (12)
> (P0) wählen (linke Maustaste)
> (P4) wählen (linke Maustaste)
> Taste: ESC

Mit den Abhängigkeiten ⟱ **Horizontal** (13) und ⫴ **Vertikal** (14) sind die restlichen Linien zu bearbeiten.

> ⟱ **Horizontal** (13)
> Linien (L4) und (L6) wählen
> Taste: ESC

> ⫴ **Vertikal** (14)
> Linien (L3), (L5) und (L7) wählen
> Taste: ESC

HINWEIS: Alle in einer Skizze existierenden Abhängigkeiten können mit der Taste: F8 ein- und mit der Taste: F9 wieder ausgeblendet werden. Kleine Symbole deuten die jeweiligen Abhängigkeiten an. Um eine falsch gesetzte Abhängigkeit zu löschen, klicken Sie auf das entsprechende Abhängigkeitssymbol (es wird dann rot dargestellt) und drücken die Taste: ENTF (Alternativ: *Rechte Maustaste > Löschen*).

6.1.5 Bemaßung und Bearbeitung von Zeichenelementen

Die ersten beiden Linien (L1, L2), die mit dynamischer Werteeingabe gezeichnet wurden, sind bereits bemaßt. Bei den restlichen Linien (L3...L7) muss das noch nachgeholt werden. Hierfür ist der Befehl ⊢⊣ **Bemaßung** (1) zu verwenden.

Dieser Befehl kann verschiedene Objekte anhand ihrer Eigenschaften bemaßen (Längen, Winkel, Abstände, Radien, Durchmesser, Bogenlängen u. v. m.). Nach der Auswahl des zu bemaßenden Objektes wird in der Regel das Maß selbst abgelegt. Der Klick mit der rechten Maustaste vor dem Ablegen eines Maßes eröffnet weitere Optionen.

- 40 -

- SKIZZEN und BAUTEILE -

Eine Linie z. B. kann horizontal, vertikal oder ausgerichtet bemaßt werden (*rechte Maustaste* vor dem Ablegen des Maßes, um die Optionen zu wählen).

Bemaßen Sie die Linien jetzt wie folgt:

- ⊓ Bemaßung (1)
- Linie (L1) wählen, dann Linie (L4) wählen und Maß an Pos. (2) ablegen
- Wert eingeben: [49 mm] > Taste: ENTER
- Linie (L4) wählen und Maß an Pos. (3) ablegen
- Wert eingeben: [5 mm] > Taste: ENTER
- Linie (L5) wählen und Maß an Pos. (4) ablegen
- Wert eingeben: [5 mm] > Taste: ENTER
- Linie (L6) wählen und Maß an Pos. (5) ablegen
- Wert eingeben: [1 mm] > Taste: ENTER
- Linie (L7) wählen und Maß an Pos. (6) ablegen
- Wert eingeben: [0,5 mm] > Taste: ENTER
- Taste: ESC

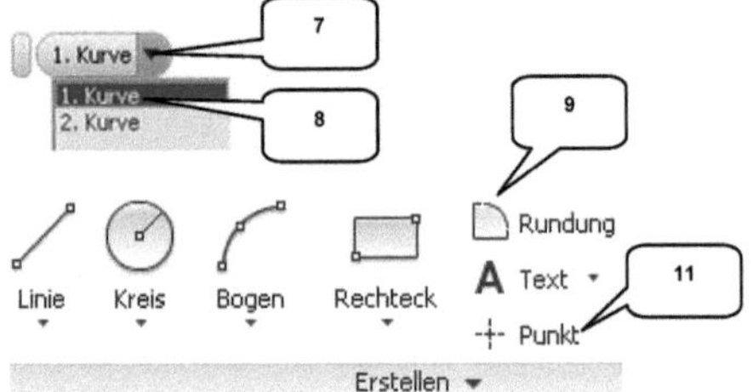

HINWEIS: Liegen mehrere Objekte sehr dicht aneinander (oder übereinander), kann das gesuchte Objekt möglicherweise nicht ausgewählt werden. Hier bietet das Programm die Möglichkeit, die Auswahl zu differenzieren. Halten Sie in diesem Fall den Mauszeiger eine Weile auf das gewünschte Objekt und warten Sie, bis das Fenster (7) erscheint. Im Popup-Menü (8) kann das gesuchte Objekt dann ohne Probleme ausgewählt werden.

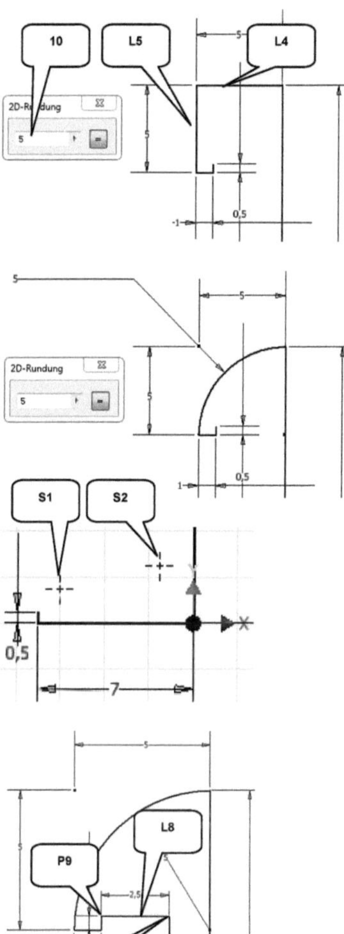

In der folgenden Übung soll die Ecke im oberen Bereich mit einem Radius von **5 mm** abgerundet werden.

> ▻ 🗋 **Rundung** (9)
> ▻ Radius: [5 mm] eingeben (10)
> ▻ Linie (L4), dann Linie (L5) wählen
> ▻ Taste: **ESC**

Im unteren Bereich der Skizze sollen zwei Punkte erzeugt werden. Sie sind mittels Koordinateneingabe per Tastatur zu positionieren.

> ▻ ╬ **Punkt** (11)
> ▻ Taste: **TAB** > X-Koordinate: [-6 mm]
> ▻ Taste: **TAB** > Y-Koordinate: [1,5 mm]
> ▻ Taste: **ENTER**
> ▻ Taste: **TAB** > X-Koordinate: [-1,5 mm]
> ▻ Taste: **TAB** > Y-Koordinate: [2,5 mm]
> ▻ Taste: **ENTER**
> ▻ Taste: **ESC**

Erzeugen Sie, beginnend im Punkt (P9) im oberen Teil der Skizzenkontur, zwei weitere Linien (L8) und (L9).

> ▻ ╱ **Linie**
> ▻ Startpunkt (P9) wählen
> ▻ Linie gerade nach rechts ziehen
> ▻ Länge eingeben: [2,5 mm]
> ▻ Taste: **ENTER**
> ▻ Linie gerade nach unten ziehen und auf den Punkt (S2) klicken
> ▻ Taste: **ESC**

- 42 -

- SKIZZEN und BAUTEILE -

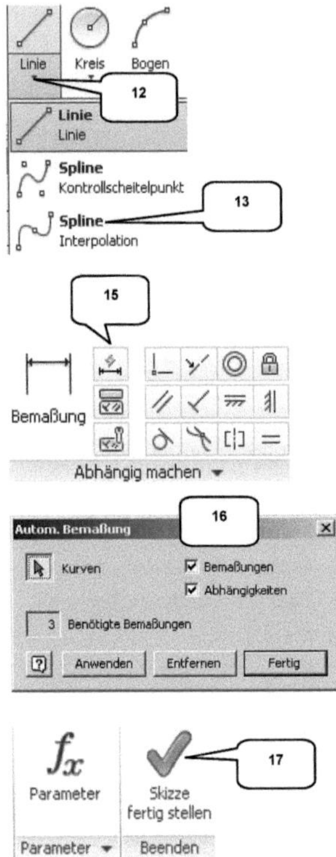

Der untere Teil der Skizzengeometrie muss noch geschlossen werden. Erweitern Sie den Befehl **Linie** durch einen Klick auf das kleine Dreieck (12) und starten Sie den Befehl ⌐ Spline Interpolation (13).

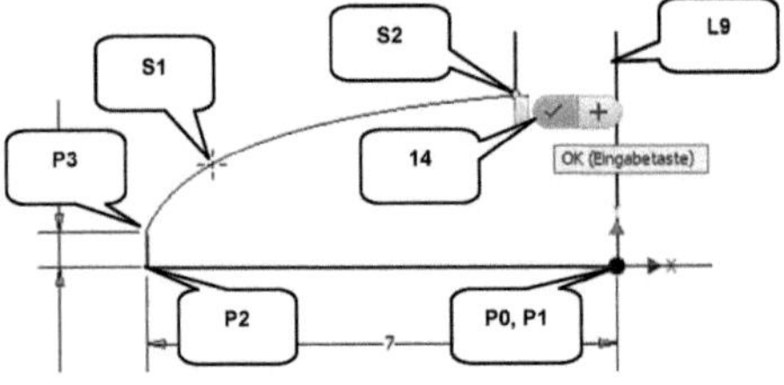

> ⌐ Spline Interpolation (13)
> Punkt (P3) wählen
> Punkt (S1) wählen
> Punkt (S2) wählen
> ✅ **OK** (14)

Fehlende Bemaßungen sollen jetzt automatisch ergänzt werden.

> Automatisches Bemaßen (15)
> Einstellungen übernehmen (16)
> Anwenden **Anwenden**
> Fertig **Fertig**

Die Basisskizze wurde um die letzten fehlenden Maße ergänzt und der Skizzenbereich kann geschlossen werden. Mit dem Befehl ✔ Skizze fertigstellen (17) wird der Skizzenbereich verlassen und das Programm wechselt in den Modellbereich.

- SKIZZEN und BAUTEILE -

6.1.6 Das Register 3D-MODELL im Überblick

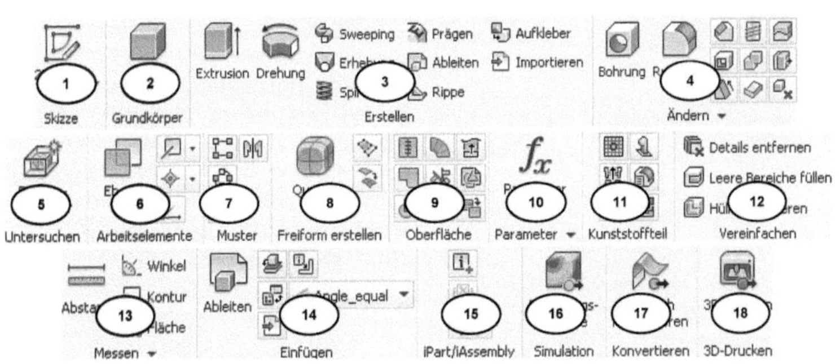

OPTIONEN

1) Neue 2D/ 3D-Skizzen erzeugen

2) Volumenkörper-Basiselemente erzeugen (Quader, Kugel, Zylinder...)

3) Volumen- oder Flächenkörper aus Skizzen erzeugen

4) Bearbeiten vorhandener Volumenoder Flächenkörper

5) Formen-Generator

6) Arbeitsebenen, -achsen, -punkte

7) Rechteck/ polar anordnen, Spiegel

8) Freiformflächen erstellen/ bearbeiten

9) Flächen erstellen/ bearbeiten

10) Parametermanager

11) Kunststoffteile erzeugen

12) Konturen vereinfachen

13) Messwerkzeuge

14) Bauteile importieren/ exportieren

15) iPart/ IAssembly

16) Belastungsanalyse

17) Volumen in Blechkörper konvertieren

18) 3D-Drucken

6.1.7 Volumenkörper erzeugen

Nach dem Verlassen des Skizzenbereiches wechselt das Programm ins Register **3D-Modell**. Die soeben erzeugte Skizze (Skizze1) befindet sich links im Browser (1) und kann dort jederzeit geöffnet und bearbeitet werden (**rechte Maustaste > Skizze bearbeiten**). Die geschlossene 2D-Kontur aus dem Skizzenbereich soll jetzt in einen Volumenkörper konvertiert werden.

Starten Sie den Befehl ⊜ **Drehung** (2) und erweitern Sie das Befehlsfenster (3).

- SKIZZEN und BAUTEILE -

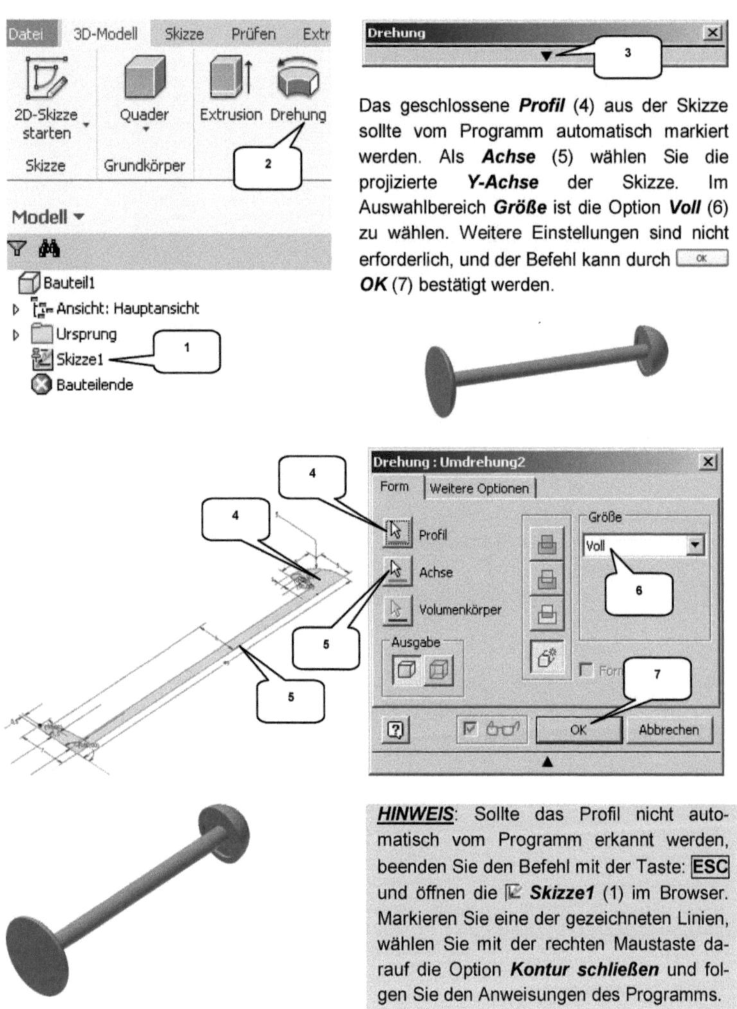

Das geschlossene *Profil* (4) aus der Skizze sollte vom Programm automatisch markiert werden. Als *Achse* (5) wählen Sie die projizierte *Y-Achse* der Skizze. Im Auswahlbereich *Größe* ist die Option *Voll* (6) zu wählen. Weitere Einstellungen sind nicht erforderlich, und der Befehl kann durch OK *OK* (7) bestätigt werden.

HINWEIS: Sollte das Profil nicht automatisch vom Programm erkannt werden, beenden Sie den Befehl mit der Taste: ESC und öffnen die *Skizze1* (1) im Browser. Markieren Sie eine der gezeichneten Linien, wählen Sie mit der rechten Maustaste darauf die Option *Kontur schließen* und folgen Sie den Anweisungen des Programms.

- 45 -

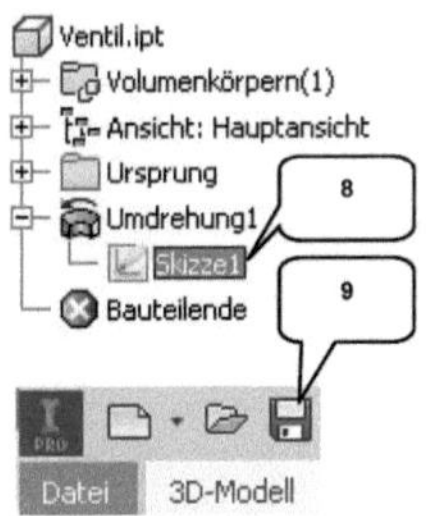

Die Skizze mit der Basisgeometrie wurde in den Befehl *Umdrehung* integriert (8). Um diesen Befehl bearbeiten zu können, muss mit der *rechten Maustaste* darauf geklickt und die Option *Element bearbeiten* gewählt werden. Zur Bearbeitung der Skizze1 ist die Option *Skizze bearbeiten* zu verwenden.

Das Bauteil kann jetzt *gespeichert* werden. Starten Sie den Befehl ⬛ Speichern (9) und verwenden Sie die Bezeichnung *Ventil*. Achten Sie auf den korrekten Speicherort (Ordner *Übung-4-Takt-Motor-2017*).

6.2 Bauteil: Kurbelwelle-Riemenrad

6.2.1 Erzeugen der Basisskizze

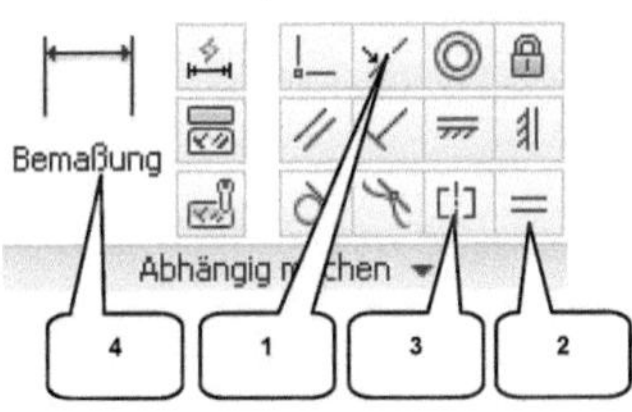

Die Vorgehensweise bei der Konstruktion dieses Bauteils ist der der Konstruktion des vorherigen Bauteils ähnlich. Erzeugen Sie eine neue Bauteildatei (Norm.ipt) und folgen Sie der Befehlskette:

> 🗋 Neu
> 📄 Norm.ipt
> Erstellen *Erstellen*

7   BAUGRUPPEN

7.1   Unterbaugruppe: BG_Kolben

7.1.1   Erzeugen der ersten Baugruppe

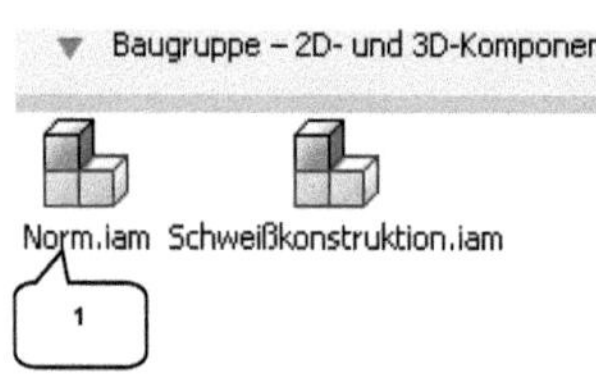

Erstellen Sie eine neue Baugruppe (Norm.iam) und *speichern* Sie sie unter der Bezeichnung *BG_Kolben*.

> ☐ Neu
> 📄 *Norm.iam* (1)
> Erstellen *Erstellen*
> 💾 Speichern [BG_Kolben]

7.1.2   Das Register ZUSAMMENFÜGEN im Überblick

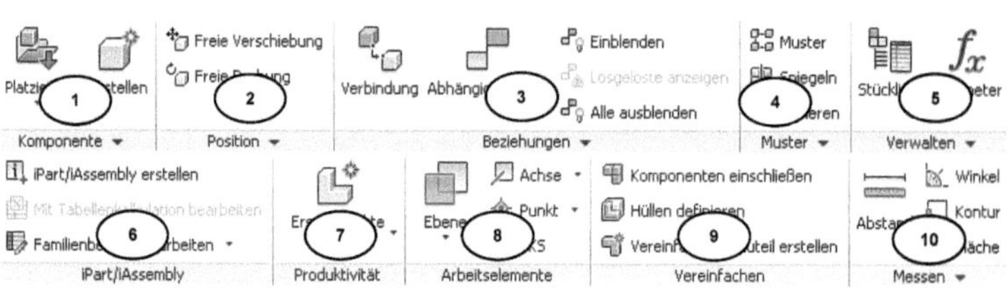

- Unterbaugruppe: BG_Kolben -

OPTIONEN

1) Bauteile, Baugruppen oder Normteile aus dem Inhaltscenter einfügen; neue Bauteile erstellen; vorhandene Bauteile kopieren/ anordnen oder ersetzen
2) Komponenten in Position/ Lage ändern
3) Abhängigkeiten/ Verbindungen setzen

4) Elemente anordnen, kopieren oder spiegel
5) Parametermanager
6) Teilefamilien (iParts/ iAssemblys)
7) Bauteilstrukturen organisieren
8) Ebenen, Achsen, Punkte erzeugen
9) Bauteile vereinfachen
10) Abstände, Winkel, Konturen, Flächeninhalte berechnen

7.1.3   Komponenten platzieren

Der Befehl ⊞ Platzieren (1) fügt Bauteile oder (Unter-)Baugruppen in eine Baugruppe ein. Das erste Objekt, das in eine Baugruppe eingefügt wird, sollte möglichst eine statische Komponente ohne Freiheitsgrade sein, woran die folgenden Komponenten befestigt werden können. Und es sollte einzeln platziert werden. In den Anwendungsoptionen wurde das bereits so festgelegt, und das Programm übernimmt diese Vorgaben automatisch.

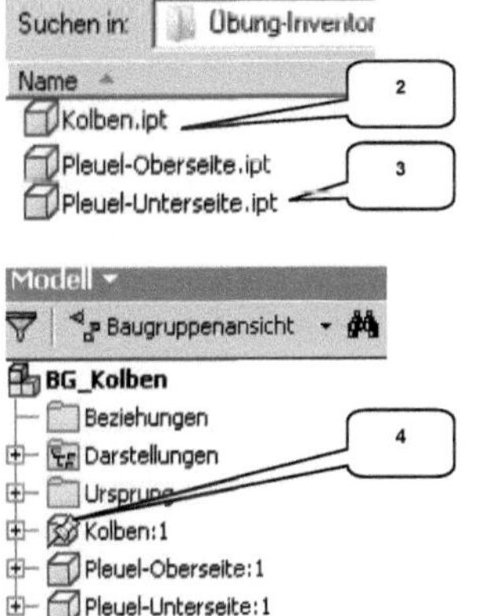

➤ ⊞ Platzieren (1)
➤ Auswahl: Kolben (2)
➤ Öffnen Öffnen
➤ Taste: ESC

Der Kolben wurde vom Programm automatisch am Koordinatensystem der Baugruppe ausgerichtet und auch fixiert. Die Fixierung wird durch ein kleines *Pin-Symbol* (4) im Browser symbolisiert. Fügen Sie jetzt weitere Bauteile ein.

➤ ⊞ Platzieren (1)
➤ Auswahl: Pleuel-Oberseite, Pleuel-Unterseite (3)
➤ Öffnen Öffnen
➤ Die Bauteile einmal mit der linken Maustaste frei ablegen
➤ Taste: ESC

- 117 -

- Unterbaugruppe: BG_Kolben -

7.1.4 Kolben und Pleueloberseite voneinander abhängig machen

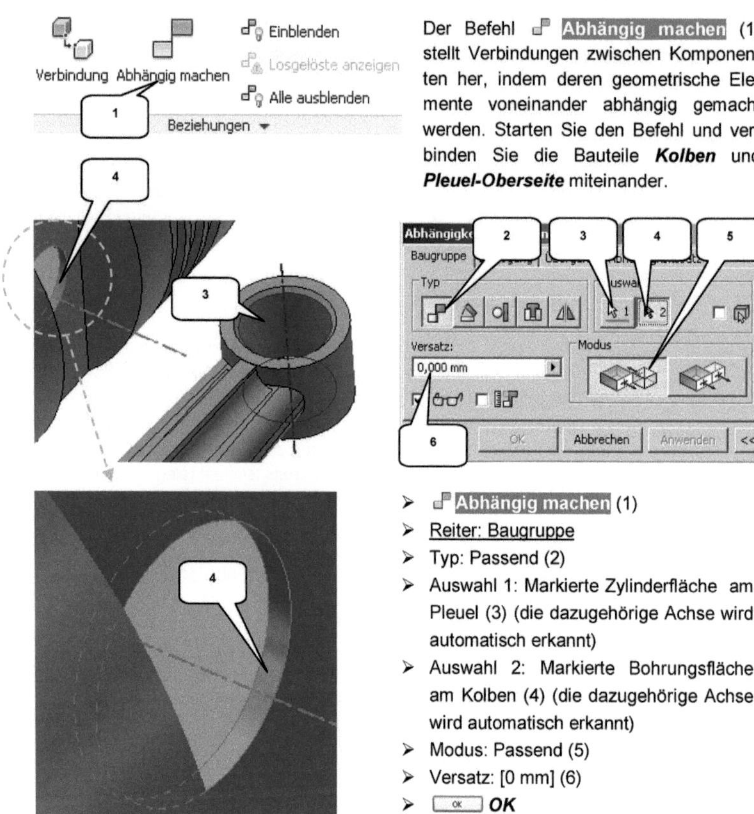

Der Befehl **Abhängig machen** (1) stellt Verbindungen zwischen Komponenten her, indem deren geometrische Elemente voneinander abhängig gemacht werden. Starten Sie den Befehl und verbinden Sie die Bauteile **Kolben** und **Pleuel-Oberseite** miteinander.

> **Abhängig machen** (1)
> <u>Reiter: Baugruppe</u>
> Typ: Passend (2)
> Auswahl 1: Markierte Zylinderfläche am Pleuel (3) (die dazugehörige Achse wird automatisch erkannt)
> Auswahl 2: Markierte Bohrungsfläche am Kolben (4) (die dazugehörige Achse wird automatisch erkannt)
> Modus: Passend (5)
> Versatz: [0 mm] (6)
> **OK**

HINWEIS: Die Achse einer Bohrung/ eines zylindrischen Elements können Sie wählen, indem Sie mit der linken Maustaste auf die dazugehörige zylindrische Fläche klicken. Bei manchen Elementen sind die zylindrischen Flächen sehr schmal (in unserem Fall die Querbohrung des Kolbens (4)). Dann ist es erforderlich, sehr nah an diesen Bereich heranzuzoomen, um die korrekte Fläche greifen zu können.

- Unterbaugruppe: BG_Kolben -

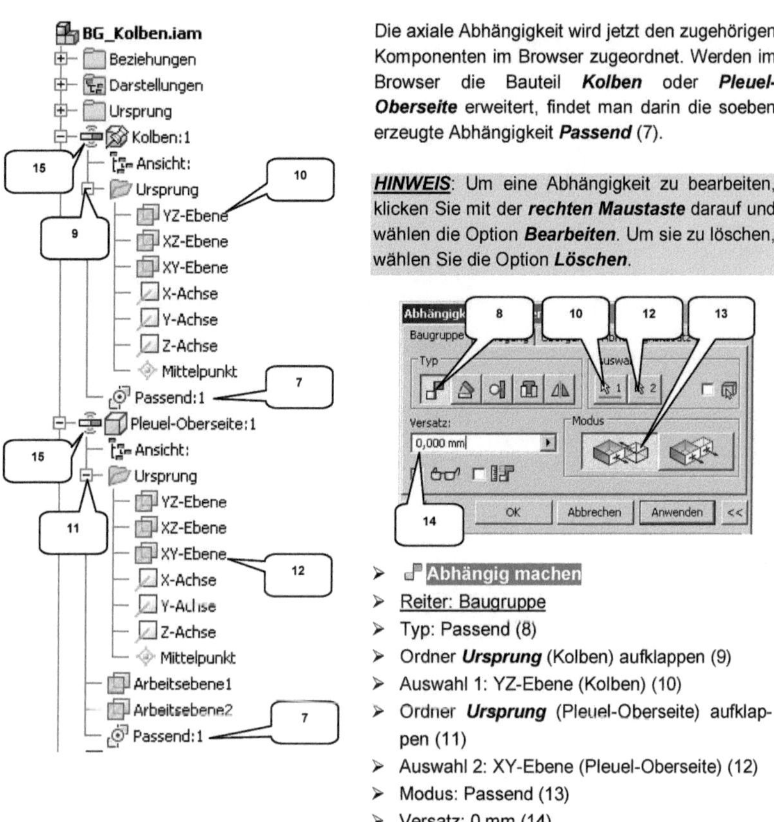

Die axiale Abhängigkeit wird jetzt den zugehörigen Komponenten im Browser zugeordnet. Werden im Browser die Bauteil **Kolben** oder **Pleuel-Oberseite** erweitert, findet man darin die soeben erzeugte Abhängigkeit **Passend** (7).

HINWEIS: Um eine Abhängigkeit zu bearbeiten, klicken Sie mit der **rechten Maustaste** darauf und wählen die Option **Bearbeiten**. Um sie zu löschen, wählen Sie die Option **Löschen**.

➢ **Abhängig machen**
➢ Reiter: Baugruppe
➢ Typ: Passend (8)
➢ Ordner **Ursprung** (Kolben) aufklappen (9)
➢ Auswahl 1: YZ-Ebene (Kolben) (10)
➢ Ordner **Ursprung** (Pleuel-Oberseite) aufklappen (11)
➢ Auswahl 2: XY-Ebene (Pleuel-Oberseite) (12)
➢ Modus: Passend (13)
➢ Versatz: 0 mm (14)
➢ OK **OK**

Das Programm kann Kollisionen zwischen Komponenten ohne weitere Vorgaben nicht automatisch erkennen. Das Pleuel kann im derzeitigen Zustand also problemlos durch den Kolben hindurchbewegt werden. Um diesen Fehler zu beheben, drehen Sie das Pleuel so, dass es nicht mit dem Kolben kollidiert. Klicken Sie dann mit der **rechten Maustaste** auf das Bauteil **Pleuel-Oberseite** und aktivieren Sie den **Kontaktsatz**. Übernehmen Sie diese Einstellung auch für den **Kolben**.

- Unterbaugruppe: BG_Kolben -

Bei beiden Komponenten wird jetzt im Browser das Symbol ⊕ *Kontaktsatz* (15) angezeigt. Wechseln Sie ins Register *Prüfen* (16) und aktivieren Sie dort die Option ⊕ Kontaktlöser aktivieren (17). Wenn Sie das Bauteil *Pleuel-Oberteil* jetzt bei gedrückter linker Maustaste bewegen, sollte die Bewegung begrenzt und eine Kollision verhindert werden.

7.1.5 Pleuelober- und -unterseite miteinander verbinden

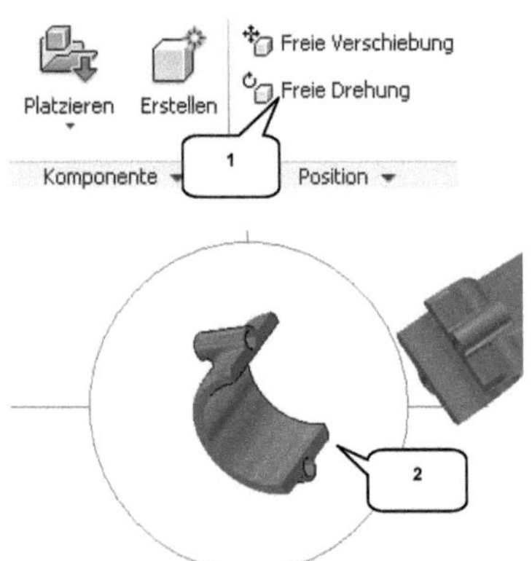

Im nächsten Schritt sollen Ober- und Unterseite des Pleuels miteinander verbunden werden. Um dies zu erleichtern, kann die Unterseite vorher etwas ausgerichtet werden. Der Befehl ⟲ Freie Drehung (1) ermöglicht ein freies Drehen einzelner Komponenten einer Baugruppe (alternativ: Taste: G).

Markieren Sie die Unterseite des Pleuels (2), starten Sie den Befehl und drehen Sie die Pleuelunterseite bei gedrückter linker Maustaste, bis ihre Lage zur Pleueloberseite wie nebenstehend dargestellt erreicht wurde. Die Taste: ESC beendet den Befehl.

HINWEIS: Um das Setzen von Abhängigkeiten zu erleichtern, können die betreffenden Komponenten vorher mit dem Befehl ⟲ Freie Drehung etwas aneinander ausgerichtet werden. Das verhindert oftmals eine fehlerhafte Positionierung durch das Programm.

Nachdem die Unterseite des Pleuels ausgerichtet wurde, kann mit dem Setzen der Abhängigkeiten begonnen werden. Folgen Sie der Befehlskette und verbinden Sie beide Bauteile miteinander.

- 120 -

- Unterbaugruppe: BG_Kolben -

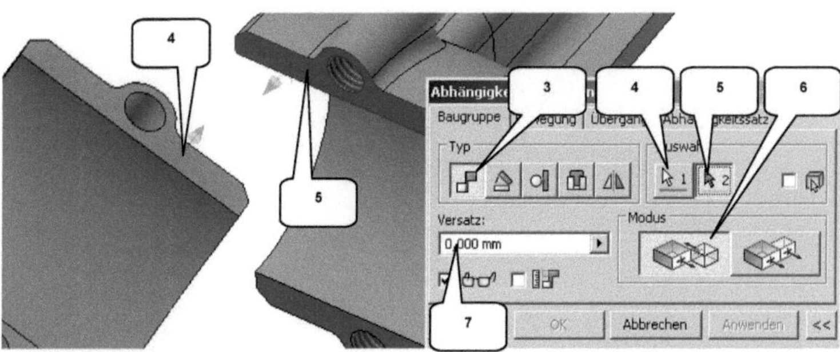

> **Abhängig machen**
> _Reiter: Baugruppe_
> Typ: Passend (3)
> Auswahl 1: Markierte Fläche (4)

> Auswahl 2: Markierte Fläche (5)
> Modus: Passend (6)
> Versatz: [0 mm] (7)
> ⬛ OK **OK**

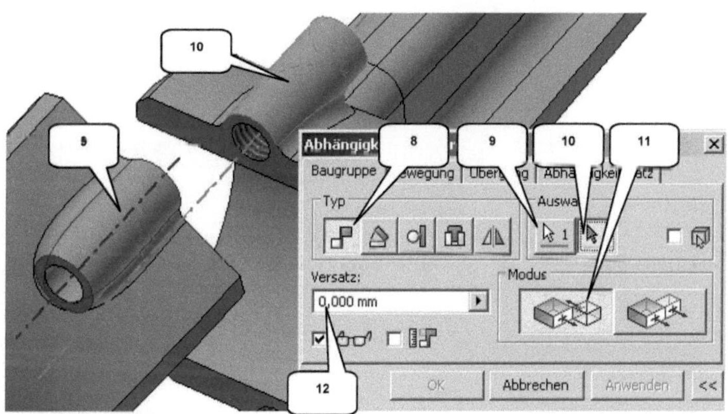

> **Abhängig machen**
> _Reiter: Baugruppe_
> Typ: Passend (8)
> Auswahl 1: Mark. Zylinderfläche (9)

> Auswahl 2: Mark. Zylinderfläche (10)
> Modus: Passend (11)
> Versatz: [0 mm] (12)
> ⬛ OK **OK**

- 121 -

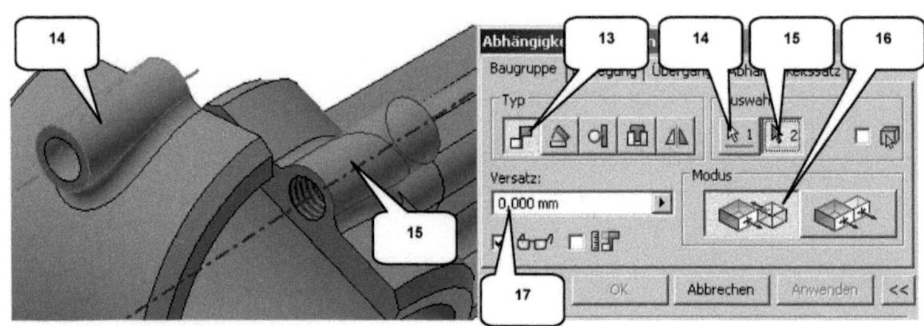

> ⬛ **Abhängig machen**
> <u>Reiter: Baugruppe</u>
> Typ: Passend (13)
> Auswahl 1: Mark. Zylinderfläche (14)

> Auswahl 2: Mark. Zylinderfläche (15)
> Modus: Passend (16)
> Versatz: [0 mm] (17)
> ⬛ OK

7.1.6 Schrauben aus dem Inhaltscenter platzieren

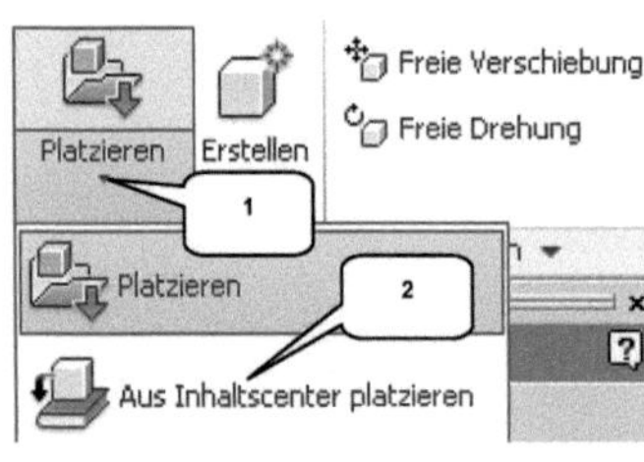

Nachdem alle zur Baugruppe gehörenden Bauteile platziert und ausgerichtet wurden, sollen zwei Schrauben aus dem Inhaltscenter die Baugruppe komplettieren.

> Befehl ⬛ **Platzieren** erweitern (1)
> ⬛ **Aus Inhaltscenter platzieren** (2)

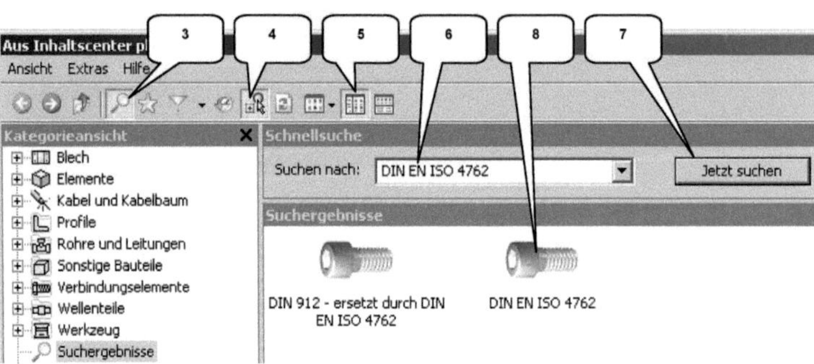

- Unterbaugruppe: BG_Kolben -

➢ Option: 🔍 *Suchen* aktivieren (3)
➢ Option: 🔧 *AutoDrop* aktivieren (4)
➢ Option: ▦ *Baumstrukturansicht* aktivieren (5)
➢ Suchen nach: [DIN EN ISO 4762] eingeben (6)
➢ ⬚ Jetzt suchen ⬚ *Jetzt suchen* (7)
➢ Markierte Schraube doppelklicken (8)

Die Schraube muss jetzt platziert werden.

HINWEIS: Sollte Ihr Inhaltscenter nicht verfügbar sein, platzieren Sie die Normteile aus dem Order **Normteile** (Projektordner) manuell. Die Schrauben müssen dann allerdings einzeln mit Abhängigkeiten platziert werden.

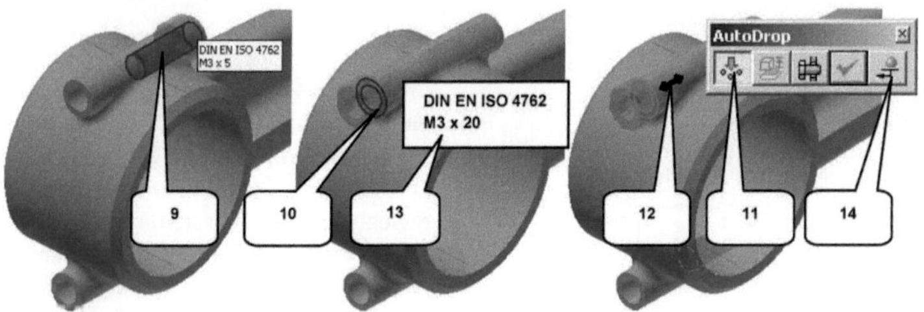

➢ Markierte Zylinderfläche anklicken, um die darin enthaltene Gewindebohrung zu wählen (9)
➢ Markierte Ringfläche wählen (10)

➢ 🔧 *Mehrere einfügen* aktivieren (11)
➢ Am Doppelpfeil ziehen (12), bis die Länge (M3 x 20) angezeigt wird (13)
➢ 🔧 *Anwenden* (14)

HINWEIS: 🔧 **AutoDrop** ermöglicht eine teilautomatisierte Konfiguration von Komponenten aus dem Inhaltscenter. Geometrische Eigenschaften der Komponenten werden dabei anhand bereits vorhandener geometrischer Elemente ermittelt. Diese Option ist sehr praktikabel, funktioniert allerdings nur bei wenigen Normteilen aus dem Inhaltscenter.

7.1.7 Erstellen einer Komponente aus der Baugruppe heraus

Bauteile und Baugruppen können auch direkt aus einer Baugruppe heraus erzeugt werden, wobei zusätzlich Adaptivitäten (geometrische Abhängigkeiten) zu anderen Komponenten der Baugruppe generiert werden.

- 123 -

- Öffnen der vorhandenen Zeichnungsvorlage -

8   ZEICHNUNGSABLEITUNGEN

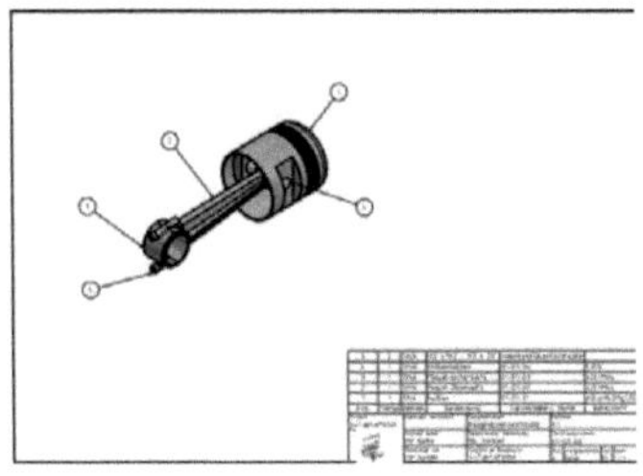

Bauteile werden im Skizzenbereich gezeichnet, im Modellbereich in Volumen- oder Flächenelemente konvertiert, dann in Baugruppen eingefügt und zum Schluss als Zeichnung abgeleitet. Ein vollständiger **Zeichnungssatz** besteht in der Regel aus der Baugruppenzeichnung samt Positionsnummern, der Stückliste und den Bauteilzeichnungen.

8.1   Öffnen der vorhandenen Zeichnungsvorlage

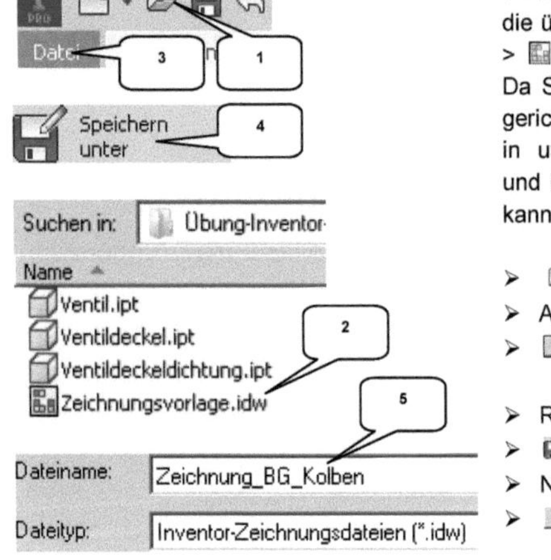

Inventor® verfügt über Zeichenvorlagen, die über den Pfad: **Neu** > **Zeichnung** > **Norm.idw** geöffnet werden können. Da Schriftfeld und Rahmen hier erst eingerichtet werden müssten, verwenden wir in unseren Übungen eine vorgefertigte und bereits angepasste Dateivorlage. Sie kann im Downloadordner geöffnet werden.

➢   **Öffnen** (1)
➢   Auswahl: Zeichnungsvorlage.idw (2)
➢   Öffnen **Öffnen**

➢   Register: **Datei** (3)
➢   **Speichern unter** (4)
➢   Name: [Zeichnung_BG_Kolben] (5)
➢   Speichern **Speichern**

HINWEIS: Das **Speichern** der Zeichnung **unter** einer anderen Bezeichnung soll verhindern, dass die Zeichnungsvorlage ungewollt überschieben wird. Alternativ kann ein eigenes Template in Inventor erzeugt werden. Bei geöffneter Datei **Zeichnungsvorlage.idw** muss dafür der Pfad: **Hauptmenü** > **Kopie als Vorlage speichern** gewählt werden.

- 184 -

- Das Register ANSICHTEN PLATZIEREN im Überblick -

8.2   Das Register ANSICHTEN PLATZIEREN im Überblick

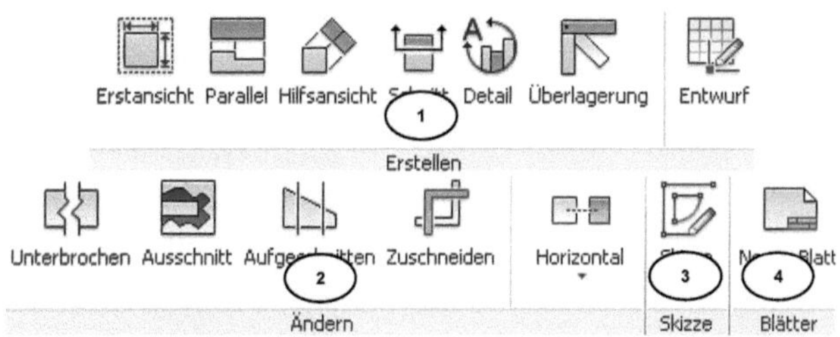

OPTIONEN

1)	Erstellen neuer Ansichten	3)	Erstellen einer 2D-Skizze
2)	Bearbeiten vorhandener Ansichten	4)	Erstellen weiterer Blätter

8.3   Das Register MIT ANMERKUNG VERSEHEN im Überblick

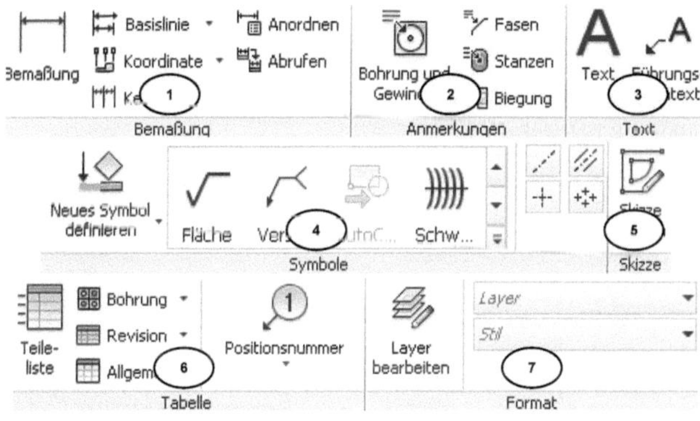

OPTIONEN

1)	Bemaßungen erzeugen	4)	Symbole und Markierungen einfügen
2)	Informationen von Bohrungen, Fasen, Biegungen abrufen	5)	2D-Skizze erstellen
		6)	Tabellen und Positionsnummern
3)	Textfelder einfügen	7)	Linien, Texte, Layer einstellen

- 185 -

8.4 Zeichnungsableitung der Baugruppe: BG_Kolben
8.4.1 Blattformat und Schriftfeld bearbeiten

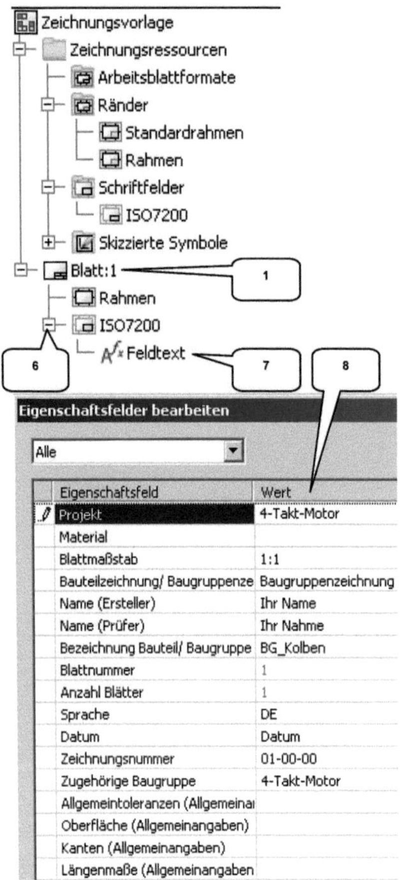

Eigenschaftsfeld	Wert
Projekt	4-Takt-Motor
Material	
Blattmaßstab	1:1
Bauteilzeichnung/ Baugruppenze	Baugruppenzeichnung
Name (Ersteller)	Ihr Name
Name (Prüfer)	Ihr Nahme
Bezeichnung Bauteil/ Baugruppe	BG_Kolben
Blattnummer	1
Anzahl Blätter	1
Sprache	DE
Datum	Datum
Zeichnungsnummer	01-00-00
Zugehörige Baugruppe	4-Takt-Motor
Allgemeintoleranzen (Allgemeinaı	
Oberfläche (Allgemeinangaben)	
Kanten (Allgemeinangaben)	
Längenmaße (Allgemeinangaben	

Das **Blattformat** DIN A4 soll auf das Blattformat DIN A3 vergrößert werden, um die Baugruppe **BG_Kolben** besser darstellen zu können.

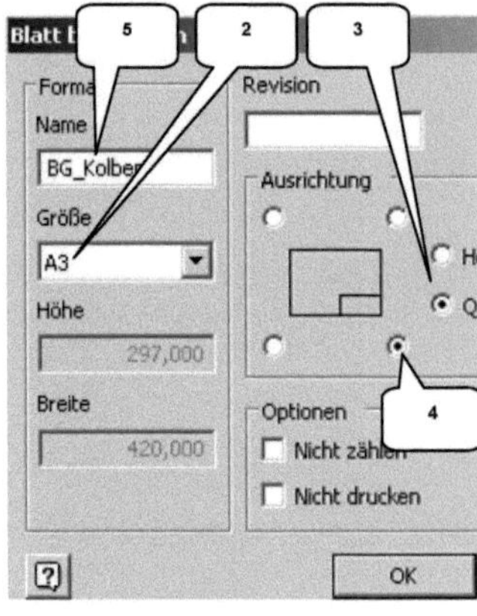

> **Rechte Maustaste** auf **Blatt:1** (1)
> Option: **Blatt bearbeiten** wählen
> Größe: A3 (2)
> Ausrichtung: Querformat (3)
> Position Schriftfeld: Unten rechts (4)
> Name: [BG_Kolben] (5)
>   OK   **OK**

Bearbeiten Sie jetzt das Schriftfeld:

> **ISO7200** erweitern (6)
> Doppelklick auf **Feldtext** (7)
> Eingaben der Spalte **Wert** über-
> nehmen wie dargestellt (8)
>   OK   **OK**

8.4.2   Platzieren einer schattierten Ansicht

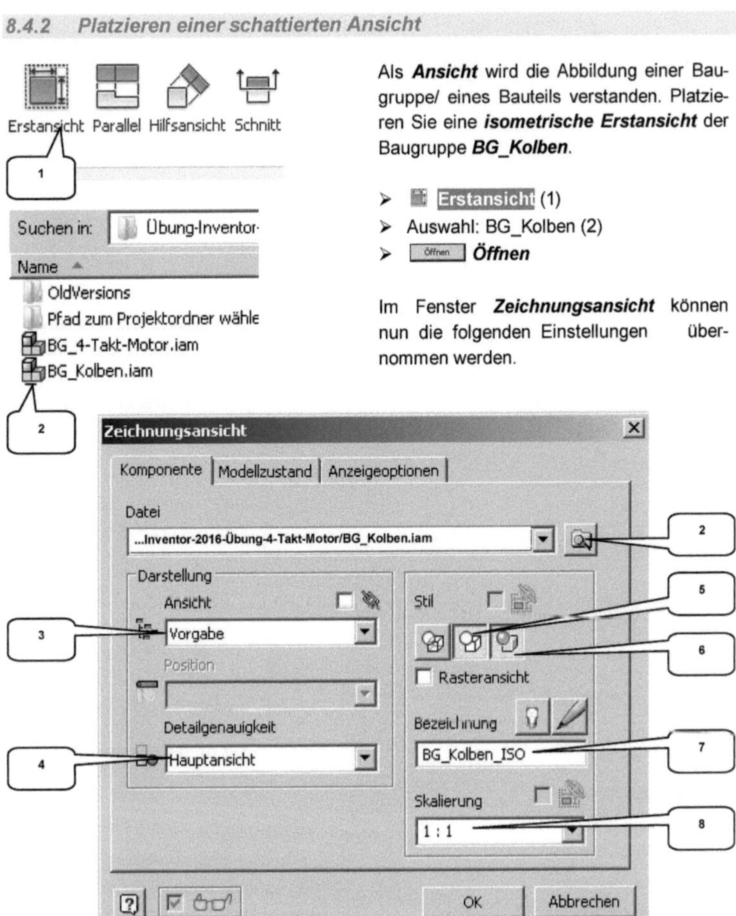

Als **Ansicht** wird die Abbildung einer Baugruppe/ eines Bauteils verstanden. Platzieren Sie eine **isometrische Erstansicht** der Baugruppe **BG_Kolben**.

> ▸ **Erstansicht** (1)
> ▸ Auswahl: BG_Kolben (2)
> ▸ Öffnen **Öffnen**

Im Fenster **Zeichnungsansicht** können nun die folgenden Einstellungen übernommen werden.

HINWEIS: Im Zeichenbereich sollte die Baugruppe **BG_Kolben** bereits zu sehen sein. Wenn nicht, sind die Anwendungsoptionen zu kontrollieren: **Register: Extras** > **Anwendungsoptionen** > **Reiter: Zeichnung** > **Vorschau anzeigen als: Alle Komponenten**.

- Zeichnungsableitung der Baugruppe: BG_Kolben -

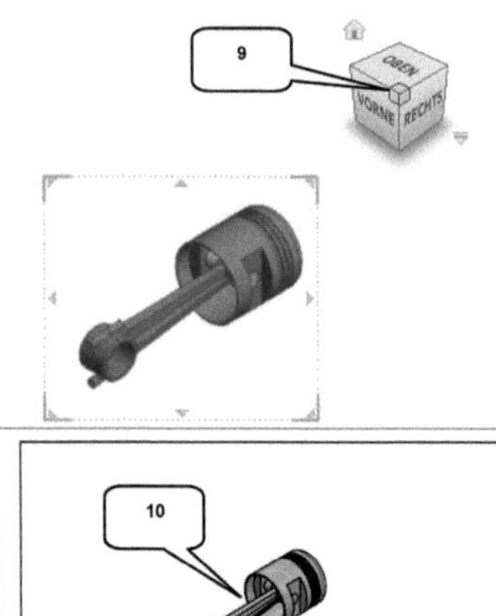

> Ansicht: Vorgabe (3)
> Detailgenauigkeit: Hauptansicht (4)
> Stil: Ohne verdeckte Linien (5) und Schattiert (6)
> Bezeichnung: [BG_Kolben_ISO] (7)
> Skalierung: 1:1 wählen (8)
> **ViewCube**-Ansicht: **ECKE** zwischen den Seiten VORNE, OBEN und RECHTS wählen (9)
> OK **OK**

Die Maus ist jetzt über die Ansicht zu schieben, bis eine rote Umrandung erscheint. Bei gedrückter linker Maustaste darauf kann diese Ansicht jetzt in die Mitte der Zeichnung geschoben werden (10).

HINWEIS: Eine Ansicht kann auch nachträglich bearbeitet werden: **Rechte Maustaste** im Browser auf die Ansicht > **Ansicht bearbeiten**.

8.4.3 Einfügen einer Teileliste (Stückliste)

> Register: **Mit Anmerkungen versehen** (1)

> Teileliste (2)
> Quelle: BG_Kolben anklicken (3)
> Stücklistenansicht: Strukturiert (4)
> Ebene: Erste (wenn verfügbar) (5)
> Min. Stellen: 1 (wenn verfügbar) (6)
> Umbruchrichtung: Links (7)
> OK **OK**

- Zeichnungsableitung der Baugruppe: BG_Kolben -

HINWEIS: Die Quelle kann alternativ auch über das Ordnersymbol (8) gewählt werden.

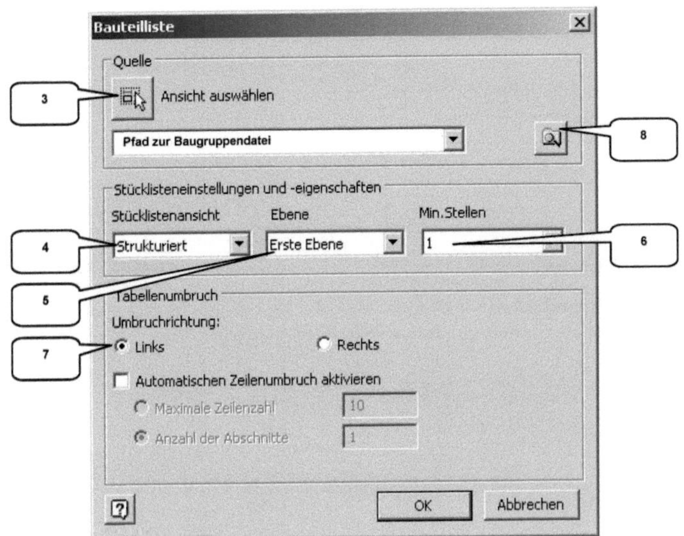

Legen Sie die Tabelle oberhalb des Schriftfeldes ab. Das eventuell erscheinende Hinweisfenster ***Stücklistenansicht deaktiviert*** kann mit ⬚ *OK* (9) bestätigt werden. Legen Sie die Teileliste danach so im Zeichenbereich ab, dass diese auf dem Schriftfeld oben aufliegt und an ihrer rechten Seite an den Zeichnungsrahmen anschließt.

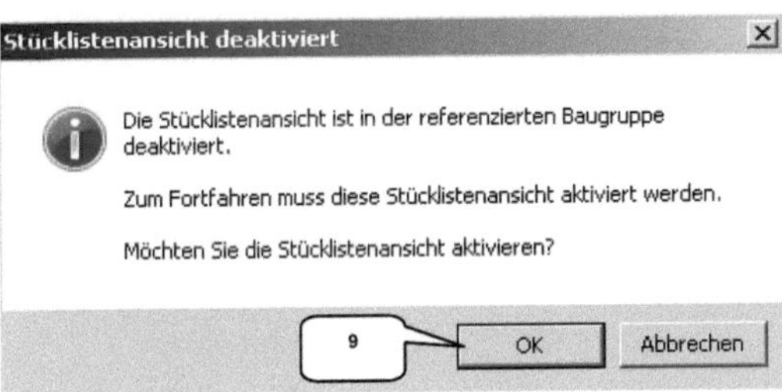

Die Teileliste ist jetzt in der Zeichnung hinterlegt, muss aber noch überarbeitet werden.

- 189 -

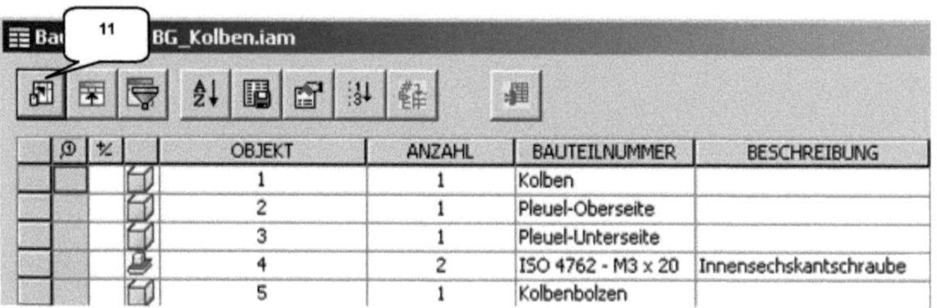

- Zeichnungsableitung der Baugruppe: BG_Kolben -

TEILELISTE			
OBJEKT	ANZAHL	BAUTEILNUMMER	BESCHREIBUNG
1	1	Kolben	
2	1	Pleuel-Oberseite	
3	1	Pleuel-Unterseite	
4	2	ISO 4762 - M3 x 20	Innensechskantschraube
5	1	Kolbenbolzen	

Projekt	Material/ Werkstoff	Dokumentenart	Maßstab		
4-Takt-Motor		Baugruppenzeichnung	1:1		
	Erstellt durch	Bezeichnung/ Benennung	Zeichnungsnummer		
	Ihr Name	BG_Kolben	01-00-00		
	Genehmigt von	Zugehörige Baugruppe	Änd.	Ausgabedatum	Spr.	Blatt
	Ihr Nahme	4-Takt-Motor	A	Datum	DE	1 / 1

Mit einem **Doppelklick** auf einen beliebigen Text der Teileliste gelangt man in ihren **Bearbeitungsbereich**. Nehmen Sie darin die folgenden Änderungen vor:

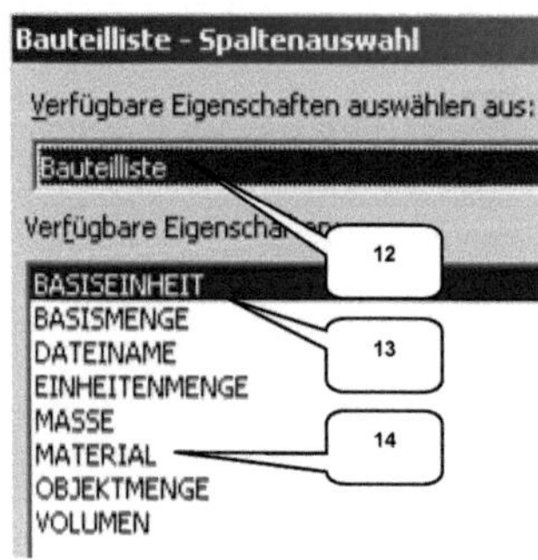

➢ Doppelklick auf den Text (10)

➢ Spaltenauswahl (11)
➢ Auswahl: Bauteilliste (12)
➢ Doppelklicken: Basiseinheit (13)
➢ Doppelklicken: Material (14)

Mit den beiden Optionen **Nach unten** und **Nach oben** kann die Reihenfolge im rechten Fenster (Ausgewählte Eigenschaften) bearbeitet werden.

- 190 -

- Zeichnungsableitung der Baugruppe: BG_Kolben -

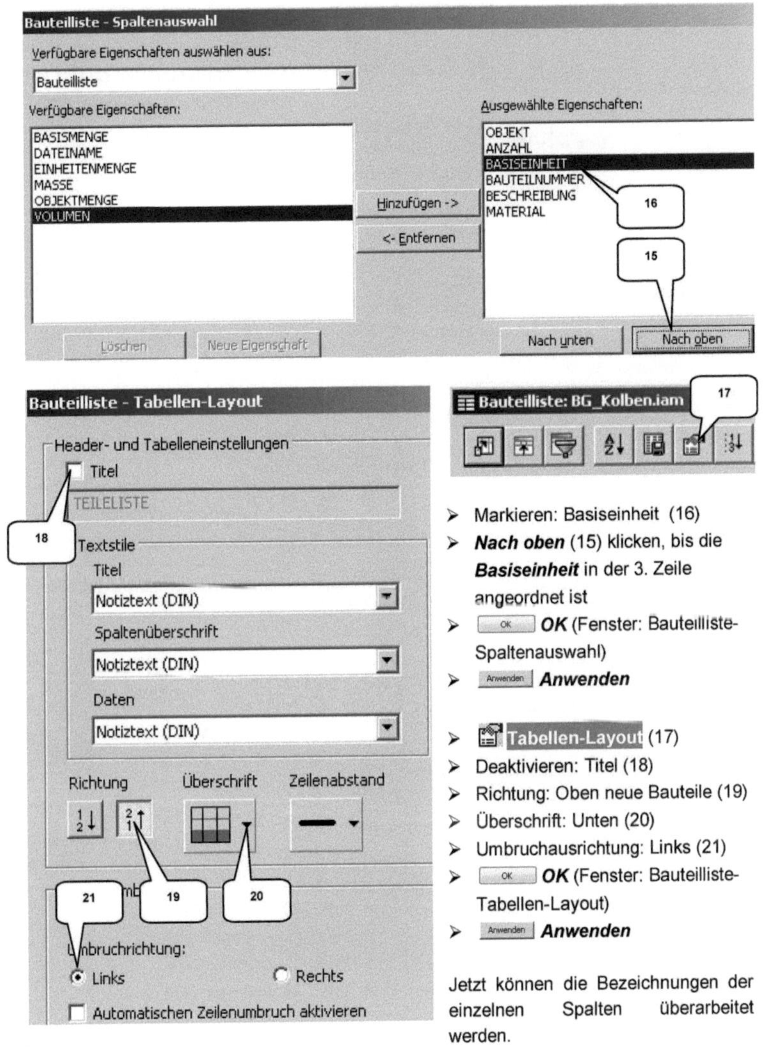

➢ Markieren: Basiseinheit (16)
➢ *Nach oben* (15) klicken, bis die *Basiseinheit* in der 3. Zeile angeordnet ist
➢ OK *OK* (Fenster: Bauteilliste-Spaltenauswahl)
➢ Anwenden *Anwenden*

➢ Tabellen-Layout (17)
➢ Deaktivieren: Titel (18)
➢ Richtung: Oben neue Bauteile (19)
➢ Überschrift: Unten (20)
➢ Umbruchausrichtung: Links (21)
➢ OK *OK* (Fenster: Bauteilliste-Tabellen-Layout)
➢ Anwenden *Anwenden*

Jetzt können die Bezeichnungen der einzelnen Spalten überarbeitet werden.

- 191 -

- Zeichnungsableitung der Baugruppe: BG_Kolben -

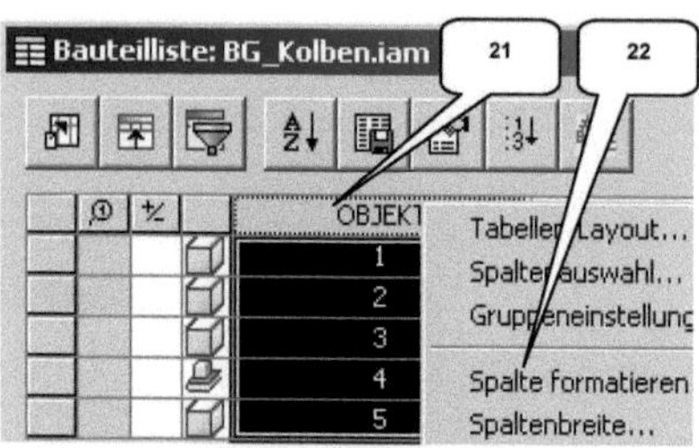

➤ Spaltenbezeichnung *Objekt* mit der linken Maustaste markieren (21)
➤ *Rechte Maustaste* auf *Objekt* (21)
➤ Option: *Spalte formatieren* (22)
➤ Überschrift: [Pos.] eintragen (23)
➤   OK   *OK* (Fenster: Spalte formatieren)
➤ Anwenden *Anwenden*

Ändern Sie auch die Bezeichnungen der restlichen fünf Spalten. Achten Sie darauf, jede Änderung durch Anwenden *Anwenden* zu bestätigen.

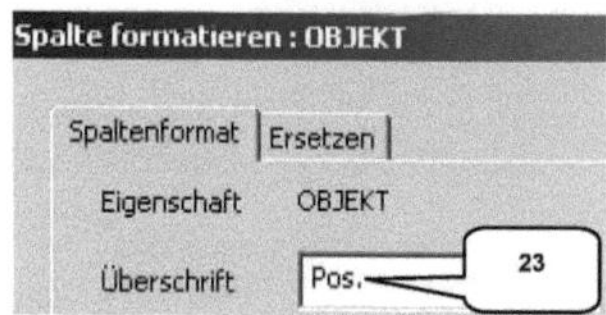

Alte Bezeichnung	Neue Bezeichnung
Anzahl	Menge (24)
Basiseinheit	Einheit (25)
Bauteilnummer	Benennung (26)
Beschreibung	Sachnummer / Norm (27)
Material	Werkstoff (28)

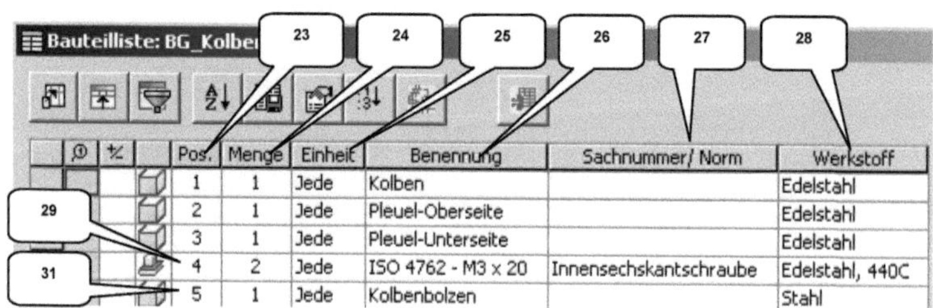

➤ Feld (29) doppelklicken
➤ Wert: [5] eintragen (30)
➤ Feld (31) doppelklicken
➤ Wert: [4] eintragen (32)

- Zeichnungsableitung der Baugruppe: BG_Kolben -

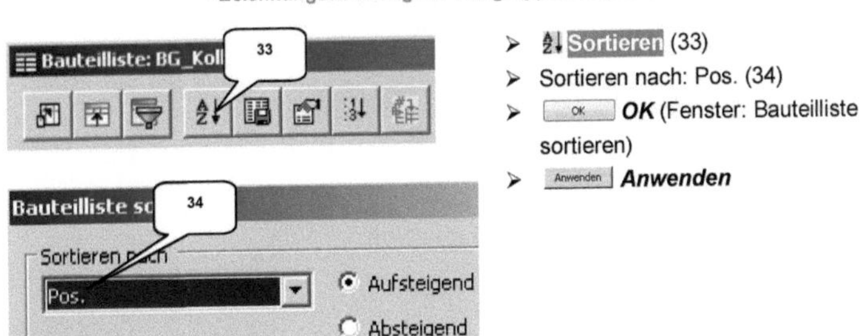

> ↑↓ Sortieren (33)
> Sortieren nach: Pos. (34)
> OK *OK* (Fenster: Bauteilliste sortieren)
> Anwenden *Anwenden*

Überarbeiten Sie die Teileliste jetzt wie folgt: Per Doppelklick gelangen Sie in die jeweiligen Felder, und mit den Pfeiltasten wechseln Sie zwischen diesen.

			Pos.	Menge	Einheit	Benennung	Sachnummer/ Norm	Werkstoff
			1	1	Stck	Kolben	01-01-01	AlCu4Ni2Mg1,5
			2	1	Stck	Pleuel-Oberseite	01-01-02	42CrMo4
			3	1	Stck	Pleuel-Unterseite	01-01-03	42CrMo4
			4	1	Stck	Kolbenbolzen	01-01-04	E355
			5	2	Stck	ISO 4762 - M3 x 20	Innensechskantschraube	

Sobald alle Änderungen übernommen wurden, bestätigen Sie mit Anwenden *Anwenden* und beenden die Bearbeitung der Teileliste abschließend mit OK *OK*.

5	2	Stck	ISO 4762 - M3 x 20	Innensechskantschraube	
4	1	Stck	Kolbenbolzen	01-01-04	E355
3	1	Stck	Pleuel-Unterseite	01-01-03	42CrMo4
2	1	Stck	Pleuel-Oberseite	01-01-02	42CrMo4
1	1	Stck	Kolben	01-01-01	AlCu4Ni2Mg1,5
Pos.	Menge	Einheit	Benennung	Sachnummer/ Norm	Werkstoff

Projekt 4-Takt-Motor	Material/ Werkstoff		Dokumentenart Baugruppenzeichnung	Maßstab 1:1	
	Erstellt durch Ihr Name	Bezeichnung/ Benennung BG_Kolben		Zeichnungsnummer 01-00-00	
	Genehmigt von Ihr Nahme	Zugehörige Baugruppe 4-Takt-Motor		Änd. A	Ausgabedatum Datum / Spr. DE / Blatt 1 / 1

Verschieben Sie die Teileliste bei <u>gedrückter linker Maustaste</u> so, dass diese passend oberhalb des Schriftfeldes angeordnet ist. Die Spaltenbreiten können geändert werden, indem die Trennlinien (z. B. 35) bei gedrückter linker Maustaste verschoben werden. *Speichern* Sie die Zeichnung, und lassen Sie sie noch geöffnet.

*** - A**

2D-Skizze auf der neuen Ebene erzeugen — 63
2D-Skizze auf der XZ-Ebene erzeugen — 104
2D-Skizze auf der XZ-Ebene erzeugen — 113
2D-Skizze auf neuer Ebene erstellen — 92
2D-Skizze auf neuer Ebene erzeugen — 120
2D-Skizze auf XY-Ebene öffnen — 37
2D-Skizze auf XY-Ebene öffnen — 71
2D-Skizze auf XY-Ebene öffnen — 84
2D-Skizze auf XY-Ebene öffnen — 99
2D-Skizze auf XY-Ebene öffnen — 109
2D-Skizze auf XY-Ebene öffnen — 131
2D-Skizze auf XY-Ebene öffnen — 142
2D-Skizze auf XZ-Ebene erzeugen — 76
2D-Skizze auf XZ-Ebene erzeugen — 86
2D-Skizze für den Lüftungsbereich (Maschinenraum) zeichnen — 58

Abhängigkeiten setzen — 39
Achsen projizieren und als Konstruktionsobjekte definieren — 37
Achsen projizieren und als Konstruktionsobjekte definieren — 45
Achsen projizieren und als Konstruktionsobjekte definieren — 71
Achsen projizieren und als Konstruktionsobjekte definieren — 76
Achsen projizieren und als Konstruktionsobjekte definieren — 84
Achsen projizieren und als Konstruktionsobjekte definieren — 87
Achsen projizieren und als Konstruktionsobjekte definieren — 99
Achsen projizieren und als Konstruktionsobjekte definieren — 104
Achsen projizieren und als Konstruktionsobjekte definieren — 109
Achsen projizieren und als Konstruktionsobjekte definieren — 120
Achsen projizieren und als Konstruktionsobjekte definieren — 131
Achsen projizieren und als Konstruktionsobjekte definieren — 142
Achsen und Linienkonturen projizieren — 50
Aktivierung von Autodesk® Inventor® 2018 — 12
Alle drei Zylinder flexibel machen — 164
Anforderungen an das Betriebssystem — 10
Anwendungsoptionen (empfohlene Einstellungen) — 22
Arbeitsbereich — 18

Aufbau einer Holzrückmaschine — 34
Ausgerichtete Bemaßungen erzeugen — 41
Auszug aus dem Inventor-Grundlagenbuch — 177

Basiskontur des Schutzblechs zeichnen — 55
Basiskontur mittels Zylinder erzeugen — 118
Basisskizze für Reifenprofil zeichnen — 137
Baugruppe „00-Holzrueckmaschine" erstellen — 152
Bauteil „01-Oberwagen" aus der Baugruppe heraus bearbeiten — 172
Bauteil „01-Oberwagen" erstellen — 36
Bauteil „02-Unterwagen" erstellen — 70
Bauteil „03-Hubgestell" erstellen — 83
Bauteil „03-Hubgestell" mit Abhängigkeiten versehen — 155
Bauteil „04-Ausleger" erstellen — 98
Bauteil „04-Ausleger" mit Abhängigkeiten versehen — 158
Bauteil „05-Greiferstiel" erstellen — 108
Bauteil „05-Greiferstiel" mit Abhängigkeiten versehen — 159
Bauteil „06-Greifer" erstellen — 117
Bauteil „06-Greifer" mit Abhängigkeiten versehen — 160
Bauteil „07-1-Rad-Basisskizze" erstellen — 130
Bauteil „08-Hydraulikzylinder-Basisskizze" erstellen — 141
Bauteil: Ausleger — 97
Bauteil: Greifer — 116
Bauteil: Greiferstiel — 107
Bauteil: Hubgestell — 82
Bauteil: Oberwagen — 35
Bauteil: Unterwagen — 69
Bauteile aus der Skizze heraus exportieren — 133
Bauteile aus der Skizze heraus exportieren — 144
Bearbeiten des Kolbens — 147
Bearbeiten des Zylinders — 146
Befestigen der unteren beiden Hydraulikzylinder — 162
Befestigen des oberen Hydraulikzylinders — 163
Befestigungsbohrungen für die Zylinderbolzen einfügen — 90
Bemaßen der Bogenabstände — 52
Bemaßen der Linienabstände — 74
Bogen aus drei Punkten — 43
Bohren der Greiferführung — 124

Bohren der hinteren Antriebswellenlagerung — 81
Bolzen für Greifersystem aus der Baugruppe heraus erstellen — 170
Browser — 17

Deaktivieren der Arbeitsebene — 122
Die ersten Schritte — 19
Differenzkörper extrudieren — 47
Download des Programms — 10
Drehen der Skizzenkontur um die neu erzeugte Arbeitsachse — 94

Ebene und Skizze für Reifenprofil erzeugen — 136
Eine um eine Kante geneigte Ebene erzeugen — 62
Erstellen der Lüftungsöffnung — 60
Erstellen einer neuen 2D-Skizze — 50
Erstellen einer weiteren 2D-Skizze — 126
Erstellen eines Einzelbenutzerprojektes — 32
Erzeugen des Projektordners — 8
Erzeugen einer Achse als Schnittlinie zweier Ebenen — 80
Erzeugen einer Arbeitsachse — 94
Erzeugen einer Ebene mit Versatz — 80
Erzeugen einer Ebene mit Versatz — 120
Erzeugen einer Erhebung — 125
Erzeugen einer neuen 2D-Skizze auf der XZ-Ebene — 44
Erzeugen einer neuen Ebene — 55
Erzeugen einer versetzten Ebene — 92
Erzeugen eines Hohlkörpers — 49
Extrudieren der Basiskontur — 44
Extrudieren der Basiskontur — 75
Extrudieren der Basiskontur — 86
Extrudieren der Basiskontur — 112
Extrudieren der beiden äußeren Kreisringe — 102
Extrudieren der Differenzkontur — 106
Extrudieren der Fenster (Differenz) — 54
Extrudieren der Schnittmengenkontur — 78
Extrudieren der Schnittmengenkontur — 90
Extrudieren der Skizzengeometrie — 122
Extrudieren der Subtraktionsgeometrie — 115
Extrudieren der Zwischenbereiche — 103

Extrudieren des ersten Greiferfingers 127
Extrudieren des oberen Leiterbereiches 65
Extrudieren des Schutzblechs 57

Farben zuweisen und Modellbaum strukturieren 174
Fasen des unteren Fahrerkabinenbereiches 48
Fasen des vorderen Bereiches 78
Felge und Reifen in Volumenkörper konvertieren 135

Grundlegendes zum Buch 8

Hauptbaugruppe: Holzrückmaschine 151
Hauptmenü 15
Horizontale und vertikale Bemaßungen setzen 40

Index 178
Installation von Autodesk® Inventor® 2018 9
Installation von Autodesk® Inventor® 2018 12
Installationsvoraussetzungen 11

Kanten projizieren, Basiskontur des Schutzblechs zeichnen 93

Multifunktionsleiste 16

Oberen Bereich der Aufstiegsleiter zeichnen 64
Oberen Leiterbereich mittels rechteckiger Anordnung kopieren 66

Platzieren der ersten Bauteile 153
Platzieren und Positionieren der Räder 165
Prägen des Reifenprofils 138
Prägung mittels runder Anordnung kopieren 139
Programmaufbau 14
Programmaufbau und Programmoberfläche 14
Programmhilfe und neue Funktionen 19

Radachsen aus der Baugruppe heraus erzeugen 167
Rechteck zeichnen und bemaßen 52
Rendern der Hauptbaugruppe 175

Runden der inneren Kante 103
Runden der inneren Kante 113
Runden der letzten Extrusion 123
Runden des hinteren Bereiches 79
Runden des Schutzblechs 95

Schlusswort 176
Schnellzugriff-Werkzeuge 16
Schraubenverbindungen einfügen 156
Schutzblech abrunden 57
Schutzblech spiegeln 96
Setzen der Abhängigkeiten 72
Setzen der Abhängigkeiten zwischen Kolben und Zylinder 149
Skizze wieder verwenden 102
Spiegeln des ersten Greiferfingers 128
Spiegeln des Volumenkörpers 68
Startbildschirm 18
Stutzen der Kontur und Schließen der Skizze 53
Systemanforderungen 9

Trennen des Volumenkörpers 67

Unterbaugruppe: Hydraulikzylinder 140
Unterbaugruppe: Rad 129
Unterbaugruppen „08-Hydraulikzylinder" einfügen 161

Videos und Lernprogramme 20
Vollständiges Abrunden der Fahrerkabine 47

Weitere Bauteile in die Baugruppe einfügen 154
Winkelmaße erzeugen 42

Zeichnen der Basiskontur 72
Zeichnen der Basiskontur 85
Zeichnen der Basiskontur 100
Zeichnen der Basiskontur 110
Zeichnen der Basiskontur 121
Zeichnen der Basiskontur 131

Zeichnen der Basiskonturen für die Fensteraussparungen 51
Zeichnen der Basisskizze 142
Zeichnen der ersten Linien 38
Zeichnen der Schnittmengengeometrie 87
Zeichnen der Schnittmengenkontur 77
Zeichnen der Subtraktionsgeometrie 105
Zeichnen der Subtraktionsgeometrie 114
Zeichnen und Bemaßen der Skizzenkontur 45
Zielgruppe und Aufbau des Buches 8
Zusatzmodule (empfohlene Einstellungen) 21

FSC
www.fsc.org
MIX
Papier aus ver-
antwortungsvollen
Quellen
Paper from
responsible sources
FSC® C105338